뇌 진화의 역사

A History of the Human Brain by Bret Stetka

Copyright ⓒ 2021 by Bret Stetka

Photo and Illustration credit appear on page 333
Published in 2021 by Timber Press, Inc
All rights reserved.

Korean translation rights ⓒ 2022 by LigaBooks
Korean translation rights are arranged with Timber Press, Portland, Oregon, USA through AMO Agency Korea.

이 책의 한국어판 저작권은 AMO에이전시를 통해 저작권자와 독점 계약한 리가서재에 있습니다. 저작권법에 의해 한국 내에서 보호를 받는 저작물이므로 무단 전재와 무단 복제를 금합니다.

뇌 진화의 역사

바다수세미에서 크리스퍼까지

지음
브렛 스텟카

옮김
이채영

리가서재

엄마, 아빠 그리고 아만다에게

일러두기

1. 본서의 원서는 ≪A History of the Human Brain≫(2021, Bret Stetka, Timber Press) 이다.
2. 책의 제목은 ≪ ≫, 잡지, 영화 등의 제목은 〈 〉로 표시했다. 책과 영화 제목은 한국에서 출간되거나 상영된 제목을 택했다.
3. 본문에 1) 등으로 작게 표시한 숫자는 저자가 주석을 단 것으로, 책 후반에 미주로 정리해두었다.
4. [ ]에 들어간 내용은 역자 주이다.
5. 본문에 실린 사진 및 삽화의 저작권자는 333쪽에 표시돼 있다.

차 례

들어가며 10

|1부| 뇌의 탄생

1장. 유인원 사촌들 19
2장. 무생물에서 생명으로 30
3장. 물고기와 머리 48
4장. 점점 커지는 뇌 68
5장. 인간, 꼿꼿하게 서다 86

|2부| 뇌의 사회화

6장. 그루밍하는 유인원 125
7장. 폭력의 기원 144
8장. 부드럽기도 하다 159
9장. 언어는 강하다 172
10장. 가축화 신드롬 186

|3부| 뇌의 미래

11장. 기후 변화의 충격 209
12장. 뇌를 살리는 음식 223
13장. 창의성은 어디서 오는가 241
14장. 본성 vs 양육 262
15장. 미래의 사피엔스 274

감사의 말 302
미주 305
참고문헌 311
사진 및 삽화 저작권자 333
찾아보기 334

뇌는 아직 탐험 되지 않은 수많은 대륙과
광활한 미지의 영역으로 이루어진 세계다.

– **산티아고 라몬 이 카할**[스페인의 신경해부조직 학자, 1852~1934년]
SANTÍAGO RAMÓN Y CAJAL

나는 인간의 뇌가 생물의 진화과정 가운데
가장 영광스러운 자리를 차지하고 있다고 배웠다.
하지만 지금은 인간의 뇌는 생존을 위해서는
매우 형편없는 책략이라고 생각한다.

– **커트 보니것**[미국 소설가, 1922~2007년]
KURT VONNEGUT

들어가며

2015년 5월, 나는 미국정신의학회 연례 총회를 취재하기 위해 캐나다에서 1주일간 머물고 있었다.

어느 날, 총회가 열린 메트로 토론토 컨벤션 센터 복도를 거닐던 중, 건물 한쪽에서 사람들이 무리 짓고 있는 것을 보게 되었다. 지금 돌이켜보면, 당직 의사나 교대 근무자들만이 깨어있을 법한 매우 이른 시각이었는데도 말이다. 하지만 그날의 그 우연한 만남은 내가 이 책을 쓰게 된 동기가 되었다. 그들은 총회에서 매년 빠지지 않고 열리는 '음식과 뇌' 세션에 참가하려는 이들이었다. 이 세션은 음식이 정신건강에 어떤 영향을 미치는지에 대해 최신의 연구 결과와 정보를 정리해서 알려주는 것이 주목적이다. 발길을 그쪽으로 돌려 무리 사이를 헤치고 들어가 보니, 컬럼비아대학 정신의학과 교수인 드루 램지(Drew Ramsey)가 생굴을 사람들에게 나눠 주고 있었다.

동도 트기 전인 이런 시간에, 명색이 정신과 의사라는 분들이 줄지어 턱수염에 짠물을 줄줄 흘리며 생굴을 먹는 모습을 보고 있자니 마음이 편치는 않았다. 하지만 세션에서 발표된 내용은 내 이목을 끌기에 충분했다. 램지와 또 다른 정신과 의사인 에밀리 딘스(Emily Deans)는 식습관이 우리의 뇌 건강과 정신건강에 어떤 영향을 미치는지, 또 인간이 수백만 년에 걸친 진화과정에서 어떤 음식을 먹고, 식량을 어디서 얻고 어떻게 요리했는지가 인체 가운데 가장 멋진 기관인 뇌가 형성되는 데 얼마나 결정적인 역할을 했는지, 세 시간에 걸쳐 세세하게 설명했다.

의사 출신의 의학 및 과학 전문 저널리스트인 나는, 몇 년 동안의 의학 교육과 신경과학 연구를 통해 특정한 식습관이 뇌 건강에 좋거나 나쁘다는 건 알고 있었지만, 그것을 진화론적인 관점에서 생각해 본 적은 한 번도 없었다. 그날의 강연을 통해 나는 비로소 우리 뇌가 지금과 같은 상태로 발달하는 데 영향을 미친 요인들을 깊이 생각하게 되었다.

잡식은 우리 인간이 생존하는 데 핵심적인 역할을 했다. 채식과 육식을 가리지 않는 식습관 덕분에 인간은 기후 변화로 생긴 식량 공급원의 변화에 적응할 수 있었다. 이를테면 고온의 날씨가 계속 이어져 숲에서 열매를 구할 수 없게 되면, 땅속에 묻혀 있는 뿌리나 줄기로 배를 채울 수 있었다. 어떤 학자들은 해산물도 인간종(種)이 생존하는 데 큰 도움이 됐을 거라고 주장한다-초기의 호모 사피엔스는 아프리카 해변을 따라 조개나 갑각류를 채집해 그것들을 까서 먹는 법을 알고 있었다(그래서 램지가 생굴을 나누어 주었나 보다). 또한 대부분의 진화론 학자들이 동의하듯이, 만약 인간이 육류를 섭취하지 못했다면 우리는 지금보다 훨씬 작은 뇌를 가진 채 아직도 원시 사회의 모닥불 주변에 둘러앉아 있을 것이다. 육류는 우리의 두개골이 확대되는 데 크게 이바지했다. 인간이 육식을 시작한 건, 인간이 써온 기나긴 드라마에서 만나게 되는 가장 극적인 전환 중 하나였다. 육식은 인간의 뇌 크기를 크게 늘려놓았다. 아프리카 사바나에서 죽은 동물의 사체를 먹는 법과 가젤을 사냥하는 법을 터득하게 된 인간은, 불을 다룰 줄 알게 되자 사냥한 동물을 요리할 수 있게 되었고, 나아가 식량을 저장하고 요리를 통해 소화가 더 잘 되는 음식을 만들게 되면서 정신적인 능력도 점점 향상돼 갔다.

나는 지금 육식을 권장하기 위해서 이런 말을 하는 게 아니다. 단지 먼 과거에 무슨 일이 있었는지 이야기하고 있을 뿐이다. 과거에 인간이 섭취한 것은, 인간의 진화라는 대하소설에 영향을 미친 여러 요인 중 하나다. 또 무엇을 먹었느냐 만큼 중요한 것이 어떻게 식료를 구하고 요리하고 가공했느냐는 점이다. 다시 말하면, 어떻게 사냥하고 어떻게 식료를 찾고 어떻게 보존하고, 육류를 도축하는 데 필요한 원시적인 도구를 어떻게 만들고, 기후의 변화는 식습관과 생활방식, 신체 조건을 어떻게 바꾸었는지, 나아가 어떻게 사회화가 이루어지고 서로 소통했는지 등등, 이 모든 요인이 수백만 년에 걸친 진화를 통해 결합함으로써 인간이라는 종과 우리의 뇌가 형성될 수 있었다.

의과대학 시절 해부학실에서 보낸 몇 달간의 기억을 되돌아보면, 그때 생전 처음으로 인간의 뇌를 직접 만져 볼 수 있었다. 이즈음이면 의대생들은 대부분 포르말린 냄새 정도에는 꿈쩍도 하지 않으며, 몇 달 동안 시체로 가득 찬 방에서 시간을 보낸 탓인지 삶과 죽음에 대한 존재론적인 질문이나 갈등에도 둔감해진다. 이런 건 의사가 되겠다고 했을 때 양보할 수밖에 없는, 계약의 일부 같은 것이다. 그래서 스물두 살에 3파운드[약 1.3kg] 무게의, 입맛 떨어지게 하는 젤로(Jell-O)[과일 맛과 향을 내는 디저트용 젤리, 상표명] 비슷한 걸 들여다보았을 때, 나는 이게 내 미래의 일부가 될 거라고 확신했다(하지만 버지니아 의과대학은, 몰래 친구들을 해부학실로 초대해 보여줄 만큼 괜찮은 곳은 아니다). 나는 우리의 행동과 성격, 의식 등이 모두 갈색으로 된 죽 같으면서도 주름져 있는 이 동그랗게 생긴 물질에서 나온다는 사실에 충격을 받았다. *이* 모든 것이, *저것*에서 나오다니!

인간의 뇌는 굴곡진 역사를 갖고 있다. 시작은 미미했다. 단순한 단세포 미생물에서 출발해 세포와 세포 사이의 교류를 통해 기이하게 생긴 바다 생물체 무리로 진화했다. 이들은 나중에 우리 몸의 신경계로 발전하게 되는 뉴런이 된다. 이어 벌레에서 어류, 파충류, 포유류, 원숭이로 이어지는 진화 나무의 가지들을 거쳐, 마침내 유인원이 되기에 이르렀다. 유인원은 2,500만 년 전 영장류로부터 갈라져 나왔다. 그로부터 다시 수백만 년이 흐른 뒤 현생 침팬지의 조상으로부터 나중에 인간이 될 조상이 갈라져 나왔다. 침팬지는 보노보와 함께 인간과 가장 가까운 사촌이다. 이후 다시 수백만 년 동안 현생인류와 닮은 여러 종들-즉 '호모속(屬)'(genus Homo)에 속하는 모든 종-이 번성했으나 끝까지 살아남은 것은 호모 사피엔스뿐이다. 우연과 적응력이 적절히 결합한 덕분에 호모 사피엔스는 다른 인간종들이 소멸하는 와중에도 살아남을 수 있었다. 아프리카 평원에서 호모 사피엔스는 가장 힘이 세지도, 가장 빠르지도 않았다. 우리를 끝까지 살아남게 만든 것은 크고, 복잡한 뇌였다. 그리고 바로 이 뇌로 인해, 좋은 의미든 나쁜 의미든, 인간은 이 행성의 운명을 좌우할 수 있는 능력을 손에 넣게 되었다. 이것은 이전에는 그 어떤 생물도 가져보지 못한 능력이다.

각기 전공 분야가 다른 연구원들이 게놈[한 개체의 모든 유전정보, '유전체'라고도 한다]을 분석하고, 원시 시대에 사용된 정교한 도구와 유인원의 행동을 분석함으로써, 인간 정신에 숨겨진 비밀을 조금씩 벗겨가고 있다. 이런 연구는 우리 뇌가 장구한 기간에 걸쳐 어떻게 발달해 왔는지에 관한 것이지만, 동시에 우리 뇌가 앞으로 어디로 나아갈지에 대해 질문을 던지는 것이기도 하다. 과학자들은 크리스퍼(CRISPR, 유전자 가위) 같은 유전공학 기술을 이용해, 게놈을 말 그대로 '편집'할 수 있다. 문제가 있는 유전자는 없애고 그 자리에 바람직하다고 여겨지는 유전자를 삽입하는 식으로 말이다. 앞으로는 유전자 코드를 우리가 원하는 대로 진화시킬 수도 있게 될 것이다. 이것은 전대미문의 일이다. 한편 어떤 이들은 영양의 변화, 화학물질에의 노출, 첨단기술의 발전 등 환경적인 요인들로 우리의 게놈이 바뀌게 될 것이라고 주장하면서, 이를 후생 유전학(epigenetics, 후성 유전학)이라는 개념으로 설명한다. 살면서 겪는 경험들이 유전자 코드의 순서를 바꾸지 않고서도 염색체를 바꿀 수 있으며, 그렇게 일어난 염색체의 변화는 후손에 그대로 전달된다는 것이다. 반대론자들은 그런 걱정은 하등의 가치도 없다고 반박한다. 유전적으로 조작된 슈퍼베이비로 군대를 만들거나, 도리토스[Doritos, 과자 브랜드. 나쵸 칩]를 너무 많이 먹어 인지에 문제가 생기는 일이 일어나기 훨씬 이전에 국가 간의 갈등, 기후 변화, 인공지능 등이 일으키는 문제로 이미 우리는 멸종해 있을 것이기 때문이란다.

우리가 아는 한, 인간의 뇌는 우주에서 가장 복잡한 조직체이다. 이 말은 인간이 다른 어떤 종보다 더 중요하다거나 더 선하다는 의미는 아니다. 영국 출신의 생물학자인 찰스 다윈과 알프레드 월리스가 우리에게 깨우쳐 주었듯이, 하나의 종이 진화하는 과정에서 생존과 번식에 영향을 미치는 것은, 선천적으로 물려받는 유전적인 특성이다. 유전자는 유기체가 다음 세대에 유전자를 넘겨주도록 함으로써, 오래오래 살아남는다. 이를 위해 유전자가 취하는 방식은 여러 가지인데, 예를 들어 박테리아는 500만 조의 조, 즉 5,000,000,000,000,000,000,000,000,000,000에 달하는 개체 수를 통해 진화라는 경주에서 승리한다. 개미도 우리보다 개체 수가 압도적으로 많으며, 크릴새우도 마찬가지다. 또 최근의 연구 결과가 보여주듯이, 인간에게만 있다고 여겨져 온 인지 능력이 다른 동물들도 초보적인 형태로 갖고 있으며, 특히 인간의 유인원 사촌들에게서 두드러진다. 진화란 인간이 앞장서서 이끄는, 복잡하고 지성적인 것을 향해서 나아가는 일련의 과정이 아니다. 우리 모두 주어진 상황에서 할 수 있는 최선의 것을 찾아서 행하는 것이다.

우리 뇌는 여러 면에서, 좋은 의미든 나쁜 의미든, 대단히 특출한 존재다. 뇌는 너그러우면서도 잔인하다. 뇌는 자기에 대해 생각할 수 있고, 자기에게 작용을 미칠 수도 있는 유일한 신체 기관이다.

내가 이 책에서 하려는 것은, 뇌의 진화를 다룬 논문들을 조사해서 이 분야 연구가 어디까지 와 있는지 조망하려는 것이 아니다. 신경생물학, 진화생물학, 인류학, 새롭게 떠오르고 있는 영양정신학 같은 서로 이질적인 분야에서 나온 최신이론을 종합해, 지구에 생명이 태어난 이래 뇌가 어떻게 등장해서 어떻게 진화해왔는지, 또 신경과학 관련 기술이 눈부시게 발전하고 있는 21세기에 인간의 뇌가 어디를 향해 가는지를 이야기해 보려고 한다.

이를 위해 우선 우리 뇌를 만들어 낸 기원을 찾아 시간을 거슬러 갈 것이다. 생명이 탄생했던 초기의 바다 환경, DNA의 출현, 우리 현생인류가 멸종되지 않도록 큰 도움을 준 해안생명체를 찾아가 볼 것이다.

이 책은 어마어마하게 복잡하면서도 멋진 뇌에 관한 이야기이자, 그것이 어떻게 오늘날까지 이르게 됐는지에 관한 이야기이다.

1부

뇌의 탄생

호모 사피엔스는 이 점을 잊기 위해 갖은 애를 쓴다.
자신들도 결국은 동물이라는 사실 말이다.

- 유발 노아 하라리 Yuval Noah Harari

1장

유인원 사촌들

미국 캘리포니아에 있는 샌디에이고 동물원에는 느릿느릿 움직이는, 체중이 450파운드[약 200kg]나 되는 '폴 돈'이라는 이름의 고릴라가 있다.

그의 프로필에 따르면, 폴 돈은 "잘 생기고, 카리스마가 있으며, 바람둥이 기질이 있다." 그는 동물원 안에 있는 '몽키 트레일(Monkey Trail)'에서 가장 인기가 높다. 구불구불 휘어지고 경사진 오솔길로 된 '몽키 트레일'에는 멸종위험에 처한, 다양한 종의 영장류가 거주한다.

때는 2017년이었다. 나는 묵고 있던 호텔에서 자전거를 타고 그 유명한 동물원으로 가 오후 내내 유인원의 행동을 관찰하며 시간을 보냈다(의도치 않게, 샌디에이고 카운티의 학교 시스템을 관찰하는 기회가 되기도 했다). 인간이 다른 유인원들과 공유하는 DNA가 상당히 많으며, 그 결과 기질과 행동에서 유사한 점이 많다는 건 널리 알려진 사실이다. '몽키 트레일'에서 단 몇 분만 지켜보라. 그러면 세상을 살아가는 방법에서 인간과 유인원이 본능적인 차원에서 겹치는 점이 많음을 금방 알아챌 수 있다. 굳이 화석이나 행동 연구, DNA 염기서열 따위를 거론할 필요도 없이, 우리가 사촌 관계라는 게 한눈에 들어온다(물론 화석이나 행동 연구, DNA가 이런 사실을 과학적으로 입증하는데 이바지한 걸 부인할 수는 없지만 말이다).

폴 돈이 아이스버그 상추포기를 간식으로 즐기고 있다.

내가 폴 돈이 사는, 유리로 둘러쳐진 우리에 도착했을 때, 그는 홀로 웅크리고 앉아 자기 머리 위로 사육사가 들고 있는 아이스버그 상추포기를 응시하고 있었다. 돈은 상추포기가 떨어질 때마다 두 손으로 받아, 두텁지만 날렵한 손가락을 사용해 침착하게 잎을 하나씩 뜯어 먹었다. 조금 뒤 내가 서 있는 유리창 쪽으로 걸어오더니 뚜껑이 닫힌 작은 판지 상자를 집어 들고는 다시 원래 자리에 가서 앉았다. 그는 손쉽게 상자 뚜껑을 열고는 안에서 뭔가를 끄집어냈다. 자세히 보이지는 않았으나 별로 양이 많지 않은 고릴라용 음식인 듯했다. 폴 돈은 단순히 음식을 찾아내는 동물적인 본능만 보여준 것이 아니었다. 본능 보다 훨씬 더 사려 깊고, 자신의 행동을 의식하는 무언가가 있었다. 어떤 면에서 인간적인 특성을 닮은 것이었다.

건너편 보노보 우리에는 세 살짜리 '벨'이 엄마 등에 뛰어올라, 엄마 엉덩이에서 무언가를 집어내고 더블 하이파이브를 하는 등 조증 증상을 보이더니, 천장에서 내려와 있는 밧줄들을 잡고서 줄타기 놀이를 했다. 보노보는 침팬지와 매우 가깝지만, 침팬지보다는 좀 더 호리호리하고 우아하게 생겼다(닉슨 시대의 세일즈맨을 연상시키는, 우스꽝스럽게 가르마를 탄 덥수룩한 헤어 스타일을 빼면 말이다). 그래서인지 인류학자들은 보노보를 가냘프다(gracile)고 표현한다.

침팬지처럼 보노보도 대단히 분명한 성격을 갖고 있다. '몽키 트레일'에 내걸린 설명서에는 벨은 독립심이 강하고, 엄마인 '리사'는 착하고 자제력이 강하며, 같은 우리에 사는 열여섯 살 먹은 '빅'은 다정하며 온화하다고 돼 있다. 동물원이 이들이 사는 구역에 붙인 이름(몽키 트레일)에도 불구하고, 벨과 리사, 빅과 폴 돈은 원숭이(monkey)가 아니라, 유인원이다[monkey는 긴 꼬리를 가진 원숭이 종을 말하며, 꼬리가 없는 것은 ape라고 한다. monkey는 영장류이지만 유인원은 아니다]. 유인원은 2,500만 년 전에 원숭이로부터 갈라져 나온 영장목(目)에 속하는 동물로, 소형 유인원과 대형 유인원으로 나뉜다. 소형 유인원에는 긴팔원숭이, 큰 긴팔원숭이가 속하고, 호미니드(hominids)라고도 하는 대형 유인원에는 큰 뇌를 가진 종인 오랑우탄, 고릴라, 챔팬지 그리고 인간이 속한다.

과학자들이 지금 인간의 진화나 행동의 기원에 대해 알고 있는 거의 모든 지식은 다른 유인원과 영장류를 관찰한 결과에서 얻은 것이다. 진화론적으로 볼 때 이들의 뇌는 인간의 뇌와 가장 밀접한 연관성을 보인다. 이들은 인지력이나 행동양식, 사회적인 생활방식의 복잡성에서 인간과 놀라울 정도로 유사하다. 심지어 이타심과 동물적인 야만성의 순화 같은, 인간에게만 고유하다고 여겨지는 특성까지 공유한다. 이처럼 다른 유인원을 단순히 관찰하는 것만으로도-동물원이라는 인위적인 장치를 통해서일지라도-인간만이 예외적인 종이라는 자존심에 금이 갈 수 있다. 20세기 초부터 과학적인 방법론이 발달하면서, 유인원의 해부학적 구조를 통해 그들 사이의 진화론적인 관계를 점차 확인하게 되었다. 인간은 침팬지 및 보노보와 같은 조상을 공유하다가 약 700만 년 전에 이들로부터 갈라져 나왔다. 그래서 침팬지와 보노보는 우리 인간과 생물학적으로 매우 가까운 친족이다. 유전학적으로 보면 침팬지와 보노보는, 고릴라가 인간과 가까운 정도보다 더 밀접하게 인간과 가깝다. 캘리포니아를 방문하고 몇 주 뒤, 나는 샌디에이고 글로벌 동물원의 유인원 수석 관리사인 제니스 맥너니(Janice McNernie)와 이야기를 나누었다. 10년 넘게 동물원을 관리한 경험이 있는 그녀는 지금은 유인원을 돌보는 일만 맡고 있다. "보노보들끼리 서로 교류하는 모습을 보고 있으면, 그들의 행동이 '인간과 닮은' 걸 단 몇 분 만에 금방 알 수 있습니다"라고 그녀는 말했다.

　보노보들과 시간을 보내보면, 자신들을 보호하기 위해 평소에는 숨기고 있던 행동을 다른 동물들보다 훨씬 거리낌 없이 드러내는 걸 알 수 있다. 음식을 주고, 같이 놀고, 그들이 좋아하는 자극을 제공하면 인간에 대한 경계심을 점차 푸는 것을 볼 수 있다. 그들은 마음을 열고서 야생에서 하듯이 편안하게 자기들끼리 놀고 관계를 맺는 모습을 보여준다. 맥너니는 아이(새끼)가 태어났을 때 그들이 얼마나 좋아하며 흥분하는지, 나이 든 보노보가 세상을 떠났을 때 무리 전체가 얼마나 슬프게 애도하는지를 봐왔다. 그들을 너무 인간의 관점에서 보지 않으려고 아무리 조심해도, 그들과 인간 사이의 공통점을 결코 부인할 수 없음을 느끼게 된다고 했다. "그들과 우리는 공통의 조상을 가진 후손입니다. 따라서 우리가 비슷한 행동을 하도록 만드는 유전적인 요인을 공유한다고 해서 전혀 이상할 게 없습니다."

뒤에서 자세히 살펴보겠지만, 영장류 연구자들이 보기에 보노보와 침팬지는 서로 뚜렷하게 구별되는 특성을 갖는데, 이들의 서로 다른 특성은 인간의 심리적인 진화과정을 반영한다. 널리 퍼져있는 고정관념에 따르면, 침팬지는 폭력적인 성향이 강하고, 보노보는 평화롭고 온순하며, 인간은 그들과 같은 조상에서 나온 탓에 두 종의 특성을 조금씩 나눠 갖고 있다는 것이다.

이런 통념은 지나치게 단순화한 것이지만, 완전히 틀린 것도 아니다. 한 연구 결과에 따르면, 보노보는 가까운 친구, 가족과 음식을 나눠 먹을 뿐 아니라 낯선 보노보 집단과도 기꺼이 그렇게 한다(Tan, 2013). 이처럼 외부 집단을 기꺼이 돕는 자세, 즉 외부인을 환대하는 모습은 호모 사피엔스를 제외한 어떤 종에서도 들어본 적이 없다. 보노보는 침팬지나 대부분의 다른 영장류와는 달리 모계 중심 사회를 이룬다. 여성(암컷)이 집단을 이끌어 가는 것이다. 여성이 대부분의 사회적인 권력을 가지며, 형편없는 남성(수컷)들을 누르기 위해 여성들끼리 단결한다. 그들은 잦은 성관계를 통해 사회를 안정시키려고 도모한다. 그 결과, 전통적으로 폭력적인 성향을 지닌 수컷들은 놀라울 정도로 서로 온유하게 지낸다(그렇다 해도, 인간 남성들보다는 훨씬 폭력적이다).

"많은 사람이 보노보에 대해 알고 있는 것은, 그들이 성관계를 자주 갖는다는 것입니다." 영장류학자 브라이언 헤어(Brian Hare)는 〈뉴욕타임스〉와의 인터뷰에서 이렇게 말했다. 하지만 그가 보기에 보노보가 흥미로운 건 그런 점 때문이 아니다. "그들의 가장 흥미로운 점은 서로를 죽이지 않는다는 것입니다."

보노보와 달리 침팬지는 인간과 마찬가지로 같은 종에 속한 다른 구성원을 죽이려는 성향이 있다. 그것도 매우 자주 그런 충동을 보인다. 인간을 제외하면, 침팬지는 한 집단이 같은 종의 다른 집단을 살해하는 유일한 종이다. 보노보의 모계 중심적이고 높은 자제력이 우리 유전자에 흔적을 남기지 않았다면, 인간은 지금보다 훨씬 더 충동적이고 폭력적으로 됐을지도 모른다. 유감스럽게도 우리 내면에 잠재된 공격성과 변덕스러움을 고려해 볼 때, 인간에게는 침팬지의 기질도 꽤 많이 있는 것 같다.

영장류 행동 연구의 진정한 선구자는 1960년대에 해부학자에서 인류학 교수로 변신한 셔우드 워시번(Sherwood Washburn)이지만, 이 분야를 대중적으로 널리 알린 것은 영국의 인류학자 제인 구달(Jane Goodall)이다. 그녀는 보통 사람들이 유인원의 행동과 지능에 관심을 기울이도록 하는 데 큰 역할을 했다. 구달은 1960년대 후반에 탄자니아의 곰베 국립공원에서 야생 침팬지의 사회생활과 행동을 연구하기 시작했다. 그녀는 침팬지 집단이 온전히 받아들인 유일한 인간이라는 평가를 받는다(하지만 침팬지 집단 내에서 가장 낮은 서열의 지위를 넘지는 못했다). 오랜 관찰을 통해 그녀는 다른 유인원의 행동이 인간의 특성과 얽혀있음이 거의 확실하다고 믿었다. 그녀는 침팬지가 우리 인간처럼 각자 개성-그것이 바람직하든 아니든-을 갖는다는 걸 알아냈다. 외향적인 침팬지가 있고 수줍음을 많이 타는 침팬지가 있으며, 온순한 성격이 있는가 하면 용납할 수 없을 정도로 폭력적인 침팬지도 있다. 또 그들은 가족은 물론이고 자신이 속한 집단과 복잡한 감정의 끈으로 이어져 있다. 서로 안아주고, 털을 손질해 주고, 애정을 담아 서로의 등을 쓰다듬는다. 그들은 도구도 만든다-나뭇가지에서 잎을 뜯어낸 뒤 곤충이 드나드는 구멍에 넣은 다음, 그 잎을 따라 곤충이 나오기를 기다렸다가 이를 먹는다.[1] 구달의 관찰로 사람들은 유인원의 정신세계를 처음으로 엿볼 수 있게 되었다. 요즘은 유튜브에서도 이런 모습을 확인할 수 있다. 그림을 그리고, 슬픔에 빠져 비통한 모습을 보이고, 게임을 하고, 피터 가브리엘(Peter Gabriel)[영국의 록 가수]과 키보드를 연주하고, 플리(Flea)[미국의 펑크 록밴드 '레드 핫 칠리 페퍼스'의 베이시스트]와 베이스를 연주하는 유인원을 볼 수 있다. 북한에 있는 동물원(처럼 보이는 곳)에 서식하는 침팬지는 하루에 담배를 20개비나 피운다(심지어 직접 담배에 불을 붙인다). 또 내가 눈으로 확인했던 것처럼 아이스버그 상추를 능숙하게 하나씩 떼 내 먹을 수도 있다.

샌디에이고의 폴 돈이나 보노보처럼, 유인원은 서로 소통하는 능력이 발달해 있다. 목소리로나 제스처로나 모두 뛰어나다. 이것은 우리 인간의 언어나 공감 능력과 같은 사회적인 특성에도 잘 나타나 있다. 앞으로 살펴보겠지만, 영장류가 사물을 인식하는 방법과 서로 교류하는 방법을 연구한 덕분에, 고도로 발달한 인간의 뇌와 사회 조직을 제대로 이해할 수 있게 되었다.

인간은 침팬지는 물론이고 현존하는 다른 어떤 유인원의 직접적인 후손이 아니다. 단지 그들과 같은 조상을 공유하고 있을 뿐이다. 오늘날의 침팬지는 인간과의 공통 조상으로부터 갈라져 나온 이후 700만 년간 계속 진화해 왔기 때문에, 말기 마이오세[약 2,300만년 전부터 600만 년 전까지의 지질시대] 시대의 침팬지와는 확연히 다르다. 지금의 우리가 그 시대의 인간과 다른 것처럼 말이다. 따라서 많은 공통점에도 불구하고 우리 뇌는 다른 유인원의 뇌와 구별되는 고유한 특성이 있으며, 특히 고차원적인 사고를 할 수 있다는 점에서 그렇다. 우리는 그들보다 더 뛰어난 문제해결자이며, 더 발달한 감정 및 정서 체계, 탁월한 자기 인식 능력이 있다. 하지만 일반적으로 말하면, 우리가 오랫동안 인간에게 고유하다고 여겨온 많은 특성이 사실은 어느 정도 다른 유인원에게도 존재하는 것으로 보인다. 그런 특성들 가운데는 오랜 세월을 거치는 동안에도 우리 유전자 안에 그대로 유지된 것도 있고, 완화된 것도 있고, 더 향상된 것도 있다.

우리가 자연선택(natural selection)[환경에 적합한 종이 더 잘 생존한다는 원리로, 다윈 진화론의 핵심이다. '자연도태'라고도 한다]을 이야기할 때는 기본적으로 유전자의 변화에 관해 이야기하는 것이다. 즉 유전자의 변화가 어떻게 자연에 적응하고 생존하고, 번식하는 데 도움을 주었는지를 따진다. 침팬지들이 단합해서 이웃 침팬지 집단을 공격하는 모습을 볼 때, 그런 행동의 원인은 적어도 부분적으로는 진화과정에서 선택된-침팬지에게 이득을 주는-유전자의 돌연변이 탓이라고 보아도 무리가 없다. 나는 앞으로 인간 뇌의 진화과정에서 유전자가 어떤 역할을 했는지, 특정한 유전자의 변이가 어떻게 우리 종을 다른 종과 차별화했는지를 자세히 살펴볼 것이다.

대중 과학서는 우리의 DNA 가운데 98.5%가 침팬지의 DNA와 같다고 주장한다. 95%라고 하기도 한다. 어느 쪽이든, 인간과 유인원은 생물학적으로 매우 비슷하다. 우리와 침팬지의 몸 안에 있는 단백질은 거의 똑같다. 우리의 DNA를 만드는 코드이자 기본 단위인 뉴클레오타이드도 거의 일치한다. 하지만 우리 인간이 쥐와도 유전자의 90%를 공유한다는 사실(인간과 바나나와는 유전자의 50%가 같다!)을 고려하면, 유전자 염기서열만이 인간과 유인원의 공통성을 결정하는 유일한 요인이 아니라는 건 분명하다.

유전자보다 더 강하지 않을지는 모르지만, 우리를 둘러싼 환경이 우리의 유전체와 어떻게 상호작용하는지, 유전자를 어떻게 규제하는지도 우리의 신체와 기능에 큰 영향을 미친다. 유전자는 단백질을 만드는데 필요한 설계도이다. 단백질은 우리 몸을 유지하고 우리 몸이 생물학적인 기능을 발휘하는데 필수적인 요소이다. 그런데 우리의 DNA 가운데 99%는 단백질을 만드는 데 관여하지 않는다. 대신 특정한 유전자를 켜거나 끄면서(on-off) 다른 DNA를 통제하는 일만 할 뿐이다.

이제 과학자들은 특정한 시점에 특정한 유전자들을 활성화하거나 억제하는 것(on-off)이 어떻게 매우 유사한 게놈을 가진 종들 사이에 차이를 만드는지 이해하기 시작했다. 종들 사이에 다양성을 만들어내는, 진화론적으로 매우 강력한 힘 중 하나는 유전자 중복(gene duplication)이다. 하나의 DNA 끈을 따라 복사되는 유전자들 덕분에, 진화과정에서 여러 가지 변화를 안심하고 시도해 볼 수 있다. 만약 복사된 유전자가 종에게 새로운 기술이나 유익한 특성을 주는 방향으로 돌연변이를 일으킨다면, 굉장히 좋은 일이 될 것이다. 반면 돌연변이가 유전자에 해를 끼치거나 기능을 저하하는 방향으로 일어나면, 백업된 복사본으로 그 손실을 보상할 수 있어 걱정할 필요가 없다.[2]

그동안의 유전학 연구 결과에 따르면, 인간과 침팬지가 공통의 조상으로부터 갈라져 나온 이후, 인간은 침팬지는 소유하지 않은 약 700개의 중복 유전자들을 획득했고, 그 가운데 많은 것이 뇌 기능과 관련이 있다. 대신 인간은 침팬지가 지금도 가지고 있는 86개의 중복 유전자를 잃어버렸다. 과학자들은 뇌의 다양한 기능에 대해 어떤 유전자가 어떤 영향을 미쳤는지-그리고 지금도 영향을 미치고 있는지-구체적으로 지목하는 데 성공하고 있다. 또 기나긴 자연의 역사 가운데 어느 시점에 특정한 돌연변이가 생겨 우리의 뇌 능력이 크게 향상되고 그 결과 인간이 고도의 인지 능력을 갖추게 되었는지, 구체적으로 지목할 수 있다.

유인원에 관한 연구가 인간의 진화과정과 뇌의 발달과정을 이해하는 단서를 제공했다는 건 의심할 여지가 없다. 그러나 이제 유인원 연구는 세계적으로 막을 내리고 있다. 동물보호 활동가들이 유인원은 실험 대상으로 삼기에는 너무나 똑똑하고 높은 의식을 갖추고 있다며 정책 담당자들을 설득하고 있기 때문이다. 2013년에 미국국립보건원(NIH)은 연방정부에서 지원하는 대부분의 침팬지 연구를 중단하도록 요구하는 보고서를 내놓았다. 같은 해에 상하 양원은 미국 전역에 유인원 보호소를 설치하기 위한 예산을 확대하는 법안을 통과시켰다. 이후 수백 마리의 침팬지와 오랑우탄들이 은퇴해-사람들이 은퇴하면 즐겨 그렇게 하듯이-플로리다로 거처를 옮겼다. 거기에는 '유인원 보호센터' 같은 단체들이 과거 실험 대상이었던 유인원과 불법 사냥꾼들로부터 구출된 유인원에게 안식처를 제공한다. 최근에 아내와 장인, 장모와 함께 이곳을 방문했을 때, 젊은 암컷 침팬지가 내 장모를 보면서 비웃듯이 검지로 입술을 한쪽 끝에서 다른 쪽 끝으로 훑었다. 우리를 안내한 가이드는 "그런 제스처가 여성을 가리키는 표시라고 누군가가 가르쳐준 것 같다"고 말했다. 〈뉴욕타임스〉는 2017년에 과거 실험 대상이었던 침팬지 여섯 마리가 '조지아 침팬지 보호소'에 도착해 생활하는 모습을 기사로 실었다. 기사를 쓴 제임스 고먼(James Gorman) 기자는 '그들이 보이는 안도감과 행복감은 어찌나 전염성이 강하든지, 보는 사람을 절로 미소 짓게 했다. 그들은 한참 동안 서로 입을 맞추고 서로의 성기를 쓰다듬기도 했다'고 전했다.

   인간의 뇌를 이해하려는 시도는 우리 시대의 과학에서 가장 흥미로운 주제 중 하나이다. 과학자들은 뇌 유전체학을 연구하고, 신경회로 지도를 만들고, 작은 플라스틱 접시에서 뇌 조각을 큰 뇌로 말 그대로 키우고 있다. 앞으로도 동물원이나 보호소, 야생 서식지에서 유인원을 관찰하는 활동은 계속 이어지겠지만, 과학연구라는 미명으로 생포한 유인원을 마음대로 가지고 노는 일은 더는 없을 것이다. 매우 다행스러운 일이 아닐 수 없다.

다시 샌디에이고 동물원의 보노보 우리로 돌아가 보자. 벨은 관람용 유리창 가까이 다가오더니 자신을 바라보는 관람객들에게 호감을 표했다. 내가 검지를 유리창에 갖다 대자 벨도 나를 따라 손가락을 유리창에 댔다. 마치 영화 〈E.T〉에서의 그 유명한 장면처럼 말이다. 눈을 크게 뜬 그녀의 얼굴에는 많은 표정이 담겨 있었다. 벨은 이를 활짝 드러내면서 미소를 지었다. 내가 손가락으로 유리창에 원을 그리자 그녀도 내 손가락을 따라 원을 그렸다. 1분여 정도 그렇게 하고 나자 이제 싫증이 났는지, 그녀는 몸을 돌려 자리를 떴다.

2장

무생물에서 생명으로

약 15만 년 전의 어느 시점에, 호모 사피엔스는 거의 멸종될 뻔했다.

고릴라, 침팬지, 보노보가 평소처럼 날렵하게 돌아다니고, 다른 인간종인 네안데르탈인이나 데니소바인이 현재의 유럽, 아시아, 중동 지역에서 번성하고 있을 때, 우리 종(호모 사피엔스)은 겨우 몇천 명으로 줄어들었고 남아프리카의 동굴에서 근근이 살아갔다. 당시는 매우 힘든 시기였다. 기후가 변하면서 구할 수 있는 식량이 크게 줄어든 탓이다. 그러나 요령 좋은 우리의 뇌가 절체절명의 위기에서 우리를 구했다.

화석 기록에 따르면, 당시 호모 사피엔스는 자연의 변화에 적응하며 생존을 위한 새로운 방법을 찾아내는 데 성공했다. 예를 들면, 밀물과 썰물의 흐름을 유심히 관찰함으로써 영양이 풍부한 조개 층에 접근해 식량으로 취할 수 있었다. 또 불을 피우고, 음식을 조리하고, 지능과 창의성을 발휘해 어려움을 이겨내는 방법을 터득하기 시작했다. 그 결과 오래지 않아,

멸종이라는 벼랑 끝에서 빠져나올 수 있었고, 세계 각지로 흩어져 갔다. 그렇게 오랜 시간이 흐른 뒤, 지금 여기에 우리가 있는 것이다.

진화라는 힘과 자연에 대한 적응 덕분에 우리가 속한 호모속은 식량부족과 지구를 휩쓴 여러 고비를 견디면서 2백만 년 이상 생존할 수 있었다. 그렇다면 도대체 인간의 뇌는 어디서 온 것일까?

배우이자 코미디언인 스티브 카렐(Steve Carell)은 2008년에 잡지 〈와이어드〉와의 인터뷰에서 "아이들은 그들만의 독특하면서도 우둔한 방식으로 대단히 영리하다. 아이들의 뇌는 스펀지와 같은데, 스펀지가 얼마나 영리한지는 당신도 잘 알 것이다"라고 말한 적이 있다. 아이러니하게도 현대의 뇌 이야기는 실제로 스펀지로부터 시작된다.

바다 스펀지(sea sponge), 즉 바다수세미는 별로 대단해 보이지 않는다. 구멍이 많고 아주 단순한 모양을 한 바다수세미는 세포들이 모여 이뤄진 것으로, 옛날부터 겨드랑이의 때를 문지르거나 식기를 닦는 데 사용돼왔다. 그들은 내장 기관도 없고, 신경계도 없으며, 별로 눈에 띄지 않은 채 해저에 그저 조용히 앉아있다.

그러나 바다수세미는 진화의 급격한 전환점을 상징한다. 그런 사실은 다윈보다 2천 년이나 앞서 아리스토텔레스가 이미 알아챈 바 있다. 고대 그리스에서는 바다수세미의 쓰임새가 많아 잠수부들에게 큰 돈벌이가 돼주었다. 호머는 ≪오디세이≫에서 궁전에서 잔치가 끝난 뒤 하인들이 '마른 바다수세미로…식탁을 문지르는' 모습을 묘사했고, ≪일리아드≫에서는 불과 대장간의 신인 헤파이스토스가 '이마와 건장한 팔'에 맺힌 땀을 바다수세미로 닦아내는 모습을 그렸다. 아리스토텔레스는 이 특이한 해양 유기체가 식물과 동물의 경계에 있다고 보았다. 식물처럼 한 곳에 고착돼 있지만, 한편으로는 의도하는 대로 움직일 수 있는 능력-이것은 생물을 분류할 때 동물의 정의에 해당한다-을 어느 정도 갖고 있기 때문이다. 아리스토텔레스의 생각이 완전히 틀린 것은 아니었다. 오늘날 생물학자들은 바다수세미-혹은 바다수세미와 흡사한 것-가 지구상에 존재하는 모든 동물의 공통된 조상이라고 본다. 그게 사실이라면, 우리는 바다수세미에 우리의 존재를 빚지고 있는 셈이다.

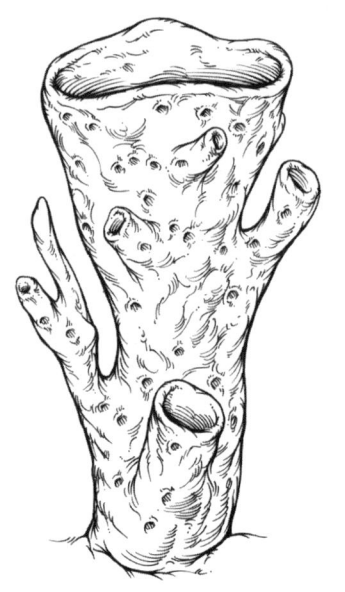

바다수세미는 여과 섭식자이다. 즉 바닷물을 몸속으로 통과시켜 그 안에 든 영양소(플랑크톤과 소량의 미생물로 이뤄져 있다)를 취한 다음 그 물을 뱉어내고 다시 새로운 바닷물을 받아들이는 식이다. 바다수세미의 세포들은 단백질을 이용해 서로 소통함으로써 여과 과정이 원활하게 진행되도록 한다. 그런데 유전자 분석에 따르면, 이 단백질은 뉴런에서 볼 수 있는 단백질과 아주 흡사하다. 뉴런은 우리 뇌와 신경계를 이루는 신경세포로서, 우리가 움직이고, 느끼고, 생각하고, 의식이라는 낯선 세계를 경험할 수 있는 것은 바로 이 뉴런 덕분이다(Wong, 2019).

뇌가 어떻게 작동하고, 뇌가 바다수세미와 어떻게 연결돼 있는지를 파고들기 전에, 먼저 바다수세미와 세포, 그리고 DNA-지구상 모든 생명체가 가진 나선형 코드(정보)-가 어떻게 생겨났는지부터 알아보도록 하자.

이 모든 것은 아주 오래된 바닷속에서 우연히 화학적 접촉이 일어나면서 시작되었다.

우리 행성은 45억 년 전 우주에 떠돌던 가스 소용돌이와 먼지들로부터 만들어졌다. 이 시기는 저승의 신이었던 하데스(Hades)의 이름을 따 명왕누대[Hadean Eon, 冥王累代, 지구가 탄생한 약 46억 년 전부터 40억 년 전까지, 지질학적 증거가 거의 남아있지 않은 시대]라 불리는데, 이름이 가리키듯이 지옥 같은 시기였다. 화산들이 분출했고, 소행성들이 쏟아져 내렸고, 바다는 펄펄 끓어 수증기로 가득 찼다. 하지만 마침내 우리 행성은 바위와 물로 이뤄진 고요한 환경으로 자리 잡았다. 그리고 머지않아, 자연발생(abiogenesis)이라고 불리는 과정을 통해 생명으로 다가가는 무언가가 생겨났다. 학자들은 정확히 어디서 처음으로 링컨 로그[나무조각들을 조립해 건물을 짓는 미국의 장난감]가 조립되었는지 논쟁을 벌인다. 누구는 바다 표면에서, 누구는 깊은 바닷속 지열이 올라오는 배출구에서라고 주장하고, 또 어떤 이들은 얼음같이 차가운 웅덩이 같은 곳이라고 주장한다. 그렇지만 과학자들은 40억 년 전에 지구상에 있던 어떤 성분들의 우연한 조합이 자기 스스로 복제하는 분자가 되었을 것이라는 데 대부분 동의한다. 이 자기복제하는 분자는 생명의 토대가 되는 가장 기초적인 두 분자, 즉 DNA와 RNA를 닮았을 것이다. DNA는 유전자 정보(코드)를 제공하고, RNA는 그 정보를 단백질-세포를 유지하고 신체가 기능할 수 있도록 하는 물질-로 바꾸는 일을 한다.

케임브리지대학의 화학자인 존 서덜랜드(John Sutherland) 같은 이들은 명왕누대 시기의 지구가 DNA를 이루는 필수 요소인 푸린과 피리미딘 분자를 만드는데 가장 적합한 기후와 화학적인 조건을 갖추고 있었다고 본다. 전혀 하데스답지 않은 어느 봄날, 서덜랜드는 나에게 전화로 모든 생명체의 분자적인 기원에 대해 자신의 이론을 설명해주었다. 그는 사이안화수소-라스푸틴에 얽힌 떠도는 이야기[러시아 황실을 쥐락펴락했던 수도승 라스푸틴이 반대파들이 청산가리(사이안화수소)를 음식에 타서 먹였음에도 바로 죽지 않고 몇 시간이나 춤을 췄다는 소문]와 냉전 시대의 스파이 영화에 자주 등장하던 맹독성 물질과 같은 것이다-가 생명으로 통하는 출입문에 존재하고 있었음이 틀림없다고 확신에 차서 말했다. 사이안화수소는 수소 원자 하나, 탄소 원자 하나, 질소 원자 하나로 이뤄진(HCN) 간단한 분자이다. 이 분자가 자외선과 이산화황에 노출되면 전자들이 적당한 균형을 맞추면서 피리미딘을 낳게 된다. 그리고 피리미딘은 푸린과 결합해 최초로 RNA를 닮은 물질을 만들어낸다. 이보다 더 복잡한 분자인 DNA는 더 늦게 생겼을 것이다. 자연발생은 사이안화수소 같은 지구상에 흔한 화합물이 생명에 필수적인 다른 분자들-예를 들어 (단백질을 구성하는) 아미노산이나 지방질을 이루는 요소들-로 전환되는 지점에 이르기까지 진행되었다(Pate, 2015; Herschy, 2014).

"이 분자들이 만드는 화학 반응을 보면, 생명에 필수적인 다양한 분자들 사이의 연결(link)이 얼마나 황홀하고 아름다운지 놀라게 됩니다." 서덜랜드가 전화기 너머로 활짝 웃는 소리가 들렸다. "우리는 이 분자들 모두가 서로 도움을 주면서 거의 동시에 생겨났다고 보고 있습니다."

연구자들은 자연발생을 화학적인 상호작용으로 설명할 수 있다는 점에는 동의한다. 즉 생명이 없는 상태로부터 생명이 발생하는 것이 가능하다고 믿는다. 하지만 그 과정에 어떤 화학 물질들이 관련돼 있는지는 연구자들 사이에 의견이 갈린다. 그들은 단백질, 지방 같은 유기물의 탄생을 설명하기 위해 많은 모델을 제시해 왔는데, 개중에는 황과 철을 포함한 모델도 있고, 아연과 점토(미세한 흙 입자)를 포함하는 모델도 있다. 영국 출신의 생화학자이자 과학저널리스트인 닉 레인(Nick Lane)은 이산화탄소와 수소가 생명이라는 자식을 낳은 화학적인 부모라고 믿는다. 어떤 과학자들은 명왕누대 시기에 우주에 떠돌던 물질들이 지구에 쏟아져 내렸고, 그 가운데 화성에서 떨어져 나온 운석에 생명체가 담겨 있어 그것이 지구 생명의 기원이 되었다고 주장한다. 이 주장을 따르면, 우리의 조상은 화성인이 되는 셈이다. 아무튼, 자연발생이 일어난 각각의 단계마다 서로 다른 원소(물질)들과 환경이 필요했을 것이고, 그렇다면 이 모든 추측이 다 맞을 수도 있다!

생명이 어디서, 무엇으로부터 기원했는지를 밝힌다고 해서 생명이란 무엇인가에 대한 답이 되는 것은 아니다. 살아 있다는 것은 무슨 의미일까? "그건 굉장히 까다로운 질문입니다"라고 서덜랜드는 말했다. 그는 생명을 무기물로부터 유기물로 이어지는 연속체라고 본다. 생명력(vitality)을 어떻게 정의하든, 거기에는 '복제'와 '번식'(다음 세대로의 전달)이라는 두 가지 요소가 반드시 포함돼야 한다. 그래서 RNA를 닮은 분자 하나가 우연히 돌연변이를 일으켰을 때, 즉 물질의 물리적 화학적 성질을 통해 자기복제하기 쉬운 형태로 돌연변이가 일어났을 때, 생명이 시작되었다고 말할 수 있다. 생명이 발생하는데 필요한 또 다른 조건은 유전자를 벽으로 차단해 보호하는 것이다. 이것이 이루어졌을 때 비로소 유전 물질들은 생존을 위해 투쟁하면서 다윈의 진화를 시작할 수 있었다.

다윈의 진화론은 단순하지만, 너무나 매력적인 개념이다. 생물과 종들은 자신들이 물려받은 유전적인 변이들 가운데 개체의 생존과 번식에 유리한 걸 선택해 다음 세대에 물려주는 방식으로 세대를 통해 점점 변화해 간다. 다윈은 이것을 '변화를 동반한 계승(descent with modification)'이라고 불렀다. 지금은 이것이 DNA의 변화로 인한 결과라는 걸 알고 있다. 주어진 환경에서 훨씬 잘 살아남고 번식을 하기에 도움이 되는 유전적인 돌연변이가 다음 세대로 전달되는 것이다. 생존과 번식의 기회를 낮추는 돌연변이는 도태돼 서서히 유전자 풀에서 제외된다. 다윈은 이런 현상을 '적자생존'이라고 했다(이 개념은 영국 출신의 박물학자이자 생물학자이고 다윈의 친구이기도 했던 알프레드 월리스가 다윈과 별개로 제안한 것이기도 하다).[3] 숲에서 열매를 따기 위해 나무들 사이를 오가는 침팬지를 생각해보자. 길고 억센 팔을 만들어주는 돌연변이가 있다면 큰 도움이 될 것이다. 침팬지들이 먹이를 취할 기회를 더 늘려주고, 짝짓기하고 새끼를 만드는 데도 득이 되기 때문이다. 하지만 초원지대를 터벅터벅 걸어 다니던 초기의 인간에게는 방금 말한 침팬지의 돌연변이는 아무런 보탬이 되지 않았을 것이다. 그래서 그런 돌연변이는 초기 인간에게 선택이 되지 않았다.

진화는 '유전자 부동(genetic drift)'이라는 과정을 통해서도 일어날 수 있다. 이것은 어떤 개체군(집단)이 고립되면, 돌연변이나 자연선택이 아니라 (자연재해와 같은) 우연한 사건으로 개체군의 게놈이 점차 변하는 현상을 말한다.

복잡한 구조를 한 포유류의 뇌가 등장하면서, 감각 및 지능과 관련된 유전자를 보존하려는 강력한 진화의 압력이 많은 종에서 생겨나기 시작했다. 하지만 다윈의 진화는 그보다 훨씬 이전부터 힘을 발휘했다. 그것은 자신을 복제하는 RNA 분자 하나가 다른 RNA로부터 분리돼 동료 RNA를 능가하거나 혹은 그들로부터 밀려난 순간 시작되었다. 동료들에게서 벗어나 자유롭게 움직이고 자기복제를 통해 자기를 증식하게 된 RNA는 막으로 둘러싸인 하나의 단위(unit)로 진화했다. 이것은 생명의 기본 단위인 세포의 형태를 닮아갔을 것이다. "(자기를 복제하는) RNA 분자로 촉발된 긍정적인 혁신이 (거기로부터 빠져나온) 다른 RNA 분자들에게 도움이 되지 않게 하려면 칸막이가 절대적으로 필요할 수밖에 없지요"라고 서덜랜드는 말했다. "자신을 다른 RNA와 분리하기 위해서는 그것이 최고의 방법이었던 것입니다."

이것은 미시적인 차원에서 일어난 적자생존이었다.

아주 오래된 미생물

어떻게 시작되었든, 어디서 시작되었든, 아무튼 생명은 시작되었다.

생명이 바닷속 어딘가에서 RNA와 흡사, 끈처럼 생긴 유전 물질에 서식하던 단세포의 유기체에서 생겨났다고 보아도 큰 무리는 없을 것이다. 물론 그 최초의 생명체가 언제 지구상에 나타났는지를 정확히 알 수는 없다. 그러나 우리는 유전자 염기서열분석에 힘입어 어느 정도의 정확도를 갖고서 생명의 계통수(life's tree, 系統樹)를 그릴 수 있게 되었고, 최초의 유기체가 언제 나타났는지도 어느 정도 추측할 수 있다.

지구상에 등장한 최초의 생물은 초기에, 생물 분류상 세 도메인(domain) ['계'보다 한 단계 위의 분류군. '영역'이라고도 한다] 가운데 두 도메인을 차지하는 박테리아(세균)와 고세균을 탄생시켰다. 박테리아와 고세균은 둘 다 단세포 생명체로서, 단순한 내장 기관과 자유롭게 움직이는 DNA 고리(ring)를 가지고 있다. 화석 연구에 따르면, 그들은 수십억 개씩 모여 두꺼운 미생물층을 형성하면서 바닷속을 둥둥 떠다녔다. 그러던 중 어떤 미생물 계통에서 DNA가 세포막 안으로 분리되면서 세포핵을 만들고, 세 번째 도메인인 진핵생물(Eukarya)을 낳았다. eukarya는 그리스어로 '진짜 알맹이(true nut)' 즉 진정한 핵심이라는 뜻인데, 이 '알맹이'가 바로 세포핵(nucleus)이다. 진핵생물은 처음에는 박테리아와 고세균과 마찬가지로 단세포였다. 하지만 1백만 년 뒤 진핵생물끼리 서로 결합해 지구상에서 최초로 다세포 생물이 되었다.[4)]

초기의 미생물은 생존을 위해 이온 통로(ion channel)를 활용했다.[5)] 이온은 전기적으로 중성인 원자나 분자가 전하를 얻거나 잃음으로써 음전하나 양전하를 띠게 된 상태이다. 대개의 이온은 세포가 가진 반(半)투과성 벽을 투과하지 못한다. 세포의 반투과성 벽은 특정한 장소에서 특정한 화학물질만 들고날 수 있게 허용하기 때문이다. 이런 현상은 전기적인 기울기, 즉 세포벽 안쪽과 바깥쪽에 전하의 분포 차이를 만든다. 그러나 어떤 이유로 무엇인가가 이온이 지날 수 있는 길(이온 통로)을 만들면, 그래서 세포벽이 열리면, 전하를 띤 원자들이 세포 안으로 밀고 들어가면서 전류가 흐르게 된다(Martinac, 2008; Nature Education, 2014). 이 이온의 흐름은 단세포 생물을 작은 꼬리 모양의 돌기처럼 앞으로 나아가도록 만든다. 마치 모터에 의해 작동되듯이 말이다. 이런 움직임은 단세포 생물이 먹이에 접근하고 독이나 위험을 피할 수 있도록 했다. 이로써 단세포 생물은 오늘날 우리가 흔히 생각하는 생명의 모습에 더 가까워졌다. 심지어 미국의 자연주의자였던 존 뮤어(John Muir, 1838~1914년)는 '이 눈에 보이지도 않는 작고 짓궂은 미생물'이 재미를 느낄 줄 안다고 주장하기도 했다(이 주장은 의식에 관한 여러 이론 가운데 적어도 하나 이상의 지지를 받고 있다. 여기에 대해서는 뒤에서 더 자세히 다루겠다).

한편 약 35억 년 전, 시아노박테리아가 물과 이산화탄소, 햇빛을 당으로 변환시켜 에너지로 이용하기 시작했다. 광합성을 시작한 것이다. 광합성의 부산물은 산소였는데, 산소는 당시 지구상에 존재한 대부분 생명체에게는 독성 물질로 작용했다. 시아노박테리아가 점점 더 많은 산소를 배출하자, 대규모로 미생물이 멸종하게 되었다. 이른바 거대 산화 사건(Great oxidation event, 혹은 산소 혁명 사건)이다. 이 사건은 지구를 새로운 생태 환경, 즉 대기를 산소가 풍부한 환경-오늘날의 동물이 크게 의존하고 있는 환경-으로 바꾸었다. 풍부한 산소는 활성산소(유해산소)를 증가시켜 DNA에 손상을 입혔을 것이다. 그래서 유전 물질을 보호하기 위해 핵을 둘러싸는 핵막의 진화를 촉진하는 자연선택이 일어났을 것이다. 이것은 이후 더 효율적으로 DNA를 회복(DNA repair)[손상된 DNA를 정상 상태로 돌리는 것] 할 수 있는 성(sex)의 진화로까지 나아갔다. 암수를 구별하는 성은 두 게놈을 섞음으로써 유전적인 다양성을 창출해, 변화하는 환경에 더 효과적으로 적응하고, 해로운 돌연변이는 없애는 역할을 한다.

수십 억 년 전 어느 시점에, 어떤 진핵생물이 박테리아 하나를 삼켰고, 그것은 이후 여러 세대를 거치면서-세포 안에서 에너지를 만드는 기관인-미토콘드리아로 고착됐다. 식물계에서는 이 삼켜진 박테리아가 엽록체로 진화하게 된다. 엽록체는 식물 세포 안에서 광합성이 일어나는 곳이다. 엽록체와 미토콘드리아는 둘 다 자기만의 작은 게놈을 갖고 있어 독자적인 유기체로 일을 한다.

고세균과 박테리아는 미세한 단세포 생물로 남게 되었지만, 이들의 조상 중에는 이후 모든 동물과 식물의 생명이 유래하게 되는 다세포의 진핵생물에 도달한 것도 있다. 악명 높은 대장균이나 식중독을 일으키는 살모넬라 외에도 효모, 감자, 소나무, 유인원 등 우리가 아는 거의 모든 생명체는 진핵생물이다. 그러나 우리는 이들 미생물 사촌들(고세균과 박테리아)과 갈라선 이후 오랫동안 불화 관계에 있었고 지금도 그렇다. 우리는 거의 매일

항생제로 그들을 때려 잡는다. 우리가 살아남기 위해서는 어쩔 수가 없다. 하지만 그럴수록 그들은 계속 변이하면서 우리의 의학적 시도에 저항한다. 그들은 전형적인 다윈식 진화를 통해 환경에 적응함으로써 지구상 가장 강한 종인 인간도 손쉽게 쓰러뜨릴 수 있는 존재가 되었다. 뇌로의 진화가 우리에게 도움이 된 건 사실이지만, 진화적인 성공을 위한 필요조건은 아니었다.

생명이 커졌을 때

그래서… 다시 바다수세미로 돌아가 보자.

일단 다세포 생명체가 스스로 결합하기 시작하자, 여러 종류의 조류[藻類, 물에 사는 하등 식물 무리]를 비롯해 다양한 생물이 만들어지기 시작했다. 적어도 16억 년 전에 가장 먼저 홍조류로 등장했고, 홍조류 중 녹색으로 분화한 것이 식물이 되었다. 하지만 인간 뇌의 역사를 추적하기 위해 지금부터는 생명의 계통수 가운데 동물을 탄생시킨 가지에 초점을 맞춰 보자.

과학자들은 동물을 정의할 때, 산소로 호흡하고, 유기물을 소비하며, 성적인 방식을 통해 번식하고, 가운데가 빈 배아 세포로부터 성장하며, 어떤 방식으로든 움직일 수 있는 다세포 진핵생물이라고 규정한다. 오늘날 지구상에 존재하는 모든 동물은-벌레에서부터 어류, 인간에 이르기까지- 수억 년 전에 하나의 공통된 조상으로부터 진화해 왔다. 그 조상은 아마도 지금의 바다수세미와 매우 비슷했을 것이다. 이 공통된 조상이 정확히 언제 생겨났는지는 알기가 매우 어렵다. DNA나 화석 증거가 거의 없기 때문이다. 초기의 동물들은 이후에 나타나게 될 뼈를 가진 동물과는 달리, 오래된 암석에 자신의 유해를 아로새길 수 있는 뼈가 없었기 때문이다.

그러나 과학자들은 현재 살아있는 동물 가운데 화석이 존재하는 동물들의 게놈을 비교함으로써, 초기의 동물이 고착성 집단을 이루고 있던 단세포들 가운데 특별한 기능을 맡았던 단세포와 관련이 있을 것으로 본다. 이 화석들을 분석한 바에 따르면, 적어도 (6억3,500만~5억4,100만 년 전의) 에디아카라기(Ediacaran period)에는 해저가 식물의 줄기처럼 생긴 특이하고 화려한 색을 한 존재로 가득 찼고, 이들 사이로 미생물들이 떠다녔다. 이때는 포식자들이 거의 없어 지구가 평화로웠다. 그래서 성경에 등장하는 낙원의 이름(에덴동산)을 따 이 시기를 '에디아카라의 동산'이라는 별칭으로 부르기도 한다. 에디아카라기의 생물들은 주로 레인지오모프(Rangeomorph)와 관련이 있다. 키가 크고 아름다웠던 이 생물은, 약간 양치식물을 닮았고 분홍, 빨강, 녹색을 띠면서 해류를 따라 우아하게 몸을 흔들었다(적어도 과학 삽화가들은 이렇게 그린다). 어떤 과학자들은 레인지오모프가 최초의 동물이 될 수 있는 강력한 후보라고 생각한다. 하지만 바다수세미의 해부학적 구조는 그런 주장을 반박한다(Knoll, 2006).

바다수세미의 일부는 물에서 영양분을 거르는 역할을 하는 깃세포라는 세포들로 이뤄져 있다. 깃세포는 모든 동물과 가장 가까운 생명체인 깃편모충류와 흡사하고 기능도 비슷하다. 깃편모충류는 단세포 생물로, 채찍 같은 것이 붙은 덕분에 물속을 나아갈 수 있다. 비니 모자를 쓴 정자를 상상하면 될 것이다. 깃편모충류는 홀로 존재할 수도 있고, 환경에 따라 집단을 이룰 수도 있다. 이 경우 각각의 세포마다 고유의 역할이 있다. 아마 동물의 공통 조상에게도 이와 유사한 일이 일어났을 것이고, 이것은 복잡한 다세포 생명이 어떻게 동물로 진화했는지를 설명하는 열쇠가 될 수 있다.

7억6,000만 년 된 암석에서 채취한 '오타비아 안티쿠아'라는 바다수세

▲ 스미스소니언 국립 자연사박물관 내의 화석전시홀(Hall of Fossils)에 설치된 디오라마. 레인지오모프, 조류, 해파리 등으로 가득 찬 에디아카라기의 바다 모습을 재현하고 있다.

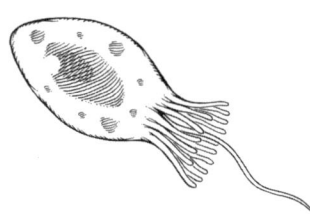

◀ 깃편모충류는 모든 동물의 가장 가까운 친척이다.

미의 화석과 유전자를 분석한 과학자들은, 바다수세미가 최초의 동물은 아닐지 모르지만, 최초의 동물들 가운데 하나였을 가능성이 크다고 본다 (Brain, 2012). 몇몇 연구자들은 바다수세미나, 식물 줄기와 비슷한 것으로 진화한 단세포 생물들은 줄기세포-미분화된 세포로서 여러 종류의 세포로 분화할 수 있다-의 성질을 지녔으리라고 믿는다. 이것은 이 단세포 생물들이 서로 다른 다양한 세포 형태로 발달할 수 있었다는 뜻이다.

아무리 화석 증거가 늘어나고 유전자 염기서열분석 기술이 발전해도, 생물의 궤적을 추적하는 작업은 진을 빼는 일이라는 걸 잊지 말자. 다윈의 진화는 기본적으로 우연적인 돌연변이로 일어나므로 질서정연한 모습이 아니라 뒤죽박죽인 듯이 보이는 게 어쩌면 당연하다. 실제로 생명의 계통수를 그려보면 관목에 더 가까워서, 서로 뒤엉킨 가지들, 더는 뻗지 않는 막다른 잔가지들, 멸종된 것들, 새로이 적응해서 태어난 새로운 종 등등 복잡하게 얽혀있다. 약 5억 4,000만 년 전에 시작된 '캄브리아기의 폭발'을 생각해 보자. 과학자들은 이 시기에 현존하는 동물의 문[門, '강'과 '계' 사이의 분류군. 척추동물, 연체동물, 절지동물 등으로 나눠진다] 대부분이 생겨났다고 오랫동안 믿어왔다. 하지만 최근 연구 결과에 따르면, 동물의 다양성은 그보다 더 일찍 시작돼 에디아카라기에 이미 딱딱한 껍질을 갖고, 움직이면서 먹이를 사냥하는 동물이 생겨났다. 동물의 진화는 연구자들이 이전에 생각했던 것보다 훨씬 더 오랜 시간에 걸쳐 점진적으로 일어난 것이다(Fox, 2016).

이처럼 생명이 출현한 타임라인이 때때로 수정되고 보정되긴 하지만, 동물이 존재하게 된 일련의 과정에 대해서는 거의 모든 생물학자가 동의한다. 즉 바다수세미가 등장한 이후 빗해파리처럼 움직임이 자유로운 다세포 생명체가 갈라져 나왔다. 투명한 달걀처럼 불룩하게 생긴 빗해파리는 촉수가 두 개 있고 헤엄을 치도록 돕는 섬모라 불리는 작은 돌기가 있다. 이름이 가리키듯이 해파리와 흡사해 보이는 이것은 산호나 말미잘, 해저에 살면서 납작하게 생긴 판형 동물과 함께 이른 시기부터 생겨났다. 이들과 거의 비슷한 시기에 몸의 앞과 뒤, 왼쪽과 오른쪽이 분명하게 구분되는 동물이 처음 등장했는데, 이들에게는 '좌우대칭동물'이라는 이름이 주어졌다. 좌우대칭동물에 뒤이어 우리에게 가장 익숙한 신체 구조, 즉 입은 몸의 앞쪽 위에, 항문은 몸 뒤쪽 둥그렇게 된 부분에, 관으로 된 내장은 입과 항문 사이에 있는 동물이 나타나기 시작했다.

어떤 좌우대칭동물은 작은 장어나 지렁이처럼 생겼는데, 이들은 척추동물인 우리의 조상이자, 등뼈를 가진 모든 동물의 조상이었다. 다른 좌우대칭동물은 등딱지를 가진 절지동물로 갈라져 나왔는데 지금은 곤충과 거미류, 갑각류로 존재하고 있다. 또 다른 좌우대칭동물은 연체동물로 분리됐고 달팽이, 민달팽이, 조개, 굴 등이 여기에 속한다.

여담 삼아 덧붙이자면 오징어, 갑오징어, 문어도 연체동물인데, 이들은 무척추동물을 통틀어 가장 뛰어난 뇌를 가지고 있다. 특히 문어의 뇌는 범상치가 않다. 몹시 영리한 이 동물은 실제로 9개의 뇌를 가지고 있고 독특한 신경구조를 하고 있어, 2018년에 과학자 33명이 사뭇 진지하게, 문어가 외계인일 수도 있다고 주장하는 논문을 발표한 적이 있다. 문어의 수정란이 얼음으로 덮인 유성에 얼린 상태로 있다가 지구로 떨어졌다는 것이다 (Steele, 2018).

초기 동물 중 다수는 신경계에 가까운 기관을 갖고 있었다. 빗해파리와 해파리는 신경망이라 불리는 뉴런의 느슨한 네트워크를 이용해 움직이고 먹이를 취하는데, 아마 그들의 조상들도 그랬을 것이다. 조개와 다른 쌍각류[대합, 홍합처럼 조가비가 두 짝 있는 조개] 연체동물은 투박한 발 하나와 함께, 먹는 것을 조절하는 단순한 뉴런 회로를 하나 가지고 있다. 여기서 가장 중요한 질문은 뉴런 자체가 어떻게 진화했는가 하는 점이다.

뉴런은 마치 카페인에 취한 갓난아기가 플레이도우[미국의 유명한 찰흙 놀이 브랜드] 찰흙으로 빚은 공처럼 생겼다. 대부분 뉴런은 한쪽 끝에 가늘고 긴 모양의 축삭돌기가 있어 이웃한 뉴런이나 근육세포에 정보를 전달하며, 다른 쪽 끝에는 짧은 가시들이 나뭇가지처럼 뻗어있는 수상돌기가 있어 이웃한 축삭돌기로부터 신호를 받아들인다.

뉴런은 우리가 보고, 맛보고, 냄새 맡고, 느낄 때 정보들을 뇌로 전달하

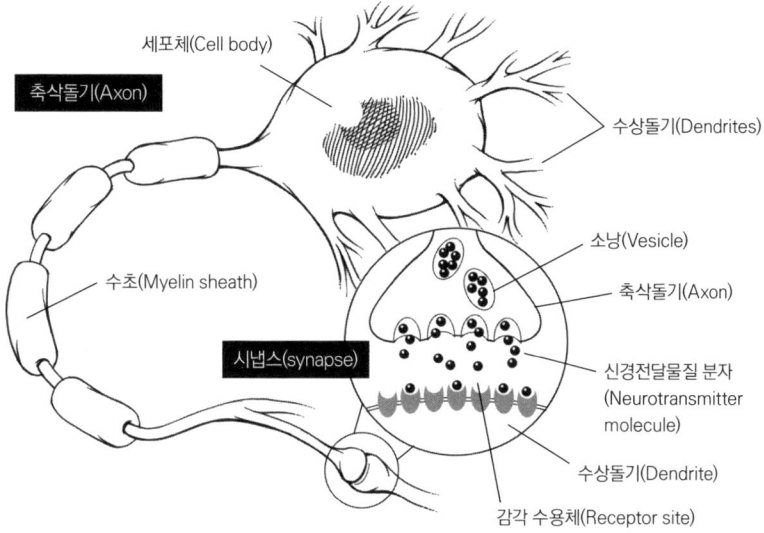

시냅스에서 연결돼 있는 뉴런

며, 뇌는 정보들을 처리해 어떻게 반응할지를 결정한다. 예를 들어, 장작이 800℃로 타는 오븐에서 갓 구워져 나온 나폴리 피자 한 조각이 앞에 있으면, 냄새와 맛의 수용기(자극을 직접 수용하는 세포)가 감각 뉴런을 촉발하게 되고, 그것은 다시 감각 뉴런에 연결된 보상회로를 통해 뇌의 운동중추에 있는 뉴런을 촉발해 우리 손으로 신호를 빠르게 보내게 된다. 그 결과 우리는 피자 조각을 손에 쥐고 한 입 베어 물게 되는 것이다.

이 모든 과정은 이온 통로가 발생시키는 전류를 통해 이뤄진다. 신경계에는 교세포(glia)가 있어 뉴런의 활동을 돕는다. 교세포는 수초(myelin, 미엘린)라는 지방으로 가득 찬 물질로 축삭돌기를 코팅해, 마치 전선의 피복처럼 전하를 띤 이온이 신경세포 안으로 들어가지 않도록 막는 역할을 한다. 하지만 예외적으로 그렇지 않을 때가 있다. 코팅이 주기적으로 틈이 벌어져, 즉 통로가 생겨 전하를 띤 나트륨이나 칼륨, 칼슘 같은 이온들을 들여보내는 것이다. 이것은 다른 세포로 들어가는 이온의 흐름과 비슷하지만, 수초가 축삭돌기의 특정한 장소에서만 이온들의 흐름을 허용함으로써 신경의 신호 전달 속도와 효율성을 높인다는 점에서 차이가 있다. 그 결과 '활동 전위'라 불리는 전압의 변화로 축삭돌기를 따라 전류가 흐르고, 이것은 다시 세로토닌과 도파민 같은 신경전달물질의 분비로 이어지고, 신경전달물질은 뉴런과 뉴런을 잇는 접합부인 시냅스에서 이웃 세포와 교류하게 된다.[6] 바다수세미 세포에서 서로 교류하는 단백질의 집합체가 시냅스의 탄생으로 이어졌을 것이고, 시냅스는 이후 세포들 사이의 교류와 뇌의 진화를 위한 토대가 되었을 가능성이 크다.

우리는 뉴런이 한번에 등장하지 않았다는 걸 알고 있다.[7] 뉴런은 초기의 세포 유형들과 형질들 사이의, 상대적으로 단순한 협업을 통해 생겨났다. 어쩌면 우리 피부를 덮는 상피세포나 동물의 시작이었던 깃세포로부터 생겼을 수 있다.[8] 바다수세미 세포들은 박테리아가 수십억 년 동안 의존해 온 것과 같은 이온 통로를 통해 교류한다. 이온이 세포막을 밀고 들어가면, 이웃한 세포들에서 화학적인 메시저(전달물질)가 분비되는데, 거기에는 인간의 뇌와 신체가 이용하는 신경전달물질인 글루탐산염, 감마아미노뷰티르산, 산화질소 등도 포함된다. 신경전달물질은 이미 작동하고 있던 세포들 사이의 교류로부터 진화했다. 좌우대칭동물의 경우에는, 축삭돌기들이 다발로 묶여 잘 보호받는 신경을 만들게 되었는데, 텔레비전 뒤의 전깃줄들을 한데 모으는 플라스틱 전선 정리기와 비슷하다.

여기서 나는 뉴런과 신경계가 서로에 대해서만 교류하는 것은 아니라는 걸 강조하고 싶다. 이들은 근육과도 밀접한 진화 관계를 이루는데, 신경전달물질의 분비를 통해 근육을 수축시킴으로써 힘을 만들고 운동을 유발

하기 때문이다. 신경계와 근육은 서로 나란히 진화했으며, 그 결과 동물은 더 새롭고 미묘한 방식으로 움직일 수 있게 되었다. 수영할 때 앞으로 더 잘 나갈 수 있게 되고, 입 근육을 능숙하게 비틀어 음식을 더 잘 씹을 수 있게 되는 식으로 말이다.

독일 생물학자 데틀레프 아렌트(Detlev Arendt)는 2019년에 발표한 논문에서 '뉴런과 신경계의 진화는 동물의 진화와 관련해 아직 해결하지 못한 가장 큰 미스터리 중 하나이다'라고 했다. 그는 동물의 뇌세포가 여러 차례에 걸쳐 독립적으로 진화했을 수도 있다고 본다. 빗해파리, 해파리, 그리고 인간과 같은 좌우대칭동물은 모양과 기능에 있어서 아주 뚜렷하게 구별되는 뉴런을 가진다. 따라서 같은 뉴런이라도 다른 계통이 가능한 것이다. 심지어 같은 종 안에서도 차이가 날 수 있다. 그러나 그 모두가 바다수세미에서 발견되는 시냅스의 원형을 이용해 진화했을 가능성이 매우 크다. 6억~7억 년 전에 세포들은 더 효율적으로 교류하기 시작했고, 그 결과 해파리를 닮은 조상이 진화적으로 비약을 하게 되었다.

3장

물고기와 머리

"어떤 의미에서, 바다수세미는 재채기를 한번 하는 데 20분이나 걸립니다."

생물학자 조르디 팝스 몬트세라트(Jordi Paps Montserrat)는 이메일로 내게 이런 사실을 알려주었다. 스페인 출신인 그는 영국의 브리스톨대학에서 유전학과 진화학을 가르친다. 나는 그에게 초기 동물에서 뉴런이 하는 역할에 대해 질문을 했었다. "신경계나 근육이 없는 바다수세미 같은 동물도 자극에 반응할 수는 있습니다. 그러나 시간이 굉장히 오래 걸립니다."

바다수세미는 몸을 수축하기 위해, 자신들의 미성숙한 '세포들 사이의 교류'를 이용하는데, 이 정도가 그들이 할 수 있는 운동의 최대치다. 반면 뉴런이 발달한 좌우대칭동물은 더 빠르게 운동할 수 있고, 더 요령껏 몸을 조절함으로써, 위험하지만 흥미진진한 삶을 누릴 수 있게 되었다. 어떤 종들은 자연선택을 통해 빠르고 능숙하게 움직이게 되자, 쉽사리 먹잇감이 되지 않는 대신 더 수월하게 먹이를 구할 수 있게 되었다. 초기의 좌우대칭동물은 신경계가 점점 더 복잡해지는 방향으로 진화하면서 물속에서 더 유연하게 움직였다.

몬트세라트는 좌우대칭동물의 신체적인 장점은 생태적인데 있다고 했다. 바다수세미나 말미잘 같은 비대칭 동물은 움직일 수가 없어 먹이를 찾는 데 확실히 약점이 있다. 그래서 빗해파리나 해파리처럼 대충 물속에서 몸을 휘저으며 우연히 먹이와 마주치기를 기대하는 수밖에 없다. 이처럼 해파리는 3차원적으로 사냥하면서, 공을 닮은 자신의 신체 모습을 계속 유지해왔다. 반면 좌우대칭동물은 2차원적인 환경인 해저(대양의 바닥)를 어슬렁대며 많은 시간을 보냈고, 그런 조건에서는 신체가 직선적인 형태를 띠면서 일정한 방향을 향하는 지향성 운동을 하는 것이 더 유리했을 것이다. 또 해저의 모래 속에는 영양가가 높고 접근하기가 쉬운 동물의 사체도 많았을 것이다.

우리는 바다수세미 덕분에 시냅스를 얻게 되었고, 좌우대칭동물 덕분에 머리를 갖게 되었다. 과학자들은 초기의 좌우대칭동물에서 신체의 어느 한쪽에 있는 몇몇 세포에 돌연변이가 일어나 빛과 화학물질에 더 민감해졌으리라고 추측한다. 이 예민해진 감각 덕분에 주변 환경을 더 잘 인식하고, (적으로부터의) 위험과 (에너지라는) 보상을 더 영리하게 판단하게 됨으로써 생존하고 번식할 수 있는 확률이 높아졌다. 빛에 예민한 세포들은 광(光)수용기가 되었고, 이들은 이후에 무리를 이뤄 동물의 눈이 되었다. 반면 화학물질에 민감한 세포들은 화학수용체로 진화했고, 이후 동물의 후각과 미각을 이루는 세포가 되었다. 또 좌우대칭동물의 입은 이리저리 돌아다닐 때 먹이를 가장 먼저 접하게 되는 위치인 신체의 위쪽 정면에 자리 잡았다. 이 무렵 해양에 사는 벌레들은 세 갈래로 된 뇌-뇌를 이루는 세 부분, 즉 후뇌, 중뇌, 전뇌-의 초기 형태를 보였다. 이것은 이후 인간을 비롯한 척추동물 뇌의 기본 구조가 되었다. 이 중 후뇌는 흔적 뇌간을 형성해 진화한 척추동물의 주요한 생체기능, 즉 호흡, 심장 박동, 위험한 상황에서 싸울 것인가 도피할 것인가를 판단하는 것 등을 제어하는 역할을 맡게 된다.

길고 대칭적인 체구의 한쪽 끝으로 감각들이 점점 모여들도록 여러 세대에 걸쳐 자연선택이 이뤄지는 것은 진화론적으로 볼 때 지극히 당연하다. 과학자들은 이처럼 진화과정에서 입과 감각기관, 신경이 머리로 집중되는 현상을 두화(cephalization, 頭化)라고 부른다. 영화 〈스타워즈〉에서 우주의 술집에 온갖 외계인들이 모여들었던 것처럼, 캄브리아기에는 신체의 앞과 뒤가 뚜렷하게 구별되고, 원시적인 중추 신경계를 가진 온갖 생명체들이 번성했다.

이 무리 중에 몸과 다리가 여러 개의 마디로 이루어진 절지동물로, 등에 껍질을 가진 삼엽충도 있었다. 삼엽충은 전투 준비를 마친 쥐며느리를 닮았다. 또 정말 외계인을 닮은 아노말로카리스(anomalocaris)-'이상한 새우'라는 뜻-도 있었는데, 이들은 몸길이가 1m까지 자라나 말 그대로 몸집이 큰 '이상한 새우'를 닮았다. 인간이 유래하게 되는 좌우대칭동물은 이들보다는 좀 더 밋밋하게 분화했다. 다시 한번 작은 벌레 같은 것을 생각해 보면 된다. 하지만 이들은 현재 우리가 가진 신경계로 진화하는 데 필수적인 적응을 해냈다. 이들은 등을 따라서 내려오는, 딱딱하면서도 연골 조직과 비슷한 둥근 막대 모양의 척삭을 갖고 있었다. 척삭은 몸에 형태를 부여하고 몸을 지탱하는 역할을 했으며, 포식자로부터 몸을 보호해주었다. 배아가 발달하는 과정에서 척삭을 형성하는 모든 동물을 척삭동물이라고 일컫는다. 창고기라고 불리는 작은 척삭동물의 DNA 어딘가에 무척추동물과 척추동물을 연결하는 '잃어버린 고리(missing link)'가 있다.[9] 아무튼 마침내 어

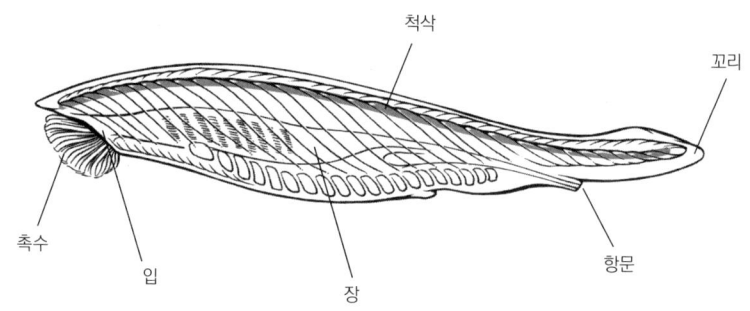

창고기는 작은 물고기를 닮은 여과섭식자이며, 지구상에서 가장 오래된 척삭동물로 여겨지고 있다.

떤 척삭이 배아기의 세포층에 신호를 보내 뉴런으로 이루어진 하나의 관을 만들도록 했고, 그것이 나중에 척수가 된다.

척삭동물의 한 계통에서, 배아가 발달하는 과정에 연골로 이루어진 척추가 척삭을 대체하는 일이 일어났고 그 결과 지금도 생존하고 있는 상어와 홍어, 가오리 같은 연골어류로 분화했다. 한편 척삭동물의 다른 계통은 뼈로 된 더 단단한 척추로 진화해 경골어류가 되었는데, 우리가 물고기라고 할 때 떠올리는 대부분 어류-연어, 송어, 청어와 같은-가 여기 속한다. 이 무렵 많은 좌우대칭동물이 척추와 연결된 말초 신경계를 갖게 되었고, 이에 따라 더 빠르고 더 정확하게 움직일 수 있게 되었다.

동물에게 뼈대(골격)가 생기게 된 부분적인 이유는 해양의 화학적 성질이 변했기 때문이다. 캄브리아기 무렵 광합성을 하는 조류(藻類)로 인해 지구의 산소 수치가 높아졌다. 이로 인해 점점 더 많은 석회석이 바다에 형성되었고, 석회석은 다시 뼈가 광물화할 수 있는 원료가 되었다.[10] 새로운 원료가 풍부해지자 이를 이용해 이제 갓 형성된 감각기관들을 보호하는 방향으로 자연선택이 이루어졌다. 초기의 물고기들은 척추에 이어 두개골을 만듦으로써 자신들의 뇌를 보호하고자 했다. 이처럼 척추와 (내부 뼈대인) 두개골을 갖추게 되자 초기 물고기들은 투박한 외부 뼈대를 가진 절지동물보다 더 넓은 범위를 움직일 수 있게 되었다.

물고기는 완벽한 내골격을 갖게 되었고 단순하게 생긴 아가미로 숨을 쉬었다. 또한 한 쌍의 눈과 콧구멍, 내이(內耳),-이 기관들은 모두 그들의 조상인 창고기의 것보다 훨씬 복잡했다-분비샘과 신체 기관들을 관장하는 말초 신경계의 일부인 자율 신경계와 유사한 것도 갖추게 되었다. 자율 신경계는 우리 몸속에 펼쳐진 신경의 미로로서, 심장 박동 수를 조정하고, 호흡, 배변 같은 일을 제어한다. 인간의 자율 신경계는 두 개의 신경회로망, 즉 교감 신경계와 부교감 신경계로 이뤄져 있다. 교감 신경계는 위험한 상황에서 투쟁-도피 반응(fight-or-flight)을 작동시킨다. 위험에 맞서 주먹을 날릴지 도망갈지를 준비시키는 것이다. (싸우든 도피하든) 두 상황 모두에서 우리의 심장 박동 수는 급격히 증가하고, 눈은 크게 열리며 근육은 긴장한다. 부교감 신경계는 소화나 배변, 성적 흥분처럼 편안하거나 즐기는 신체 기능에 집중한다. 말하자면 부교감 신경계는 휴식과 소화(rest-and-digest), 먹기와 번식(feed-and-breed)을 위해 존재한다.

먹장어 같은 초기의 척추동물은 시상(視床)과 시개(視蓋)의 원형이 되는 것을 발달시켰다-시상은 여러 감각기관에서 들어온 정보들을 제어함으로써 척추동물이 세상에서 더 많은 경험을 하도록 북돋우며, 시개는 시각적인 판단을 내리는 데 관여하는 뇌간의 한 부분이다. 심지어 칠성장어는 운동을 통제하는 중뇌의 중심부에 있는 대뇌 기저핵의 초기 형태도 가지고 있었다-대뇌 기저핵이 원활하게 작동하지 않으면 파킨슨병을 일으키게 된다.

상어는 소뇌를 처음으로 발달시킨 척추동물 중 하나이다-소뇌는 목 뒤쪽 아래에 있는 작은 뇌로서, 신체의 균형과 방향감각을 제어한다. 또 초기의 경골어류는 기억 중추인 대뇌 측두엽에 있는 해마와 공포를 비롯한 여러 감정과 관련된 편도체의 원형을 갖고 있었다. 해마와 편도체는 이후 파충류의 뇌가 등장하면서 더욱 완전한 형태를 띠게 된다.

대부분 물고기는 원래 먹장어처럼 턱이 없는 여과섭식을 했으나, 4억 5,000만 년 전부터 목 부위에 있던 아가미 한 쌍이 여러 세대를 거치면서 점점 딱딱한 뼈로 굳어지기 시작했다. 턱을 갖춘 물고기가 등장하자 진화는 마치 착란상태를 보이듯 모습이 급격히 변했다.

4억 2,000만~3억 5,900만 년 전인 데본기(Devonian period)-물고기의 시대-에 척추동물은 무자비한 본성을 드러내면서 다른 종들을 그 어느 때보다 가차 없이 포식하고 전멸시켰다. 단지 자신들의 생존을 위해서 말이다.

그 시기 이전만 해도 척추동물은 먹이사슬에서 상당히 아래쪽에 자리하고 있었다. 등딱지를 가진 갑각류 절지동물보다 조금 나은 정도였다. 하지만 일단 턱을 갖게 되자 이전에 없던 잔혹한 바다 전쟁이 일어났고, 에덴동산의 평온했던 삶은 먼 옛날의 이야기가 돼 버렸다. 척추동물은 어마어마한 포식자로 성장했고 예민한 감각과 새로 생긴 뼈대인 턱을 무기 삼아, 다세포 생명 사이에서 과거에는 결코 볼 수 없었던 효율성으로 연약한 희생자를 뒤쫓으며 대양을 점령했다. 덴마크 출신의 고생물학자 제이콥 빈터(Jakob Vinther)는 내게 "우리는 척추동물로서 다른 모든 생명의 삶을 비참하게 만들어버렸습니다. 바다전갈과 덩치가 매우 큰 절지동물들과의 경쟁에서 승리했던 것입니다"라고 말했다.

물고기는 그렇게 똑똑해 보이지 않는다. 실제로 그들의 신체 크기 대비 뇌 크기의 비율은, 비슷한 몸집의 새와 포유류에 비교해 15분의 1에 불과하다. 그들은 물속을 열심히 응시하면서 다니지만, 그저 멍해 보일 뿐이다.

그러나 빈터는 생각이 전혀 다르다. "물고기의 뇌를 들여다보면, 인상적인 특징과 능력을 지닌 더 복잡한 동물의 뇌의 모습을 거기서 발견하게 됩니다." 그는 물고기의 눈이 새나 포유류의 눈과 거의 같은 방식으로 작동하며, 많은 물고기가 뛰어난 사냥꾼이자 위험에 민첩하게 반응한다는 사실에도 주목한다.

일단 바다를 지배하자, 물고기에게는 더 은밀하고 더 빠르게 움직여야 하고, 더 영리하게 행동해야 한다는 자연선택의 압력이 작용했을 것이다. 뇌와 신경계에도 새로이 획득한 이 이점들을 제대로 활용하도록 진화적인 압력이 가해졌을 것이다. 나아가 감각기관과 운동신경도 먹잇감보다 한 수 앞서고 상대의 허를 찌르는 전략을 구사하기 위해 더욱 복잡해지고, 몸의 구조도 새로운 형태를 띠도록 자연선택이 되었을 것이다. 이런 일련의 진보 과정을 머릿속에 그려보면, 수중생활을 하던 생물이 마침내 육지에서의 삶을 기웃거리기 시작하는 그림이 떠오를 것이다. 몇몇 겁 없는 탐험가들이 해안으로 상륙을 시도함으로써, 결국 육상 척추동물, 오늘날 우리가 지척에서 흔히 만나게 되는 그 많은 동물이 탄생하게 된다.

와, 육지다!

펜실베이니아에서는 주(州) 교통부가 고속도로를 만들기 위해 큰 바위들을 발파할 때 굉장히 오래된 화석이 담긴 바위가 드러난다. 시카고대학 고생물학자 닐 슈빈(Neil Shubin)은 2000년대 중반에 펜실베이니아 동부 지역에서 데본기에 형성된 암석이 많은 강바닥을 조사하고 있었다. 그는 2008년에 출간된 《당신 내면의 물고기(Your inner fish)》에서 이 지역의 강은 물결이 잔잔하고 수위도 낮아, 육지에서의 삶을 시도했던 데본기 생물들의 화석을 찾기에 안성맞춤이라고 설명했다.

슈빈이 이끄는 조사팀은 오래된 어깨뼈 화석을 발견함으로써, 그의 예측이 옳았음을 보여주었다. 하지만 캐나다의 북극 지대에 더 좋은 화석들이 기다리고 있다는 걸 알게 된 그는 그쪽으로 조사팀을 옮겼고 마침내 지난 수십 년 동안 이뤄진 화석학의 성과 가운데 가장 의미 있는 화석을 발견하는 데 성공했다. 그것은 지금은 멸종된, 현지 이누이트족이 '틱타알릭(Tiktaalik, '큰 민물고기'라는 뜻)'이라고 부르는 물고기 화석이었다.

과학자들은 오랫동안, 물고기에서 양서류로, 양서류에서 (최초의 완전한 육상 척추동물인) 파충류로 생명의 진화가 이루어졌다는 사실을 인정해왔다. 유전학이나 화석 증거에 근거한다면 생명의 진화 방향이 바다로부터 육지로 나아갔으리라고 보는 건 타당하다. 그렇지만 이 둘의 연결고리가 되는 직접적인 화석은 찾기가 힘들었다. 그런데 틱타알릭이 바로 그 연결고리였다. 틱타알릭이 육지를 향해 여정을 떠난 여러 수상 생물 종들 가운데 하나인 건 분명하다. 틱타알릭은 3억7,500만 년 전쯤 살았고, 대부분 물고기처럼 비늘과 아가미가 있었다. 그러나 물고기와는 달리, 파충류 같은 납작한 머리, 네 발을 가진 육상 척추동물 같은 튼튼한 목과 어깨뼈, 물이 없는 곳에서도 몸무게를 지탱할 수 있는 건장한 흉곽을 가졌다.

틱타알릭은 육지에서의 삶을 시도한 최초의 척추동물 중 하나로 여겨진다.

3장. 물고기와 머리

이 발견은 육지에서 생명이 어떻게 시작했는지에 대한 엄청나게 중요한 단서가 되었고, 언론의 관심도 이어졌다. "내면의 물고기라니, 대체 무슨 말이야? 내 안에는 물고기가 없어"라며 스티븐 콜버트(Stephen Colbert)가 농을 했다.

공기에서 산소를 얻는 능력이 없었다면 육지로의 이주는 불가능했을 것이다. 당시의 대부분 물고기처럼 틱타알릭에게는 원시적인 폐가 있었는데, 지금의 폐어류가 가진 것과 비슷했다. 이 폐는 아마도 아가미가 물에서 충분히 산소를 끌어들이지 못할 때, 오늘날의 폐어가 그렇게 하듯이 서툴게 공기를 꿀꺽꿀꺽 삼키는 식으로 작동했을 것이다.

육지로 이주하기 위해서는 지느러미를 재조정하는 것도 필요했다. 틱타알릭의 몸에는 뼈로 된 부속물이 딸려 있었는데, 이것은 물고기의 지느러미와 육상동물의 뭉툭한 다리 모양의 중간 형태였다. 이 과도기적인 모양은 이후 어깨와 팔꿈치, 손목관절의 초기 형태로 변해갔다. 이런 몸의 형태는 틱타알릭을 비롯한 초기의 총기 어류[뼈로 지탱되는 근육질의 지느러미를 가진 어류]가 얕은 웅덩이와 개울에서 첨벙거리고 몸을 물 밖으로 내밀어 먹이를 잡고 공기를 삼키는 데 도움을 주었을 것이다. 아마도 스스로 몸을 진흙탕에 풍덩 빠뜨린 뒤 느릿느릿 움직이는 먹이가 지나가기를 기다렸을 것이다.

육지 생활의 가장 매혹적인 점은 안전이었을 것이다. 먹이를 두고 벌이는 경쟁은 적고, 전염성을 가진 미생물이나 병을 전파하는 곤충을 제외하면 포식자도 거의 없었을 것이다(이런 미생물이나 곤충은 수생의 절지동물 조상으로부터 분화돼 이미 육지에서의 삶을 시작하고 있었다). 육지에서는 밤에 달빛이 비치기 때문에 생식의 속도도 높아지고 먹이를 구하기에도 유리했다. 틱타알릭과 동료들은 알을 흙으로 둘러싸인 연못이나 웅덩이에 낳을 수 있었고, 바다의 포식자 무리에서 멀리 떨어져 있어 알이 안전하게 보호받으리라고 기대할 수 있었다. 게다가 웅덩이에는 연약한 곤충 먹잇감도 많았을 것이다.

슈빈은 육지로의 이주가 동물의 신경계에 진화적인 영향을 미쳤으리라고 본다. 바다와 육지는 환경적으로 크게 다르기 때문이다. 주변 사물을 보는 것, 화학물질과 소리를 구별해 내는 것, 이차원의 지면에서 똑바로 서는 것 등에 대한 자연선택의 압력은 물속에서의 생활과 비교하면 말 그대로 천지 차이였다. "그건 전혀 다른 두 체제라고 할 수 있죠"라고 슈빈이 말했다. 몇몇 총기 어류는 해안에서 더 많은 시간을 보내는 데 점점 적응했고, 시간이 흐르면서 양서류로 진화했다. 양서류는 폐와 피부로 숨을 쉬지만 생존하기 위해서는 여전히 물이 필요하다. 초기 양서류는 개구리나 도롱뇽보다는 틱타알릭과 더 닮았을 것이다. 그들은 몸집이 매우 크고, 움직임이 어딘가 어색하고, 새로운 생태 환경에서 정체성의 위기를 겪고 있었다.

일단 육지로 이주한 생물들은 셀 수 없이 많은 방향으로 발달했다. 수백만 년에 걸쳐 숨 쉬고 먹고, 배설물을 처리하고, 움직이는 법 등에서 많은 변화가 있었다. 틱타알릭이 가진 돌출된 부속물은 점점 다리 모양으로 진화하다가 마침내 발이 되었다. 네 개의 팔다리가 갖춰지자 사지동물이 탄생했다. 사지동물의 등장은 총기 어류에서 시작해 양서류 시대에서 완성된 진화의 절정이었다. 3억여 년 전의 어떤 시기에 한 마리의 양서류 사지동물이 육지에 몇 개의 알을 낳았고 적어도 그 가운데 하나가 부화해 생존했을 것이다(Pardo, 2017; Benton, 2014).

어류와 양서류는 대부분 물속에 알을 낳는다. 하지만 육지에서의 삶이 보편화되면서 자연선택은 척추동물의 배아(태아)를 감싸는 보호막을 만들게 되었다. 이 양막 주머니는 자라나는 어린 생명을 위한 요새처럼 작용해,

육지에서도 안전하게 성인으로 자라날 수 있도록 도왔다. 알이 물밖에서도 살아남을 수 있게 되자, 양막동물은-양막으로 배아와 태아를 감싸는 동물-은 서식지에서 멀리 떨어진 곳까지 돌아다니게 되었고 육지에서의 거주가 편안해졌다. 척추동물이 육지에서 삶을 시작하자, 그 가운데 한 갈래가 양서류에서 파충류로 이행했고, 이후 수백만 년 동안 파충류는 육지에서 가장 지배적인 척추동물로 번성했다. 이 파충류에서 공룡이 갈라져 나왔고, 공룡에서 다시 조류(鳥類)가 나왔다(고생물학자들은 현재 조류를 공룡으로 분류한다). 파충류에서 분화된 다른 가지는 도마뱀, 뱀, 거북이, 악어의 조상이 되었다. 또한 파충류의 한 계통은 먼저 단궁류(單弓類)[두개골 아래쪽의 뼈가 가는 활모양이어서 이런 이름이 붙었다]로 진화했다가 이후 포유류형 파충류인 수형류(獸形類)로 발달하는데, 수형류는 모든 포유류의 조상이 되었다.[11] 곤충류와 양서류를 제외하면, 우리가 동물원에서 접하는 대부분 종은-동물원을 방문하는 우리 인간을 포함해-파충류이거나 파충류의 후손이다.

양서류에서 파충류, 파충류에서 포유류로의 이행은 사지동물의 신경계에 큰 변화를 가져왔다. 거칠게 말하자면, 양서류는 파충류만큼 영리하지 않았고, 파충류는 이후에 등장하는 척추동물인 조류나 포유류만큼 똑똑하지 않았다.

현생인류는 뇌와 척추로 된 중추 신경계를 갖고, 그 둘 사이에서 전달자 역할을 하는 뇌간은 체온의 조절과 수면 사이클 같은 생체기능에 관여한다. 뇌간 뒤쪽에는 몸의 균형을 잡아주고 조절하는 소뇌가 있다. 주름지고 회색의 젤리를 떠올리게 하는 부위는 대뇌피질이다. 이 크고, 진화적으로 젊은 축에 속하는 대뇌피질은 더 높은 인식과 인지력을 끌어내, 유인원을 대부분의 다른 종들과 차별화한다. 대뇌피질은 4개의 엽으로 돼 있는데,

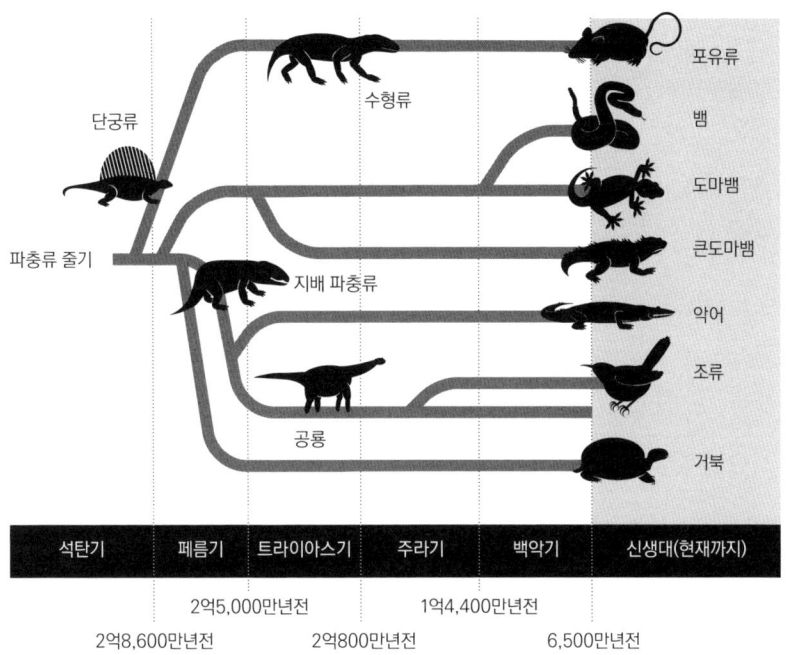

파충류와 그들의 후손

전두엽은 고도의 사고와 움직임을 제어하고, 그 뒤의 두정엽은 감각을 다스리고, 관자놀이 옆에는 음성처리와 기억을 담당하는 측두엽이, 머리 뒷부분에는 시각중추인 후두엽이 있다.

1960년대에 의사이며 신경과학자인 폴 맥린(Paul MacLean)은 뇌의 삼위일체 모델을 제안했다. 그는 척추동물의 뇌는 진화를 통해 서서히 새로운 구조와 기능을 획득했고, 이 과정에서 세 개의 주요한 뇌 부위들이 생겼다고 추측했다. 그는 또 하나의 뇌간과 하나의 소뇌로 이뤄진 파충류의 뇌가 육상동물 가운데 가장 원시적이라고 주장했다.

맥린의 이론에 따르면, 파충류의 뇌 다음에 나온 것은 선사포유류의 뇌

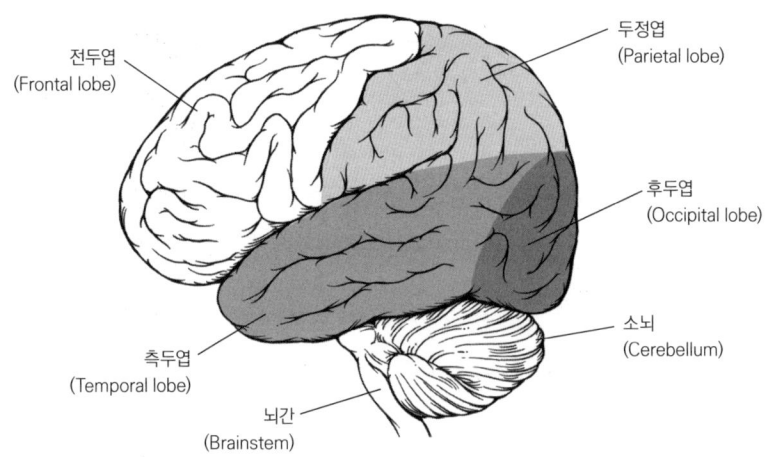

인간 뇌의 주요 구조

로, 여기에는 편도체 및 (장기 기억이 형성되는) 측두엽의 해마 등으로 이뤄진 변연계가 포함된다. 또 중심부에는 신진대사와 자율 신경계를 조절하고, 보상 및 쾌락 중추의 일부인 시상하부가 있다. 선사포유류 뇌 다음에 나온 것은 신포유류의 뇌로, 우리가 고등한 유인원으로 진화하는 데 이바지했다. 특히 대뇌피질이 결정적이어서, 이 덕분에 우리는 풍부한 경험을 하고, 심지어 의식 과잉의 존재가 될 수 있었고, 또 철학적이 되고, 차를 운전하고, 영화를 만들고, 돈을 벌고, 전쟁을 벌일 수도 있게 되었다.

과학 분야에서의 탁월한 아이디어가 그렇듯이, 과학자들은 폴 맥린의 '삼위일체 이론'을 입증하거나 반론을 제기하고, 약점을 개선하기 위한 작업을 이어갔다. 그 결과 그들은 맥린의 주장에서 몇 가지 허점을 찾아냈다. 맥린은 뇌의 세 영역이 각각 독립적으로 기능을 맡는다고 보았다. 예컨대 우리가 감정을 느낄 때는 주로 편도체가 작동하고, 숲속에서 달그락거리는 무서운 소리가 들리면 뇌간이 홀로 작동해 싸울지 도망갈지를 결정한

삼위일체 뇌 모델

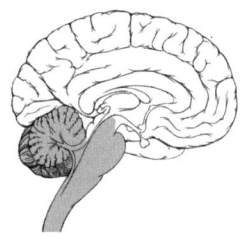
파충류의 뇌
(뇌간과 소뇌)
도주-투쟁의 자동적인 결정

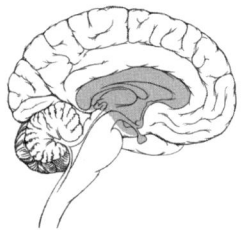
선사포유류의 뇌
(변연계)
감정, 기억, 습관, 애착

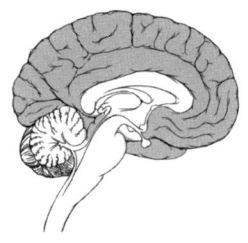
신포유류의 뇌
(피질)
언어, 추상적 사고, 상상력, 의식, 추리, 합리화

다는 것이다(이런 경우에는 어서 도피하는 게 상책일 것이다).

그러나 뇌 사진을 대량으로 찍을 수 있는, MRI를 비롯한 현대의 신경 촬영기술 덕분에 맥린이 말한 것처럼 뇌의 세 부위가 독립적으로 기능하는 것이 아니라 서로 교류한다는 걸 알게 되었다. 척추동물이 진화하면서 편도체와 해마, 뇌피질도 발달해 원시적인 파충류의 뇌와 함께 작업하게 되었고, 그 결과 섹스, 음식, 두려움 같은 본능적인 경험은 감정, 기억, 맥락 같은 더 넓은 범주로 확장되었다. 즉 번식을 위한 단순한 섹스는 사랑과 얽히게 되었고, 음식은 단지 열량을 얻기 위한 것이 아니라 사회적인 의례와 연결되었다. 뇌피질과 기억 중추의 발달로 두려움도 더 넓은 뉘앙스를 갖게 돼, 공포를 느끼는 것은 단지 투쟁-도피 반응만을 의미하는 것이 아니게 되었다.

최근에 아내와 함께 집에 돌아와 보니, 흑곰 한 마리가 우뚝 선 채 우리 집 쓰레기통을 뒤지고 있었다. 하지만 그걸 보고도 우리는 투쟁하지도 도

피하지도 않았다. 대신에 우리는 겁에 질려 그 자리에 서 있었다. 본능이 알려준 꼼짝도 하지 않는 것과-대개의 포식자는 상대가 움직이면 자극을 받는다-진화의 결과인 이성적으로 사고하는 능력 둘 모두에 사로잡힌 채로 말이다. 그때 우리 부부의 뇌는 그동안 살아오면서 수집한 곰과 관련된 정보들-그리고 뉴욕주 북부에 있는 숲에 통나무집을 매입한 뒤 구글에서 검색한 정보들-을 즉각 불러냈다. "당신의 존재를 곰에게 알려라. 그러나 침착하고 태연하게 하라." "천천히 뒤로 물러나라." "당신이 곰에게 공격을 당할 확률보다 벼락을 맞아 죽을 확률이 더 높다." 우리의 파충류 뇌는 도망가기를 원했지만, 신포유류의 영장류 뇌는 상황을 주의 깊게 고려했다. 그것은 흑곰이 인간을 공격하는 경우는 드물다는 것, 인간이 흑곰을 두려워하는 것보다 흑곰이 인간을 더 두려워한다는 점을 확인시켜 주었다. 결국 곰은 떠났고 우리는 무사했다.

지금은 맥린의 모델에 포함된 대부분의 뇌 부위들이 파충류보다 더 초기의 척추동물, 예를 들면 칠성장어의 대뇌 기저핵에 기원을 두고 있다고 본다. 하지만 맥린의 모델이 신경 생물학을 지나치게 단순화한 면은 있어도 여전히 척추동물의 뇌 진화과정을 이해할 수 있는 유용한 방법임은 분명하다. 삼위일체 모델에 대한 가장 중요한 수정 사항은, 새로이 생긴 뇌 부위들이 진화해갈 때 이미 존재하던 있던 뇌 부위 및 네트워크와 긴밀하게 교류하면서 진화가 이루어졌다는 점이다. 호흡처럼 기본적이고 필수적인 생체기능을 담당하는 옛 구조들은 그대로 보존된 상태에서, 더 많은 신경망이 추가로 더해지는 식이었다. 그 결과로 형성된 뇌 부위와 복잡한 신경회로가 포유류의 뇌를 만들었다.

슈빈은 뇌의 모습을 오래된 건물의 벽에 배수관을 연결하고 배선 공사를 하는 것에 비유했다. 납으로 된 낡은 관, 부식된 구리 전선, 현대적인 폴

리염화 비닐(PVC)을 서로 대충 꿰맞추어 수년간 수리하고 땜질하고 개량작업을 하는 바람에 마치 제정신이 아닌 사람이 지은 건축물처럼 됐다는 것이다. 하지만 물은 잘 흘러간다. 마찬가지로 수백만 년 동안 유전적인 돌연변이가 무작위적으로 일어난 결과가 포유류의 뇌. 그래서 포유류의 뇌는 아름답거나 정돈된 모습은 아니지만, 그럼에도 효과적으로 기능하고 작동한다.

털 많은 짐승들

다섯 명의 진화 생물학자들에게 '포유류'에 대한 정의를 내려보라고 하면 5인 5색의 서로 다른 답을 내놓겠지만, 그 차이는 별로 크지 않을 것이다.

생물학자들은 대개의 포유류가 열의 발산을 막는 단열과 몸을 보호하기 위한 털을 가지며, 심장에는 네 개의 심실이 있고, 온혈동물이라는 점에서는 모두 동의한다. 온혈동물이란 파충류처럼 체온이 외부 환경에 따라 변하는 것이 아니라, 체내 물질대사를 통해 스스로 열을 만들어 체온을 유지하는 동물을 말한다. 어쩌면 포유류를 정의하는 가장 큰 특징은 젖을 만드는 유선(乳腺)을 가지고 있다는 점일 수도 있다(포유류를 뜻하는 'mammal'은 라틴어로 가슴을 가리키는 'mamma'에서 왔다).

도마뱀의 새끼는 알을 깨고 나오면 멋진 신세계에 홀로 남겨진다. 반면 포유류의 원조인 수형류는 새끼를 양육하는 완전히 새로운 방식을 개발해냈다. 어미가 새끼에게 먹이기 위해 젖을 만들게 되자, 새끼들은 성장하는 데 필요한 시간을 벌 수 있었다. 포유류의 새끼는 태어나고 한동안은 자신을 감당할 준비가 돼 있지 않지만 대신 수유를 통해 어린 시절을 길게 가져갈 수 있어 뇌가 형성되는 데 필요한 시간을 충분히 확보할 수 있었다.

이런 점은 다른 어떤 종보다 인간에게서 가장 두드러진다. 인간은 태어나서 몇 년 동안은 속수무책이어서 주위의 손길이 필요하며, 제대로 보고 듣고 맛보는 데 20년 가까운 준비 기간을 거쳐 비로소 성인이 된다-심지어 30대가 돼서도 여전히 정신적으로 방황하는 이들이 적지 않다! 이처럼 오랜 시간에 걸쳐 감각적인 경험과 유전자에 심어진 청사진, 그리고 신경망이 결합함으로써 (드디어!) 제대로 된 한 사람의 성인이 되는 것이다.

팔다리가 수직으로 내려져 있는 것 같은, 포유류의 많은 특성은 2억 5,000만 년 전에 등장했다. 단궁류를 비롯해 수형류, 이후에 족제비나 수달로 이어지게 되는 견치류(犬齒類) 등으로 진화하면서, 포유류의 진화 나무는 가지 수가 점점 늘어났다. 이후 2억800만~1억4,400만 년 전이었던 주라기 시대에 다시 세 개의 포유류 가지가 갈라져 나왔는데, 이들은 모두 훨씬 우세한 종이었던 공룡의 지배 아래에서 별로 맥을 주지 못했다. 이 세 갈래 중 하나는 오리너구리와 바늘두더지 같은 단공류(單孔類)[알을 낳지만, 새끼에게 젖을 먹이기도 하는 동물로 진화했는데 이들은 지금도 여전히 알을 낳는다. 또 다른 한 갈래는 새끼를 주머니(육아낭)에 넣고 다니는 유대류(有袋類)이고, 마지막 갈래는 태반류(胎盤類)로서 새끼를 영양을 제공하는 태반(자궁)이라는 주머니에 품는다.

태반류 포유류의 가장 오래된 화석은 중국에서 발견된 것으로 1억 6,000만 년 전의 것이다. 화석의 뼈는 뾰족뒤쥐를 닮았는데, 아마도 얼룩다람쥐 같은 다른 작은 동물들처럼 잡아먹힐 수 있다는 두려움에 휩싸여 늘 잽싸게 움직여야 했을 것이다. 2013년에 이 화석의 연대를 추정해서 발표한 인물은 시카고대학의 진화생물학자 체시 루오(Zhe-Xi Luo)였다(Zhou).

그는 자신을 간단히 '루(Lu)'-자신의 성인 'Luo'를 미국식으로 발음한 것-로 부르라고 했다. 이유를 묻자 "내 이름은 앵글로 색슨의 구강구조로는 발음하기가 어렵기 때문입니다"라고 답했다. 그에게 전화를 건 까닭은 태반류 포유류의 뇌가 어떤 점에서 특별해서 결과적으로 유인원이 뛰어난 지능을 갖게 되었는지 묻기 위해서였다. 그는 첫째 이유로, 태반류의 종 수가 유대류나 단공류와 비교할 때 훨씬 많기 때문이라고 했다. 오늘날만 보아도 태반류는 거의 4,000종이 서식하는 데 반해 유대류는 약 300종에 불과하다. 진화과정에서 태반류가 더 많은 기회를 잡았기 때문이다. 그런데 실제로 태반류 포유류 가운데 특별한 지능을 갖게 된 경우는 1,000종당 겨우 한두 종에 불과하다. 그래서 영장류 중에서 선택된 집단인 원숭이, 유인원, 인간, 그리고 영리한 바다 포유류인 돌고래와 범고래 정도만이 탁월한 지능을 갖게 되었다는 것이다.

루 교수는 포유류 가운에 몇몇 계통이 진화하면서 뇌의 성장 속도가 다른 신체 부분들의 성장 속도를 앞지르게 되었다고 했다. 과학자들은 뇌의 발달 정도를 측정하기 위해 '대뇌화 지수'를 사용한다. 대뇌화 지수는 어떤 동물의 신체 크기 대비 뇌 크기를 나타내는 것이 아니라, 어떤 종의 뇌가 비슷한 신체 크기를 가진 다른 종의 평균적인 뇌 크기와 비교해 얼마나 큰지를 나타낸다. 따라서 대뇌화 지수는 상대적인 지표로서, 지수 단독으로는 의미가 없고 다른 동물과의 비교로서만 의미가 있다.

예를 들어 침팬지는 비슷한 신체 크기를 가진 모든 포유류의 평균적인 뇌 크기(부피)와 비교할 때, 훨씬 더 크고 정교한 뇌를 가지고 있다. 또 2억9,000만~2억2,000만 년 전의 단궁류 화석의 두개골 크기를 비교해보면-두개골 크기가 곧 뇌의 크기라고 보는 것은 타당할 것이다-이후에 포유류로 진화한 단궁류의 뇌가 포유류가 되지 않은 단궁류의 뇌보다 훨씬 더 컸다.

포유류의 뇌가 어느 시점에서 급속히 커지게 된 까닭은, 포유류의 진화과정에서만 특별한 생태적인 조건이 있었기 때문이다. 초기 포유류가 몸집이 작고 야행성이었던 까닭은 낮에는 거대한 공룡이 땅 위를 성큼성큼 지나다녔기 때문일 것이다. 그래서 생존을 위해 예민한 감각이 필요했고, 야간에 더 좋은 시력을 갖고 후각과 청각도 발달해야 했을 것이다. 화석 조사 결과에 따르면, 포유류는 초기의 단궁류보다 더 큰 후각망울을 가졌다는 걸 보여준다. 후각망울은 냄새를 뇌로 전달하는, 코에 있는 축삭돌기의 모음이다. 청력의 경우, 파충류는 고막이 단 하나의 뼈로 내이와 연결돼 있지만, 포유류는 파충류로부터 진화하면서 두 개의 턱뼈가 서서히 귀에 있는 뼈와 연결돼 중이(中耳)를 만들었다. 이 세 개의 작은 뼈가 합쳐져, 음파에 더욱 민감해진 소리 전달 관을 형성하면서 청력이 개선되었다. 한편 포유류의 광대뼈 일부인 관자뼈(측두골)는 진화를 통해 소리의 진동수를 구별하는 데 도움이 되는, 가는 털들로 이뤄진 관으로 모습이 바뀌었다. 이것은 달팽이 모양으로 꼬여 있다고 해서 달팽이관으로 불리며, 그 일부는 내이를 구성한다(통화한 지 30분이 지나면서 나는 루 교수가 관자뼈에 관해 그 누구보다 훨씬 많이 알고 있다고 확신하게 되었다).

"보는 것, 듣는 것, 냄새 맡는 것, 이 모든 정보를 제대로 처리하기 위해서는 포유류의 뇌는 더 큰 컴퓨터가 필요했겠지요"라고 그는 말했다. 하지만 새로 형성된 기관들로 인해 뇌는 엄청난 대가를 치러야 했다. 인간의 뇌 무게는 체중의 2~3%에 불과하지만, 에너지 소비량은 전체의 20%나 된다아무튼 생물학 수업 시간에는 그렇게 가르친다. 하지만 이 수치는 1950년대에 나온 단 한 건의 논문에만 거론돼 있고, 내가 아는 한, 이후로는 이 주장을 뒷받침하는 논문은 발표되지 않았다. 어쨌든 중요한 건, 뇌가 신체 가운데 가장 게걸스러운 기관 중 하나라는 점이다. 뇌는 에너지 측면에서 봤을 때 가장 비용이 많이 든다.

그러다 보니 치아가 특히 중요해졌다. 포유류는 뇌에 많은 에너지를 공급하기 위해 음식을 더 효율적으로 가공할 필요가 있었고, 그래서 여러 유형의 치아를 발전시키기 시작했다. 앞쪽에는 음식을 자르기 위한 앞니, 뒤에는 음식을 으깨는 어금니와 구멍을 내고 베어 무는 역할을 하는 날카롭고 뾰족한 송곳니가 발달하게 되었다. 슈빈은 ≪당신 내면의 물고기≫에서 '앞니가 없는 상태에서 사과를 먹거나, 어금니 없이 큰 당근을 먹으면 어떻게 될지 상상해보라'고 썼다. 오늘날 우리가 다양한 영양소를 흡수할 수 있게 된 것은 포유류의 먼 조상이 서로 다른 유형의 치아를 가진 입을 발달시킨 덕분이다. 이렇게 해서 포유류는 점점 잡식동물이 되었고, 그것은 뇌의 확대에도 크게 도움을 주었다.

루 교수는 먹는 것을 향한 열정도 포유류의 신경망이 복잡하게 진화하는 데 큰 역할을 했으리라고 본다. "당신은 뾰족뒤쥐를 다룬 다큐멘터리 방송을 본 적이 있나요?" 그는 전화를 끊기 직전에 내게 물었다. "그들이 종일 하는 일이라고는 오로지 먹이를 씹는 일밖에 없습니다!"

4장

점점 커지는 뇌

정확히 무슨 일이 일어났는지, 아무도 모른다.

2억5,200만 년 전인 페름기 말기에 어떤 이유로 지구상에 존재하던 종의 90%가 파괴되었다. 바다에 서식하던 종의 95%가 멸종되었고, 3분의 2가 넘는 육상동물이 소멸되었으며, 나무들도 대부분 같은 운명을 겪었다. 캄브리아기를 대표하던 삼엽충은 영원히 사라져 미래의 골동품 가게와 화석 가게에서나 등장하게 되었다.

페름기의 '대멸종(Great Dying)'이라 불리는 이것은 지구상에서 발생한 가장 대규모의 멸종사건이었다. 이것은 페름기에서 트라이아스기(삼첩기)[중생대를 세 부분으로 나눌 때 첫 번째 기간]로 이행하는 지질학적인 사건으로서, 지구에서 생물의 삶이 재시동을 거는 역할을 했다. 스미스소니언 협회에서 일하는 고생물학자 덕 어윈(Doug Erwin)은 〈내셔널 지오그래픽〉과의 인터뷰에서 "그토록 많은 종을 한 번에 죽이는 것은 결코 쉬운 일이 아닙니다. 그것은 대재앙이라고밖에 달리 표현할 수가 없습니다"라고 했다.

여러 원인이 제기되고 있지만, 페름기의 멸종과 관련해 현재 가장 인정받고 있는 이론은 화산 분출을 범인으로 지목한다. 당시 화산 활동은 이산화탄소의 배출을 증가시켰고 그로 인해 바다 온도가 화씨로 18도[섭씨 7.8도]만큼 높아졌다. 어떤 과학자들은 수온의 증가로 바다에 산소가 고갈돼 대규모 질식 상태를 일으켰으리라고 추측한다. 아니면 온도의 증가 자체가 많은 생명을 제거했을 수도 있다. 과학 전문 기자 칼 짐머(Carl Zimmer)는 2018년 〈뉴욕타임스〉에 현재 지구의 기후 위기를 페름기의 기후 위기와 비교하는 글을 게재하면서 '지구는 이전에도 갑작스러운 온난화를 겪었다. 그것은 거의 모든 것을 절멸시켰다'라는 불길한 제목을 달았다. '대멸종' 이후 거의 2억 년간, 포유류의 조상들은 초라한 삶을 살아야 했다. 그들은 몸집이 작고 쥐·토끼처럼 앞니가 날카로운 설치류와 비슷한 모습으로 진화했다. 많은 포유류가 나무 위에서 생활했는데, 그건 나무에 매달려서 살았다는 걸 의미한다. 몇몇 종들은 오늘날의 두더지처럼 땅에 굴을 팠다. 포유류 조상들의 가장 큰 걱정거리는 당시 육상동물을 지배했던 공룡으로부터 먹히거나 깔리지 않는 것이었다.

초기의 포유류가 공룡을 피하려고 야행성이 되었다는 이론은 부분적으로 맞다. 현재 많은 포유류가 어둠 속에서 길을 찾기 위한 흔적기관을 가지고 있기 때문이다. 예민한 청각과 후각, 캄캄한 환경에서 방향을 알 수 있도록 돕는 민감한 수염(수염은 동물들이 주변의 물리적인 환경이 어떤지를 파악하도록 돕는, 특화된 털이다), 약한 빛에도 작동하는 크고 대개는 툭 튀어나온 눈. 이런 적응들 덕분에 포유류는 야음을 틈타서 몰래 기어 나와 먹이가 되는 벌레를 찾을 수 있었다.

그러더니 다시 세상이 암흑으로 변했다.

6,600만 년 전쯤 거대한 소행성이 지구에 충돌한 사실은 잘 알려졌다. 그것은 또 다른 대규모 멸종을 초래함으로써 거의 모든 공룡을 포함해 동식물의 약 75%를 파멸시켰다. 멕시코 남부의 유카탄반도에 있는 폭이 100마일[160km]에 달하는 분화구나, 지구에는 드물고 소행성이나 유성에는 흔한 금속인 이리듐 함유량이 높은 퇴적층의 생성 연대가 6,600만 년 전이라는 점은 이 사건이 실제로 발생했음을 증명한다.

'백악기-팔레오기 멸종'이라 불리는 이 파괴적인 충돌은 백악기에서 고제3기[신생대를 3개의 기로 구분했을 때 가장 오래된 시기]로 이행하는 계기가 되었다. 조류처럼 날개를 갖춘 몇몇 공룡의 계통은-이들은 이후 새로 진화한다-계속 살아남았지만, 거의 모든 공룡과 덩치가 큰 파충류들은 그렇지 못했다. 이들은 소행성의 충돌로 생긴 파편 입자와 먼지, 가스로 가득 차 햇빛이 사라진 하늘, 멕시코만과 대서양을 휩쓴 쓰나미를 견뎌내지 못했다. 그것은 말 그대로 '최후의 심판일'이었고, 고생물학 용어로 표현하자면 '충돌 겨울(impact winter)'이었다. 햇빛과 우주에서 오는 복사선은 대기를 채운 잔해들로 인해 차단되었고, 차가운 날씨가 계속되었다. 그 결과 식물과 조류(藻類), 플랑크톤의 광합성 활동이 멈추다시피 해 산소의 양이 줄고, 초식 동물의 먹이도 크게 줄었다.

많은 화석 기록은 공룡과 해양 파충류가 (2억5,200만~6,600만 년 전까지) 1억8천만 년에 이르는 중생대 기간 내내 지구상의 모든 동물을 지배했다는 걸 보여준다. 하지만 6,600만 년 전 이후로는 날개가 없는 공룡의 화석은 단 한 개도 발견되지 않았다. 진화적인 시간에서 볼 때, 그들은 한순간에 모두 사라져버린 것이다. 그 결과 이제 포유류는 자유롭게 돌아다닐 수 있게 되었다.

공룡을 걱정할 필요가 없게 되자, 포유류는 더 광활하고 새로운 생태 환경을 누리면서, 이전과는 다른 진화의 길을 개척해 갈 수 있었다. 그들은 나무에서의 생활을 접고 온종일 땅을 탐색하며 다닐 수 있게 되었다. 2017년에 한 연구팀이 2,400종이 넘는 포유류의 유전자 데이터를 분석해 그들의 행동과 수면 선호도를 비교했다. 연구팀은 단 20만 년 사이에 공룡이 사라지고 난 뒤-진화적인 시간에서 보면 거의 한 순간이나 다름없는 짧은 기간에 공룡이 지구에서 자취를 감췄다고 할 수 있다-한때 야행성이었던 포유류가 일제히 햇빛을 즐겼다는 사실을 알아냈다. 이런 행동 변화는 이후 포유류의 종류가 폭발적으로 다양해지는 계기가 되었다(Maor, 2017). 예컨대 몸집이 더욱 커진 포유류가 등장했는데, 이 중 일부는 초식동물이 되었고 다른 일부는 육식 동물로 발전했다. 발끝에 발굽이 있는 유제류(有蹄類) 포유류도 처음 등장했다. 이들은 이후 테이퍼[중남미와 서남아시아에 사는, 코가 뾰족하고 돼지 비슷하게 생긴 동물]와 코뿔소, 말의 조상으로 갈라졌다. 고제3기 초기에는 몸집이 작은 태반류 포유류도 나타났는데, 이들은 뭔가를 잡을 수 있는 작고 날렵한 손과 발을 가지고 있었다. 이들은 더 민감한 눈도 가져 색의 구별과 거리 감각에서 앞서갔으며, 마침내 더 커진 뇌로 진화해 더 영리해지고 교묘한 속임수를 쓸 수 있게 되었다. 이들은 영장류로서 이후에 원숭이, 유인원, 그리고 인간으로 분화하게 된다.

영장류의 등장은 육지로 기어오르는 물고기나, 깃털을 단 공룡이 나타난 것만큼 극적으로 이루어지지는 않았다. 마치 쥐를 닮은 작은 포유류가 몇 가지 뛰어난 자질을 획득하고서도 여전히 쥐를 닮았던 것과 비슷했다.

이 초기의 과도기적인 몇몇 종들이-이들은 나중에 모두 멸종했다-등장한 이후, 영장류의 특성이 뚜렷한 최초의 동물 즉 플레시아다피스류[초기 영장류로 다람쥐나 쥐를 닮았고 몸집이 작았으며 벌레나 알을 먹었다]가 6,000만 년 전에 지구상 여러 곳에서 번성했다. 그리고 영장류에 이어서 로리스원숭이, 여우

원숭이, 갈라고원숭이의 조상인 원원류(原猿類)가 등장하는데, 이들은 모두 설치류였지만 원숭이 같은 특성도 가지고 있었다. 이들은 곡비원류(曲鼻猿類), 즉 '젖은 코' 영장류다. 이후 5,000만 년 전쯤에는 그리스어로 '사람과 닮은'이라는 뜻의 유인원이 등장했다. 이들은 우리가 일반적으로 원숭이라고 부르는 존재로 표정이 풍부한 얼굴과 툭 튀어나온 눈, 활달한 사회적 행동 등 나중에 인간에게도 드러날 특징을 갖고 있었다. 이 그룹은 직비원류(直鼻猿類) 즉 '마른 코' 영장류이다. 인간은 개, 고양이, 사슴을 포함한 많은 영장류가 자랑하는 젖은 코를 잃어버렸다.

직비원류는 주로 중, 남미에 사는 신세계원숭이-다람쥐 원숭이, 흰목 꼬리감기 원숭이, 짖는 원숭이가 속한다-와 아프리카와 아시아에 주로 사는 구세계원숭이로 나뉜다. 구세계원숭이는 개코원숭이와 짧은 꼬리 원숭이 같은 종이 속하고, 짧은 꼬리 원숭이는 이후에 유인원으로 갈라지게 된다. 유전자를 조사해 본 결과, 구세계원숭이와 신세계원숭이는 4,000만여 년 전에 분화됐는데, 갈라진 직후 신세계원숭이는 초목과 잔가지들로 만든 뗏목을 타고(말 그대로 래프팅을 했다) 아프리카에서 남미로 이동했다. 당시에는 두 대륙이 가까웠고, 어쩌면 대륙 일부가 서로 연결돼 있었을 수도 있다. 진화의 역사에서는 이와 같은 래프팅 사건이 놀라울 정도로 자주 일어났다(Houle, 1998; Gabbatiss, 2016).

영장류가 뾰족뒤쥐나 쥐와 비슷한 형태에서 원숭이로 진화하는 과정에서는 큰 변화들이 일어났다. 즉 곤충을 주식으로 하던 식단을 과일과 꽃으로 보충하면서 더 잡식성이 되었다. 또 손톱과 발톱이 갈고리 모양으로 굽은 형태에서 납작한 모양으로 바뀌면서 손을 쓰는 기술이 더 나아졌다. 나아가 엄지손가락끼리, 엄지발가락끼리 서로 마주 볼 수 있도록 진화하며 더더욱 손재주가 향상되었다.

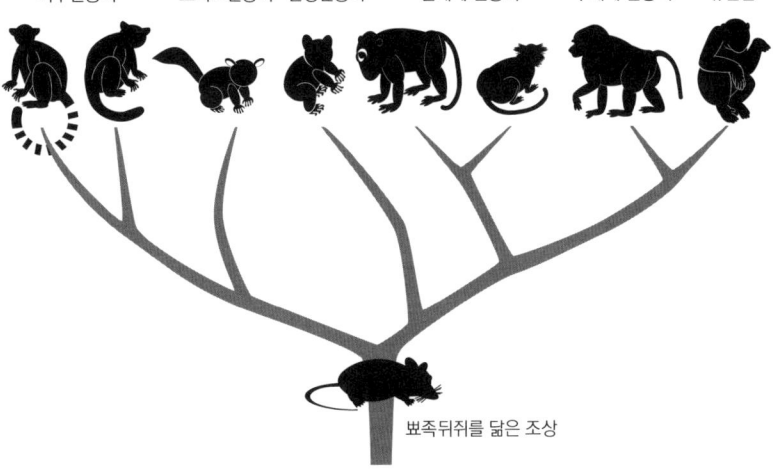

하지만 무엇보다 가장 중요한 진보는 뇌의 급성장일 것이다. 많은 과학자는 원숭이의 뇌가 형성되는 데는 서식지와 생태 환경이 영향을 미쳤으리라고 본다. 환경은 원숭이에게 성공적인 생존을 위해서는 더 향상된 감각과 지능을 갖도록 진화적인 압력으로 작용했을 터인데, 그것은 원숭이가 나무 위의 생활로 되돌아간 것과 부분적으로 관련이 있다.

화석으로 발견된 초기의 영장류 발뼈를 살펴보면, 이들이 하루 중 적어도 몇 시간은 캐노피[나뭇가지들이 지붕 모양으로 우거진 것]에서 보냈다는 걸 알 수 있다. 그러다 결국에는 대부분의 초기 영장류가 주로 수상(樹上)생활을 하게 되었을 것이다. 내 대학 친구인 존 그래디(John Grady)는 이런 주제에 대해 많은 생각을 하면서 시간을 보낸다. 미시건주립대학 생물학 교수인 그는 참치나 공룡처럼, 스스로 체온을 조절하는 항온동물의 속성과 주변 환경에 체온이 영향을 받는 변온동물의 속성을 모두 갖는 '중온 동물(mesotherm)'이라는 용어를 만든 걸로 유명하다. 우리 두 사람은 지난 수년간 다윈식 진화를 세부적으로 파고들 때 만나게 되는 불가사의한 점에 대해 수없이 논쟁을 해왔는데, 통화 마지막에는 둘 중 하나가 씩씩거리며 전화를 끊기가 일쑤였다.

그래디는 영장류에게 수상생활은 대단한 성취였으리라고 믿는다. "수상생활을 하면 자연선택이 달라지네. 이런 생활에서는 손재주가 뛰어나다는 건 매우 큰 장점이지. 그래서 뭉툭한 앞발은 손가락으로 진화했고, 더는 땅을 팔 필요가 없어져 갈고리 모양의 발톱은 편평한 손톱으로 진화했지. 게다가 포식자들이 나무 위로 올라오는 게 쉽지 않기 때문에 낮에 바깥으로 나와도 그다지 위험하지 않게 되었지." 수상생활은 포식자에게 먹히기 전에 빠른 속도로 성장해야 할 필요성을 줄여주었다. 오늘날 새나 다람쥐가 비슷한 종류의 땅 위에 사는 생명체에 비해 더 긴 수명을 누리는 것처럼 말이다. 그는 "영장류는 노년을 늦게 맞이할 수 있었고, 성숙해지는 데 필요한 시간도 더 길어졌어"라고 했다. 그 결과 영장류는 다른 포유류보다 더 많은 삶의 경험을 축적하게 되었고, 후손들은 그런 경험을 받아들이고 배우는 것이 중요해졌다.

우리는 흔히 야행성 포유류가 특별히 뛰어난 시각을 지녔을 것으로 생각하지만, 대개의 포유류는 밤보다 낮에 보는 것이 더 수월하고, 그것은 야행성 포유류에게도 마찬가지다. 영장류는 해가 비치는 낮에 주변을 더 잘 살피기 위해, 다른 감각들보다 시각이 더 발달하도록 진화적인 압력을 받았다.

모든 동물의 망막에는 간상세포(막대세포)와 원추세포(원뿔세포)가 있다. 간상세포는 빛이 적은 밤에 주변을 살필 수 있도록 돕고, 원추세포는 색을 식별할 수 있고 빛이 밝을 때 가장 잘 작동한다. 대개의 포유류에게는 단 두 가지 타입의 원추세포만 있는데, 이들은 파란색과 녹색 빛의 주파수에 민감하다. 그래서 이 두 색의 조합으로만 사물을 인식한다. 이후 수백 만 년에 걸쳐 낮 생활을 활발하게 하는 동안, 즉 야행성이 아니라 주행성이 되면서, 초기 영장류 가운데 몇몇은 세 번째 타입의 원추세포를 발달시키게 되는데, 이것은 빨간색 빛의 주파수에 민감하게 반응했다. 색채가 훨씬 풍부한 삼차원의 세계가 열린 것이다. 그래서 점점 더 후각이나 청각보다 시각을 장려하는 방향으로 진화적인 압력이 작용했다. 또 포식자들을 걱정해야 할 필요성이 줄면서 영장류의 눈은 점점 머리 앞쪽으로 이동했고, 이것은 시각에 더 향상된 거리 감각과 깊이 감각을 부여했다.

　이런 과정에서 직비원류는 휘판(輝板)이라는 눈 안에 있는 조직층을 잃어버리게 되었다. 휘판은 망막을 통해 빛을 반사해 빛의 양을 늘림으로써 밤에 사물을 더 잘 보도록 돕는 역할을 한다-밤에 숲에 있는 동물의 눈에서 빛이 나는 것은 이 때문이다. 낮 생활을 주로 하게 된 원숭이와 유인원에게는 휘판이 더는 필요하지 않게 되었고 이후 진화과정에서 후손들에게도 전해지지 않았다.

　시각이 발달하는 대신 영장류의 후각과 청각은 비(非)영장류 포유류에 비해 발전이 정체되었다. 후각망울은 크기가 줄어들었다. 우리는 아직도 예민한 후각과 관련된 수많은 유전자를 갖고 있지만, 여러 세대를 거치는 동안 대부분은 활동을 중단했다. "그런 유전자들이 존재한다고 해서 우리에게 큰 해가 되는 건 아니기 때문에 쉽게 도태되지 않은 채 그대로 있는 거야"라고 그래디는 설명했다. "영장류는 예민한 후각과 관련된 유전자들이 있지만 거의 작동하지 않고 있어. 영장류는 시각이 가장 중요했던 거지." 영장류는 반 고흐의 소용돌이치는 밝은 빛과 요란한 고속도로 광고판에 민감하게 반응하지만, 대부분의 다른 포유류는 인상파 화가가 그린 파스텔 그림처럼 흐릿하게만 인식할 수 있을 뿐이다.

오늘날 육지에 사는 수많은 포유류는 낮에는 내내 밖에서 생활한다. 하지만 사슴 같은 종의 조상들은 야행성의 능력과 예민한 후각을 완전히 포기할 수 없었다. 그들은 눈에 잘 띄어서 공격에 취약하기에 사자나 호랑이, 늑대 같은 포식자들을 피하려고 새벽과 황혼에 먹이를 찾아 나선다. 한편 나무이파리들이 안전하게 가려주는 서식지의 이점을 이용해 원숭이를 비롯한 영장류는 새로운 방향으로 적응해 나갈 수 있었다. 자연선택의 결과로 시각을 중심으로 감각이 발달하자, 영장류의 뇌는 폭주하는 새로운 감각 정보들을 처리하기 위해 더욱 진화했다.

구세계원숭이와 분자시계

이리하여 영장류는 더 오래 살고, 낮에도 안전하게 수상생활을 할 수 있었다. 이런 생활은 빠르게 성장하고 서둘러 번식해야 한다는 진화적인 압력을 줄여주었다. 영장류는 이런 상황을 자신에게 유리하게 활용하면서 진화를 해나갔다. 성적으로 성숙해지는 데 필요한 시간이 길어지자 그 시간을 외부의 영향을 흡수하는 데 활용했다. 길어진 수명 덕분에 기억력은 더 좋아졌고 해마도 더 커졌다. 다채로운 색과 깊이감 있는 삼차원의 세계를 경험하게 되자 시각은 더욱 정확해지고 머리도 영리해져 시각중추와 전두엽이 더 커졌고, 더 높은 사고를 하고 주변 환경과 더 정교하게 상호작용할 수 있게 하는 신피질[대뇌피질 중 가장 나중에 진화한 부위]도 만들어졌다. "영장류는 지성을 발달시킬 수 있는 사치를 누렸던 셈이지"라며 그래디가 웃었다.

영장류가 성공적으로 진화하는 데 도움을 준, 또 다른 매우 중요한 요인은 사회화였다. "수상생활은 포식자로부터 더 안전해진다는 것이고, 그것은 사회적인 교류를 하기에 더 안전하다는 뜻이기도 했지."

낮에는 내내 바깥에서 보내면서 나무 한 그루를 여러 원숭이가 공유하게 되면, 원하든 원하지 않든 사회화의 압력을 받을 수밖에 없다. 다른 동료에 대해 시각적인 정보를 쌓고, 서로 소통하고, 서로 털손질(그루밍)을 하고, 공통의 적에 대항하는 과정에서 유대감과 결속력이 강화되면서 영장류는 굉장히 사회적인 존재가 되었다.

"더불어 사는 것은 포식자들을 피하는 데도 도움이 되었죠"라고 알렉산드라 드카시엔(Alexandra DeCasien)은 말했다. 그녀는 뉴욕대학 생물인류학과에서 영장류의 뇌 진화를 전공하는 대학원생이다. "포식자를 감시하는 숫자가 많으면 많을수록 더 유리하기 때문이죠." 초기 영장류는 미친 듯이 꽥꽥 소리를 질러 동료에게 위험을 알리거나, 무리를 지어 공격함으로써 포식자를 물리쳤다.

공동체 생활을 한다는 것은, 구성원의 수가 늘어날수록 한 개체가 공격을 당할 확률이 그만큼 줄어든다는 것을 뜻한다. 이것은 영국의 진화생물학자 윌리엄 해밀턴(William Hamilton)이 말한 '이기적인 무리를 위한 기하학'과 통하는 점이 있다. 이 개념은 한 동물 집단에서, 상대적으로 우세한 힘을 갖춘 구성원이 무리의 중간에 자리를 잡아 외부로부터 공격을 당할 가능성을 낮추는 것을 말한다.

드카시엔은 먹이를 구하는 데도 무리를 짓는 것이 더 효율적이었다고 본다. "예컨대 어떤 원숭이가 먹이가 모여있는 장소를 알아내면, 다른 원숭이들이 그 곁에 있다가 바로 알아채고 같이 먹이를 먹을 수가 있게 되죠." 자신들의 자원을 지키는 데도 더 쉬웠을 것이다. 탐스럽게 익은 열매가 매달려있는 나뭇가지나, 마실 물이 있는 샘물을 침입자로부터 지켜내려면 무리 짓는 것이 더 좋을 수밖에 없다. 이처럼 공동생활은 모두가 이기는 게임이다.

새로이 사회적인 요소들이 더해지면서, 사회적으로 똑똑한 뇌가 되도록 진화적인 압력이 가해졌다. 이에 따라 영장류는 정치적으로 더 많은 요령이 생겼다. 다른 동료들보다 앞서고, 더 높은 지위에 오르려는 자연선택이 걷잡을 수 없이 일어났다. 구세계원숭이의 한 갈래가, 인간의 조상이 되는 계통이자 크고 멋진 뇌를 가진 유인원으로 갈라져 나오자, 영리하게 사회적인 행동을 하는 것이 엄청나게 중요한 일이 되었다.

뇌의 진화와 뇌의 생물학을 이야기하는 데는 몇 가지 방법이 있다. 나는 앞으로 뇌의 구조와 (네 개의 뇌피질 같은) 뇌 부위를 언급할 때 아키텍처적인 용어를 사용할 것이다. 예를 들어 신경회로라고 말할 때는 뇌가 어떻게 서로 이어져 있는지를 가리킨다. 뇌 부위들이 축삭돌기와 수상돌기, 시냅스를 통해 어떻게 연결돼 있는지 같은 것 말이다. 지능이 발달하게 된 것은 전두엽 같은 뇌의 특정 영역이 커지고, 뇌 부위들 사이의 연결방식이 바뀐 덕분이다. 이를테면 뇌가 더 정교한 시각회로를 갖도록 진화한 것은 이미 존재하고 있던 시각중추가 확대된 결과이다. 또 두개골에 더 많은 용량의 뇌를 담아야 했기 때문에 열구(裂溝)라고 불리는 주름을 점점 더 많이 만들었다. 이와 관련해 특히 중요한 것은 중심구(中心溝)[전두엽과 두정엽의 경계를 이루는 깊은 고랑]라 불리는 주름이 발달한 것이다. 중심구는 수직으로 뇌의 옆을 따라 내려가면서 감각피질과 운동피질을 나눈다. 두 피질의 크기와 연결성이 증가하면서 손가락과 손의 민감도와 조절 능력도 향상되었다. 전체적으로 영장류의 뇌는 인간의 뇌와 비슷한 배치와 기능을 갖기 시작했다.

원숭이가 진화함에 따라 직비원류의 뇌도 커졌다. 이런 사실은 1960년대와 70년대에 과학자들이 영장류의 엔도캐스트(endocast)[뇌의 모양이나 크기를 알기 위해, 두개골 안쪽을 본뜬 틀]를 분석한 다음, 다양한 종의 영장류를 대상

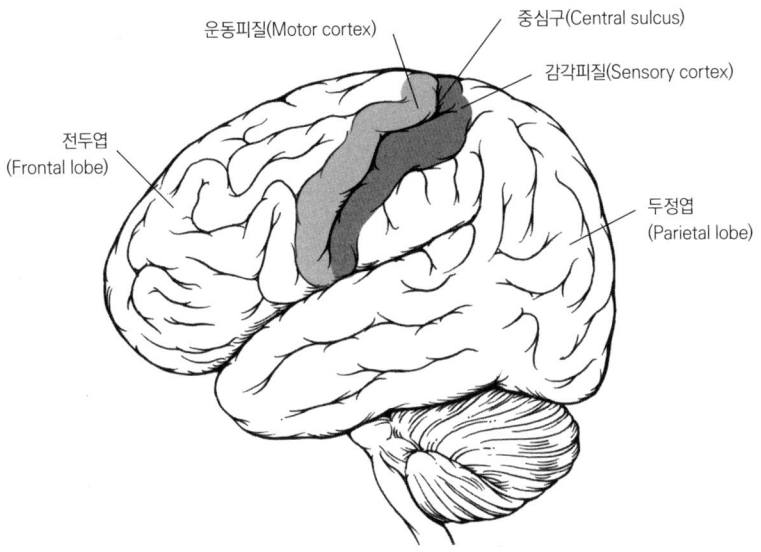

으로 대뇌화 지수를 비교함으로써 처음으로 입증되었다. 사실 UCLA의 신경학자인 해리 제리슨(Harry Jerison)이 대뇌화 지수를 처음 제안한 것이 바로 이 무렵이었다. 히말라야 원숭이(붉은 털 원숭이)의 대내화 지수는 2.1이다. 이것은 그들의 뇌가 비슷한 신체 크기를 가진 모든 포유류의 평균적인 뇌 크기보다 2.1배 크다는 뜻이다. 침팬지는 대뇌화 지수가 2.5이고 인간은 무려 7이다!

대뇌화 지수는 절대적인 잣대는 아니다. 한 가지 이유만 꼽자면, 뇌의 복잡성이나 연결의 복합성을 제대로 반영하지 못하기 때문이다. 예컨대 까마귀와 침팬지는 둘 다 지수가 2.5이지만, 까마귀가 아무리 영리해도 침팬지의 똑똑함을 따라갈 수 없는 게 사실이다. 영장류의 뇌가 진화하면서 뇌구조, 뇌 회로망, 뉴런의 밀도가-뇌의 크기만큼 중요하지는 않지만-중요한 요소로 자리 잡았다. 물론 특정한 뇌 부위가 다른 부위에 비해 상대적으로 더 커지는 것도 중요한 요소였다. 어떤 과학자들은 대뇌화 지수가 체구가 작은 종의 지능은 과대평가하고, 체구가 큰 종의 지능은 과소평가하는 경향이 있다고 지적한다. 혹시 당신이 덩치가 더 큰 고릴라가 침팬지보다 영리하지 않다고 쓴 책을 읽은 적이 있다면, 바로 이런 이유 때문이다.

MRI와 같은 현대의 신경 촬영법은 인간의 뇌가 해부학적으로 얼마나 특출한지를 잘 보여준다. 인간의 대뇌피질은 비슷한 신체 크기를 가진 다른 동물에 비해 훨씬 크다. 또 주름이 더 많으며 회백질 보다 백질의 비율이 4대 6 정도로 더 높다. 백질이 더 많다는 것은 뇌의 연결망이 더 복잡하다는 뜻이다. 회백질은 주로 신경세포체들이 모인 뇌 영역을 가리키며, 백질은 뇌 영역들, 즉 회백질과 회백질을 연결하는 신경섬유로서 정보를 전달하는 통로 역할을 한다.

앞에서 언급했듯이 '호미니드'는 대형 유인원을 가리키고, '호미닌(hominin)'은 현생인류 즉 호모 사피엔스와, 침팬지에서 갈라져 나온 이후 등장한 인간 계보에 속하는 모든 영장류를 가리킨다(호모 사피엔스를 제외하고는 모두 멸종했다).

1960년대 초에 과학자들은 유인원들이 진화적으로 서로 어떤 연관이 있는지를 연구하기 시작했다. 저명한 화학자인 라이너스 폴링(Linus Pauling)과 생물학자 에밀레 추커칸들(Emile Zuckerkandl)은 생물에게는 '분자시계'가 있다는 걸 처음 발견했다.[12] DNA를 구성하는 뉴클레오타이드나 단백질을 만드는 아미노산 같은 생물학적인 분자는 일정한 비율로 돌연변이를 하거나 변화하는데, 이를 이용하면 어떤 생물 집단이 둘 이상의 집단으로 갈라진 시점을 측정할 수 있다. 이런 기술을 시계에 빗대 '분자시계'라고 부른다. 서로 다른 종들 사이에서 특정한 단백질이나 DNA 조각을 비교하면 화석 기록에 의지하지 않고도 그들이 어떻게 분화되었는지를 알 수 있는 것이다.

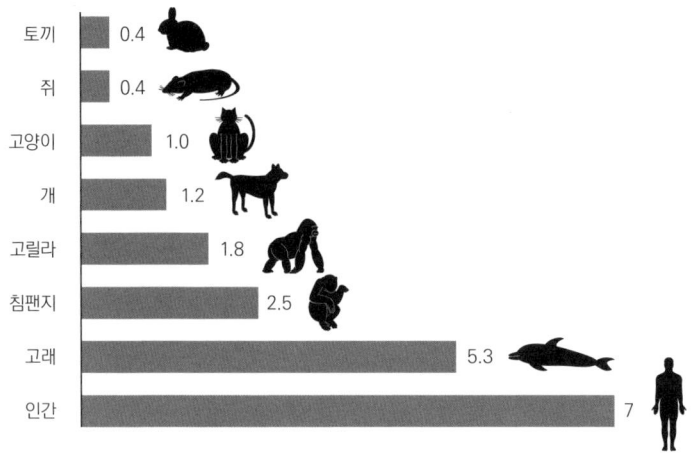

이런 아이디어가 나오고 얼마 뒤 버클리대학 생화학자인 앨런 윌슨(Allan Wilson)과 그가 지도하는 대학원생들이 실제로 분자시계를 적용한 연구를 했다(Sarich, 1967). 윌슨은 종들 사이의 면역 반응을 비교해본 결과 인간과 침팬지가 서로 갈라져 나온 것이, 기존에 수집 가능한 화석을 기반으로 예측했던 1,000만~3,000만 년 전이 아닌, 그보다 훨씬 이후라는 사실을 밝혀냈다. 그는 또 침팬지와 인간이 유전적으로 얼마나 비슷한지도 보여주었다. 물론 요즘에는 유전자 염기서열분석 기술로 1시간 만에 게놈 전체를 분석해 종들끼리 서로 얼마나 가까운지를 알아낼 수 있다. 하지만 아직 그런 기술이 없던 당시로서는 윌슨의 작업은 혁명적이었다(그리고 예상할 수 있듯이 엄청난 논란을 일으켰다).

윌슨은 기존의 상식을 흔드는 '미토콘드리아 이브' 가설이 제기되는 데도 이바지했다. 미토콘드리아가 한때 미생물이었다는 점, 또 에너지를 제공하는 공생자로서 영원히 세포 안에 가둬지게 되었다는 점을 고려하면,

여성의 계통을 통해서만 후손에게 전달되는, 자신만의 흔적 유전자를 갖는다고 볼 수 있다. 윌슨은 세계 여러 지역에 사는 사람들의 미토콘드리아 DNA를 비교해, 지구상 모든 인간이 한 여성-우리의 이브-의 후손이며, 이 여성은 15만 년 전에 아프리카에 살았다는 걸 보여주었다. 윌슨은 호미닌의 계보도를 다시 그린 것이다.

현대적인 유전자 염기서열분석 기술과 점점 늘어난 화석 기록에 힘입어 윌슨이 그린 계보도는 더욱 정교하게 다듬어졌다. 우리는 이제, 현존하는 대형 유인원 가운데 오랑우탄이 약 1,400만 년 전에 가장 먼저 갈라져 나왔고, 그로부터 수백만 년 뒤에 고릴라가 갈라져 나왔고, 약 700만 년 전에는 침팬지와 호미닌 계통이 갈라져 나왔다는 사실을 알고 있다. 그 뒤 200만~300만 년 전에는 침팬지로부터 보노보가 갈라져 나왔다.

마이오세의 이주와 기후 변화

과학자들이 간단한 유전자 염기서열분석 기계로 DNA 표본을 분석해 영장류들이 서로 얼마나 가까운 친족관계인지를 알아내기 훨씬 이전부터, 다윈 등은 이미 이런 사실을 알아채고 있었다. 다윈은 1871년에 출간된 《인간의 유래(The Descent of Man)》에서 '만약 유인원이 자신의 하위 집단(sub-group)을 만들었다면…그 하위 집단의 조상으로부터 우리 인간이 등장했으리라고 추측할 수 있다'라고 썼다.

정확히 언제 최초의 유인원이 등장했는지는 아직 밝혀지지 않았다. "우리가 지금 저쪽으로 건너가면, 점심을 먹으면서 이 주제로 토론하고 있는 사람들을 반드시 만날 수 있다는 데 내기를 걸어도 좋아요." 드카시엔은 뉴욕대학의 인류학 건물을 가리키면서 농담을 했다. 아무튼 DNA 분석과 화석 증거들이 쌓이면서 이 문제에 대한 해답을 찾을 가능성도 커지고 있다.

지금 우리 앞에 있는 동물이 원숭이인지 유인원인지를 구별하는 가장 손쉬운 방법은 상대 얼굴을 보는 것이 아니라 몸 뒤쪽을 보는 것이다. 원숭이는 대부분 꼬리를 가지고 있으나 유인원은 그렇지 않다. 강인한 어깨, 넓은 가슴을 가진 유인원은 나무와 나무들 사이를 건너다니지만, 원숭이는 가지에서 가지로 옮겨 다닌다. 유인원은 원숭이보다 몸집이 더 크고 손가락 관절이 더 유연하다. 무엇보다 가장 큰 차이는 유인원은 정말 똑똑하다는 거다.

2013년에 오하이오대학의 인류학자들이 탄자니아의 강바닥에서, 원숭이와 유인원 사이를 이어주는, 그동안의 화석 기록에서 빠져 있던 틈을 메워주는 두 개의 뼈를 발굴했다. 하나는 구세계원숭이의 이빨이었고, 다른 하나는 루크와피테쿠스라는 새로운 종의 턱뼈였다. DNA를 분석한 결과, 구세계원숭이와 루크와피테쿠스는 아무리 늦게 잡아도 2,500만 년 전인 올리고세에 갈라졌던 것으로 추정되었다(Stevens).

토론토대학 인류학 교수인 데이비드 비건(David Begun)은 루크와피테쿠스가 지금까지 알려진 가장 오래된 유인원이라고 본다. 하지만 학자들 손에 쥐어진 뼈는 아직 몇 개에 불과해 결론을 내리기에는 충분치가 않다. 따라서 루크와피테쿠스가 영장류의 계통수에서 차지하는 위치에 관해서는 어느 정도의 추론이 개입될 수밖에 없다. 현재까지 분명히 확인된 가장 오래된 유인원은 에켐보 속(屬)이다. 적어도 1,700만~2,000만 년 전 케냐 근처에서 살았던 이들은, 화석 기록들이 거의 완벽해 유인원임을 확인할 수 있었다.

에켐보는 신체적으로는 원숭이와 많이 닮았다. 네 팔다리 길이가 모두 같고, 척추가 지면과 나란하다는 점에서 그렇다. 에켐보가 등장한 시기와 맞물려 프로콘술, 드리오피테쿠스를 비롯해 다수의 유인원 종들이 잇따라 나타났다. 이들 역시 몸은 원숭이를 닮았지만, 드리오피테쿠스의 경우 원숭이보다 뇌가 더 컸고, 양팔을 침팬지처럼 덜렁거리며 다녔다.

원숭이는 수백만 년 동안 뗏목과 육교(land bridge, 陸橋)를 이용해 여러 지역을 다녔다(당시는 대륙들 사이의 간격이 지금보다 훨씬 가까웠다). 반면 초기 유인원은 주로 아프리카에 머물렀는데, 1,700만 년 전, 마이오세 시기에 변화가 일어나 유럽과 아시아로 퍼져나갔고 거기서 1,000만 년 동안 번성했다. 우리는 흔히 유인원이라고 하면 아프리카의 숲과 삼림 지대를 떠올리지만, 실제로는 오랜 기간에 걸쳐 유라시아에 사는 유인원이 더 많았다.

"학자들 가운데는 지금의 유인원이 아프리카에서 서식하던 작은 규모의 유인원으로부터 진화한 것이 아니라, 유럽의 유인원에서 진화했다고 보는 이들도 있습니다"라고 비건이 말했다.

비건을 포함해 이 분야 연구자들은 마이오세의 변화무쌍한 기후가 유인원의 진화와 우리 인간의 운명에 매우 큰 영향을 끼쳤다고 본다. 마이오세 기간의 초기에는 대체로 지구는 따뜻했다. 유인원이 유라시아로 퍼져나갈 수 있었던 가장 큰 이유는 이처럼 지구가 온난했기 때문일 것이다. 그러나 1,300만 년 전부터 기후가 추워지기 시작했다. 언제나 회복력이 좋았던 원숭이(드카시엔은 "원숭이는 어디에 떨어뜨려 놓아도 아무런 문제 없이 잘 지낼 겁니다"라며 웃었다)는 자신들의 넓은 분포지역을 유지했지만, 많은 유인원 종들은 이를 견디지 못하고 멸종됐다. 멸종을 면한 종은 아프리카 대륙의 외지로 되돌아가 현재까지 그곳에 남아있다. 비슷한 시기에 오랑우탄이 중국으로부터 남쪽의 열대 지방으로 이주한 것도 이런 기후 변화로 설명할 수 있을 것이다.

아프리카로 돌아간 유인원 중에는 드리오피테쿠스의 후손도 있었는데, 이들은 이후 거기서 고릴라, 침팬지, 보노보, 인간의 조상으로 갈라졌다. 경쟁력 있는 원숭이에게 밀리지 않으면서 기후 변화와 수천 마일의 이동을 견뎌낸 유인원은 더 좋은 신체 조건과 더 나은 지능을 가진 종들이었다.

원숭이는 유인원보다 장점이 더 많았지만, 앞으로 세상을 바꾸게 될 지능을 발달시킨 것은 중기 마이오세의 아프리카 유인원이었다. 더 정확히 표현하면, 이 아프리카 유인원들은 우수한 인식 능력과-우리가 흔히 인간에게만 있다고 생각하지만, 사실은 인간에게만 고유한 것이 아닌-정신적인 특성들로 발전하게 될 싹수를 보였다고 해야 할 것이다.

5장

인간, 꼿꼿하게 서다

"인간의 뇌 진화에 관해서는 얼마든지 기꺼이 얘기할 수 있습니다. 단, 육두문자를 섞어서 얘기해도 개의치 않는다면 말이죠."

컬럼비아대학 인류학 교수인 랠프 할로웨이(Ralph Holloway)는 욕을 잘한다. 현재 80대인 그는 고신경생물학 분야에서 손꼽히는 중요한 인물이다. 고신경생물학은 초기 호미닌의 뇌 진화를 엔도캐스트로 연구하는 학문이다. 그는 2019년 여름, 컬럼비아대학 인류학 연구소로 나를 초대했다. 그는 매일 오후 그곳에서 빈둥거리며 지낸다고 했다.

연구소는 한마디로, 뼈의 바다였다. 캐비닛은 원숭이 두개골로 가득 차 있고, 방을 가로지른 길쭉한 테이블에는 수백 개의 유인원 두개골과 캐스트로 테이블 바닥이 보이지 않았다. 두 개의 거대한 고릴라 뼈대가 유리문 뒤에서 우리를 지켜보고 있었다.

"대체 언제쯤 유인원의 뇌가 인간다운 뇌로 재조직되었을까요?" 그가 다소 과장된 태도로 물었다.

"저야 모르죠. 그래서 찾아온 거죠." 내가 응수했다.

이후 두 시간 동안 그는 인간의 조상과 현존하는 침팬지 조상이 어떻게 갈라지게 되었는지에 관한 최신의 연구 성과를 설명했다.

학자들은 이 분화가 인간과 침팬지의 공통 조상들이 숲 밖으로 나온 것과-처음에는 일시적으로 그렇게 했을지도 모르지만-관련이 있을 것으로 생각한다. 지리학자들은 900만 년 전 아프리카의 적도 지역은 아주 건조하고, 날씨도 계절에 따라 바뀌는 계절성 기후였을 것으로 추정한다. 그 결과 무성했던 숲은 나무 밀도가 희박한 삼림지대로 바뀌었고, 나중에는 풀로 뒤덮인 사바나(열대 초원)가 되었다. 이런 변화는 수상생활을 하던 유인원에게는 큰 스트레스였다. 그래서 많은 유인원 종들이 나무와 나뭇잎으로 보호되던 생활에서 벗어나 숲 바깥에서 사는 데 적응해야만 했다.

인간을 탄생시키게 되는 진화의 오랜 과정에서, 자연선택은 점점 더 땅 위에서의 삶에 유리한 특성과 행동을 갖는 방향으로 작용했다. 똑바로 선 직립 자세와 두 발로 걷는 이족보행 덕분에 인간은 여기저기 천천히 돌아다닐 수 있게 되었고, 자유로워진 두 손으로는 이전에는 할 수 없었던 행위를 할 수 있었다. 예컨대 음식을 두 손에 들고 먼 거리를 움직이는 것 같은 행동 말이다. 또 사회화가 진행되면서 더 수월하게 먹이를 찾고 사냥을 하고, 사자나 호랑이가 호시탐탐 노리는 평원에서의 새로운 위험에서 자신들을 방어할 수 있었다.

미국 생물학자 에드워드 윌슨(Edward Osborne Wilson, 1929~2021년) 같은 이들은 우리 조상들이 운도 좋았다고 본다. 적절한 시기에 적절한 장소에 있었다는 것이다. 사바나에서 나는 열매와 꽃들, 평원에서 나는 식물의 뿌리와 줄기 덕분에 생존을 유지할 수 있었기 때문이다. 먹을 수 있는 열매가

할로웨이의 연구소는 뼈의 바다이다. 300~400만 년 전의 아우스트랄로피테쿠스에서부터 현생인류인 호모 사피엔스에 이르기까지, 화석화된 호미닌의 엔도캐스트가 테이블을 가득 덮고 있다. 보초를 서고 있는 듯이 보이는 고릴라의 뼈대는 미국자연사박물관에서 오랫동안 큐레이터로 일했던 H.C. 레이븐(Raven)이 1919년 아프리카 탐험에서 구한 것을 어렵게 물려받은 것이다.

풍성한 지역을 우연히 발견하게 된 것은 초기 인간들에게 무엇보다 큰 도움이 되었을 것이다.

할로웨이는 우리가 살아남고 큰 뇌를 가지게 된 데에는 여러 요소가 복합적으로 작용했겠지만, 그 가운데 어떤 요인이 가장 중요했는지를 꼭 집어 말하기는 불가능하다고 했다. "인간이 침팬지로부터 갈라져 나올 때 어떤 일이 일어났는지는 아직 정확히 모릅니다…화석 기록이 거의 없기 때문이지요. 그러나 초원에서 생활하게 된 것과는 분명히 연관이 있을 것입니다. 그런 생활을 하자면 지능이 필요했을 테니까요."

데이비드 비건도 동의한다. "인간이 침팬지로부터 갈라져 나온 이후 왜 이 같은 진화의 길을 걸어왔을까, 라고 묻는 것은 백만 달러짜리 질문입니다. 아마도 초기 인간은 나무에서 땅으로 내려올 수밖에 없었을 겁니다. 그래야 땅과 나무 모두에서 먹잇감을 구할 수 있고, 서로 떨어져 있는 숲 사이를 오갈 수 있으니까요." 윌슨도 같은 생각이다. 널리 인정받는 이론에 따르면, 인간이 일단 이족보행을 할 수 있게 된 이후에는 평원에서의 삶에 유리하도록 진화가 이뤄졌다. 또한 당연한 말이지만, 지능을 높이고 주변 환경에 잘 적응하게 만드는 유전자를 가진 인간들이 살아남았다.

할로웨이나 비건과 같은 이들은, 인간과 침팬지는 분화된 이후에도 여러 세대에 걸쳐 거의 구별이 안 될 만큼 유사한 삶을 영위했으리라고 본다. 둘은 비슷한 먹잇감을 놓고 경쟁했을 터인데, 식물성이 주를 이루는 가운데 가끔 원숭이 고기를 섭취하는 잡식성이었다. 인간과 침팬지의 유전자가 상당히 달라지기 전까지는 한동안 서로 짝짓기를 하기도 했다. 그러나 자연선택이라는 힘이 작용하고, 서로 따로 살게 되면서 점차 갈라지게 되었다.

인간이 다른 유인원으로부터 분리된 것을 보여주는 화석들은 그다지 많지는 않지만, 가끔 발견돼왔다. 2001년 프랑스 고생물학자 미셸 브뤼네(Michel Brunet)가 이끄는 연구팀은 아프리카 중북부의 차드공화국에 속한 매우 건조한 사막지대에서 두개골 일부와 몇 개의 이빨, 턱뼈와 넓적다리뼈를 하나씩 발굴했다. 연구팀은 이것이 새로운 호미닌의 뼈라고 판단하고, 여기에 (뼈가 발견된 지명인 사헬(Sahel)과 차드(chad)의 불어식 표기를 합쳐) 사헬란트로푸스 차덴시스라는 이름을 붙였다. 당시 차드공화국 대통령은 이 호미닌을 '투마이'라는 애칭으로 불렀는데, 현지 고란어로 '생명의 희망'라는 뜻이다. 학계에서는 처음엔 사헬란트로푸스가 인간의 조상 중 가장 이른 시기의 호미닌 중 하나일 걸로 추정했으나, 지금은 침팬지와 인간의 공통 조상일 수도 있다고 본다. 어떤 관점이 옳은지는 아직 결론이 나지 않았다.

인류학자들은 오로린 투게넨시스로 불리는 호미닌의 화석 20개를 확보하기도 했다. 오로린은 투마이보다 약 100만 년 뒤에 지금의 케냐 지역에서 살았으며, 침팬지와 매우 닮았다. 오로린이 우리의 직계 혈연인지, 아니면 이후에 계보가 끊어진 유인원 사촌인지는 명확하지 않다. 하지만 골격을 보면 인간의 계보에 속하는 초기 인간들 가운데 하나로 보이며, 심지어 이족보행을 막 시작했다고도 추정된다.

인간의 조상을 찾아가는 연대표에서, 500만 년 전 이후부터는 화석 기록이 많아지면서 호미닌의 골격에 관해 더 많이 알게 된다. 이 시점부터는 분명히 호미닌으로 볼 수 있는 종들을 만나게 되는 것이다. 호미닌은 원숭이를 닮은 인간의 조상과 현생인류를 닮아가는 인간의 조상, 그 둘 사이의 과도기적인 존재로서 '잃어버린 고리' 역할을 할 수 있다. '잃어버린 고리'라는 개념은 복잡하게 얽혀있는 호미닌의 진화를 담기에는 너무 단순하긴 하다. 하지만 우리는 화석의 도움을 받아 이들의 진화적인 관계를 알아내 과거에 대해 더욱 분명한 그림을 그릴 수 있다.

아르디피테쿠스, 짧게 아르디라 불리는 속(屬)은 매우 특이하다. 화석분석에 따르면 아르디는 적어도 500만 년 전에 에티오피아에서 살았으며, 초원에서의 생활을 꾸준히 탐색한 첫 호미닌들 중 하나일 것으로 짐작된다. 아르디의 뇌는 침팬지와 비슷했고, 송곳니는 뾰족한 단도 같은 수컷 침팬지의 송곳니와 편평하고 덜 위협적인 현생인류 송곳니의 중간쯤 되었다. 손뼈는 등반가와 세련된 사람의 손 모양을 모두 가졌다. 이것은 아르디가 나무들 사이를 옮겨 다니는 생활과 이족보행 생활을 모두 했음을 보여준다. 아무튼 전체적으로 아르디의 신체 구조는 기이하다. 아르디는 현생인류의 직계일 수도 있고, 아니면 오로린처럼 이후에 멸종한 다른 계보일 수도 있다.

테터솔이 기획한, 미국자연사박물관에 있는 아우스트랄로피테쿠스의 디오라마

1924년에 해부학자이자 인류학자인 레이먼드 다트(Rayond Dart)에게 남아프리카의 작은 도시인 타웅에서 상자 두 개가 배달되었다. 내용물을 살펴본 그는 원숭이 화석이거나 이미 알려진 유인원 화석일 것으로 생각했다. 하지만 몇 주일에 걸쳐 암석에 박혀 있는 두개골을 자세히 조사해 본 결과, 자신이 보고 있는 것이 (나이가 어린) 초기 인간의 뼈라는 걸 깨닫고 거기에 '타웅의 아이'라는 이름을 붙였다. 더욱 연구를 진행한 다트는 이

것이 유인원과 인간 사이의 중간에 걸친 종의 화석이라고 확신했고, 1925년에 아우스트랄로피테쿠스 아프리카누스('아프리카의 남쪽 유인원'이라는 뜻)라는 공식 명칭을 부여했다. 여러 해 동안 다트의 주장은 학계의 인정을 받지 못했지만, 이후 더 많은 화석이 발견되면서 마침내 수용되었다. 아우스트랄로피테쿠스('아우스트랄로피테신' 혹은 '아우스트랄로피스'로 부르기도 한다) 속(屬)은 호미닌 가운데 최초의 직립 이족보행자로 여겨진다.

이렇게 보는 첫 번째 증거는 대후두공(大後頭孔)이다. 이것은 두개골 아래쪽에 있는 구멍으로서 척수가 이곳을 지나 뇌와 연결된다. 타웅의 화석에는 대후두공의 위치가 두개골 앞쪽을 향해 있다. 이 말은 머리가 목 위에 수직으로 놓인 상태에서 이족보행을 했다는 뜻이다. 반면 몸을 수평 자세로 취하면서 팔다리를 끌고 다니는 유인원의 대후두공은 두개골 뒤쪽에 있어 정면을 바라보려면 머리를 들어 올려야 한다.

이후 계속 발견된 화석들을 통해 아우스트랄로피테쿠스는 유인원에서 인간으로 변천하는 과정에 있는 종이 갖췄으리라고 예상하는 모습과 똑같이 생겼다는 걸 알게 되었다. 좀 마르고 털도 적은 신장 3~4피트[90~120cm]의 침팬지가 두 다리로 서 있는 모습을 연상하면 된다. 만약 그들이 지금 존재하고 있다면, 우리 모습과 비슷하되 키가 훨씬 작고 으스스하게 보일 것이다. 아우스트랄로피테쿠스는 돌로 만든 도구를 사용한-아마도 동물을 도축하기 위해서였을 것이다-최초의 호미닌이었고, 현생 침팬지보다 미미하게 큰 뇌를 가졌다. 상체를 보면 그들이 아르디나 다른 비인간 유인원들처럼 나무를 잘 타고, 나무 위에서 시간을 많이 보냈으리라고 짐작할 수 있다. 그들은 유인원처럼 강한 성적 이형(性的 異形)[같은 종의 암, 수가 형태나 크기, 구조 등에서 뚜렷한 차이를 보이는 현상]을 보이는데, 수컷이 암컷보다 체구가 상당히 컸다는 뜻이다. 가장 널리 알려진 아우스트랄로피테쿠스는 루시이다. 그녀의 뼈는 (적어도 전체의 40%는) 1974년 에티오피아에서 발견되었는데, 루시라는 이름은 비틀스의 노래 'Lucy in the Sky With Diamonds'에서 따 왔다. 전해지는 이야기에 따르면, 발굴팀은 루시의 화석화된 유골을 파내면서 이 노래를 크게 불렀다고 한다. 루시의 발견은 인간이 침팬지로부터 갈라져 나온 시기가 예측했던 시기보다 훨씬 이후라는 사실을 뒷받침하는 또 다른 증거였다.

현재 루시의 유골은 맨해튼에 있는 미국자연사박물관-할로웨이의 컬럼비아대학 연구소로부터 남쪽으로 40블록 떨어져 있다-의 유리 장식장에 전시돼 있다. 그 옆에는 아우스트랄로피테쿠스 남성이 여성의 어깨를 감싸며 나란히 걸어가는 모습이 모형으로 재현돼 있다. 이 박물관에서 볼 수 있는 가장 감동적인 디오라마(입체 모형) 중 하나다.

최근에 이곳을 방문했을 때, 남자아이가 아빠에게 "쟤네들은 왜 벌거벗고 있어요?"라고 묻는 걸 들었다. 아빠가 "아주 옛날 사람들은 항상 옷을 입지 않고 지냈단다"라고 하자 아들은 선사시대 인간의 은밀한 부위를 보며 웃었다.

내가 박물관을 찾은 까닭은 인류학자 이언 태터솔(Ian Tattersall)을 만나기 위해서였다. 그는 자연사박물관 내의 '휴먼 오리진 홀'의 명예 큐레이터이고, 앞에서 얘기했던 아우스트랄로피테쿠스 커플 모형의 전시 과정을 총괄했던 인물이다. 그는 체구가 크고 설제된 인상을 주었다. 내가 방문한 날, 그는 스페인 알타미라 동굴에서 발견된 선사시대 그림이 들어간 넥타이를 매고 있었다. 그 자리에 딱 어울린다는 생각이 들었다.

하지만 그는 나중에 이메일로 '그 넥타이에는 여러 동굴에서 나온 그림들이 섞여 있습니다'라며 내 짐작을 바로 잡아주었다. 아무튼 우리가 미로와 같은 홀을 걸어갈 때 그는 매우 차분한 모습이었다. 박물관 사무실들은 먼지가 잔뜩 쌓인 보관함들이 늘어서 있는 복도를 따라 연결돼 있었다. 상자들에는 우리가 상상할 수 있는 모든 동물의 뼈와 사체가 담겨 있었다. 그는 "여느 박물관처럼 저희도 창고에 더는 공간이 없습니다"라면서 보관함 하나를 가리키더니 "여기는 전부 순록으로 채워져 있습니다"라고 말했다.

사무실에 자리를 잡자 태터솔은 아우스트랄로피테쿠스의 역사를 설명하기 시작했다.

아우스트랄로피테쿠스 속(屬)은 다른 초기 인간들에게 밀려나기까지 적어도 200만 년간 살았으며, 장기간에 걸쳐 많은 종으로 분화돼 나갔다. 가

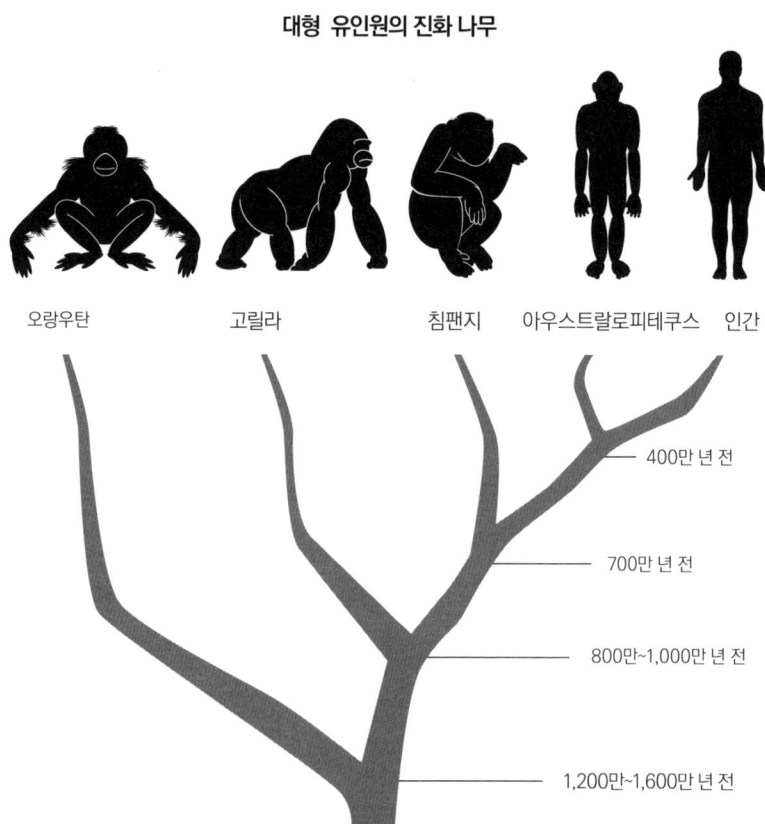

대형 유인원의 진화 나무

장 먼저 갈라져 나온 것은 400만 년 전의 아우스트랄로피테쿠스 아나멘시스로, 이 종의 거의 완전한 두개골이 발견된 것은 2016년, 에티오피아의 오래된 삼각주 근처에서였다. 그 뒤에 분화한 것은 루시가 속한 종인 아우스트랄로피테쿠스 아파렌시스로, 체구가 호리호리했다. '타웅의 아이'가 속한 종인 아우스트랄로피테쿠스 아프리카누스도 마찬가지로 몸이 호리호리하고 꼿꼿하며 호모속과 가까운 친척이었다. 초기 호미닌 가운데 더 원기 왕성한 계통은 파란트로푸스 속으로서, 아우스트랄로피테쿠스 아파렌시스에서 갈라져 나왔을 가능성이 크다.

1976년에 인류학자들은 탄자니아의 래톨리 지역에서 화산재에 화석화된 동물 발자국을 대량으로 발견했다. 고대의 코뿔소, 코끼리, 영양의 발자국이었다. 전해지는 얘기에 따르면 예일대학의 고인류학자인 앤드류 힐(Andrew Hill)이 동료들과 코끼리 대변을 던지면서 놀던 중 공격을 피하려다 머리를 앞으로 박으며 넘어졌는데, 운 좋게도 딱딱하게 굳은 화산재에서 발자국을 보게 되었다는 것이다. 이후 몇 년간에 걸쳐 현장을 탐사해보니, 놀랍게도 현생인류의 발자국과 비슷하게 생긴 흔적도 발견하게 되었다. 검토 결과, 루시가 속한 종인 아우스트랄로피테쿠스 아파렌시스의 발자국이라는 결론이 났다(그것은 세 명의 발자국이었는데 이 가운데 두 사람의 남녀 발자국을 토대로, 나중에 태터솔이 박물관에 전시하게 된다. 앞에서 설명했던 남자가 여자의 어깨를 감싸며 걷는 모습의 모형이다). 그런데 남자와 여자 발자국의 크기가 많이 다른데도 보폭은 같은 것으로 나왔다. 이에 대해 태터솔은 아마도 남자의 팔이 여자를 감싸며 보조를 맞추며 걸었기 때문일 거라고 했다. "그들은 서로를 지탱해주었을 것이고, 이런 모습이 내가 생각할 수 있는 가장 적절한 모습이었던 것 같아요"라며 큐레이터로서 자신의 결정 배경을 설명했다.

발자국 모양은 아우스트랄로피테쿠스가 직립 이족보행을 했다는 주장을 뒷받침한다. 인간처럼 발바닥에 곡면이 있었고 한 발을 다른 발 앞으로 옮기며 걸었다. 유인원의 어색한 걸음걸이와는 영 딴판이다. 침팬지와 고릴라도 뒷다리로 걸을 수는 있지만 잠깐만 그렇게 할 수 있을 뿐 오래 걷지는 못하며 걷는 모습도 우스꽝스럽다. 이들은 골반이 넓어 다리를 뒤뚱뒤뚱 움직일 수밖에 없는 신체 구조다. 이렇게 움직이면 에너지를 많이 쓰게 되고, 이동하기에도 결코 좋은 방식이 아니다. 만약 위험한 상황이 발생하면 그들은 손가락 관절을 끌며 네다리로 달아날 것이다. 그게 더 편하고 빠르기 때문이다.

큰 뇌와 이족보행 중 어느 쪽이 먼저였을까? 이것은 인류학이 오랫동안 해온 질문이다. 래톨리 지역에서 발견된 화석과 이후에 나온 화석들, 발자국의 발견 등은 인간이 똑똑해지기 훨씬 이전부터 두 발로 걸었다는 걸 증명한다.

이족보행이 왜 유리한가에 대해서는 많은 이론이 나와 있다. 이족보행을 하면 눈높이가 높아지니까 사바나에서 더 멀리 보고, 더 높은 곳에 있는 나무 열매를 딸 수 있다. 어떤 이들은 두 발로 걸으면 네 발로 느릿느릿 움직이는 것보다 에너지 면에서 더 효율적이어서, 같은 에너지를 쓰면서도 더 멀리까지 돌아다닐 수 있는 장점이 있다고 본다. 직립 이족보행 자세는 태양광선에 노출되는 면적을 줄일 수 있다는 주장도 있다. 열대 기후에서 진화한 유인원은 대부분 나무 그늘 밑에서 땀이나 열을 식혔다. 그런 점에서 평원에서 똑바로 서 있는 건 뜨거운 아프리카 태양을 받아들이는 표면적을 제한하는 효과가 있다. 인간에게 털이 (거의) 없어진 것도 같은 이유로 설명할 수 있을 것이다. 인간은 영장류치고는 굉장히 털이 적다. 아마도 음식과 물을 구하기 위해 작열하는 태양 아래에서 먼 거리를 이동하려면 털이 적을수록 유리하므로 거기에 적응했기 때문일 것이다. 코끼리, 코뿔소, 하마 같은 더운 기후에서 사는 포유류가 거의 털이 없듯이 인간도 그랬다.

평원을 터벅터벅 걷다 보면 새로운 먹이의 원천도 찾게 되었을 것이다. 이족보행으로 자유로워진 손 덕분에 더 나은 도구를 만들고 무기도 사용하게 되고, 손가락이 점점 길고 날렵하게 진화하면서 도구를 만드는 기술도 더 나아졌다. 어떤 학자들은 꼿꼿한 자세로 인해 (다른 유인원은 배란기 동안 그대로 드러나는) 여성의 생식기가 감추어지게 되었다고 본다. 그 결과 남성은 여성이 언제 짝짓기를 받아들일 수 있는지 알지 못해 당황하면서, 짝짓기에 대해 이전보다 더 조심스럽게 접근했으리라고 추측한다. 남성은 또 번식의 가능성을 최대한 높이기 위해 이전보다 여성 곁에 더 오래 머물렀을 것이다

이런 주장들은 다 나름의 장점이 있다. 그러나 태터솔은 초기 호미닌에게 숲에서 나오는 것이 얼마나 위험한 일이었을지를 생각해 보자고 했다. 키가 1.2m도 채 안 되는 아우스트랄로피테쿠스는 사바나에 사는 사자나 호랑이 같은 고양잇과 동물을 맞닥뜨렸을 때 과연 자기들이 빠르게 도망갈 수 있을지 확신이 없는 상태였을 것이다. "숲 바깥으로 나간다는 건 정말로 큰 도박이었을 겁니다." 그는 최초의 호미닌인 아우스트랄로피테쿠스는 숲을 나오기 전에 이미 이족보행을 하는 상태였을 거라고 했다. "우리 조상들이 어떻게 평원에서 직립보행을 했을까를 생각해 보면(물론 직립보행은 동물 세계에서 극히 일어나기 힘든, 예외적인 일이었습니다) 방법은 하나밖에 없다고 봅니다. 수상생활을 하는 동안 이미 몸통을 곧게 세울 수 있었고, 두 다리로 서는 것도 편하게 느꼈다는 겁니다. 그래야 나무에서 내려와 평원으로 나설 용기가 생겼을 테니까요."

그는 인간이 숲을 떠나 평원으로 나온 건 굉장히 오랜 시간에 걸쳐 점

진적으로 이루어졌으리라는 비건의 의견에 동의했다. 처음에는 물을 어디서 구하고 그 물을 마셔도 되는지 조심스럽게 시험했을 터이고, 적을 만났을 때 재빨리 여기저기 흩어져 있는 나무 뒤로 몸을 숨기는 방법도 시도했을 것이다. 래톨리 지역의 발자국 화석은 24m 이상 계속 이어져 있는데, 이것은 발자국 주인인 세 사람이 피신할 곳이나 보호 장치 같은 것도 없는 상태에서 광활한 평원을 지나갔다는 뜻이다. 그들은 몇 마일 떨어진 올두바이 협곡이 목적지였을 것이다. 거기서 물을 구하고 나무들 사이에서 피신하거나 머물기 위해서 말이다. 목숨에 필요한 물을 구하기 위해서라면 가끔 출몰하는 사자와 맞닥뜨린다 해도 시도할 가치가 있다고 여겼을 것이다.

유인원의 뇌가 언제 인간의 뇌로 재조직화가 이뤄졌을까, 라는 할로웨이의 질문을 태터솔에게 던지자, 그는 초기 호미닌의 뇌는 지금 유인원의 뇌와 비슷했으리라 본다고 답했다. 즉 다른 종들에 비해서는 복잡한 구조를 갖지만 호모 사피엔스 뇌에는 훨씬 못 미치는 수준의 인지력이라는 것이다. 2019년에 지금의 대형 유인원과 아우스트랄로피테쿠스의 두개골을 비교한 연구가 있었는데, 현생 유인원이 아우스트랄로피테쿠스보다 뇌에 더 많은 양의 혈액을 공급한다는 사실이 밝혀졌다(Roger). 이 결과를 놓고 많은 대중매체는 유인원이 인간의 조상보다 훨씬 똑똑하다는 기사를 쏟아냈다. 그 근거로 뇌는 에너지의 70%를 시냅스를 활성화하는 데 쓰는데 에너지의 전달은 혈액의 흐름에 의존하기 때문이라는 것이었다. 하지만 연구를 이끌었던 생리학자 로저 세이모어(Roger Seymour)는 그런 해석은 도를 넘은 것이라고 했다. "우리가 연구한 것은, 유인원과 아우스트랄로피테쿠스의 신체 내 각 기관에 흐르는 혈류의 비율만을 따진 것이기 때문에, 지능과의 연관은 매우 미미합니다."

아우스트랄로피테쿠스는 진화과정에서 뇌의 구조와 기능에 뚜렷한 변화를 겪었다. "아우스트랄로피테쿠스가 돌로 도구를 만든 건 분명해 보입니다. 만약 돌 도구를 만든 것이 지능의 도약을 의미한다면, 아우스트랄로피테쿠스의 뇌가 이전보다 더 복잡하게 발달했다고 말할 수 있을 겁니다. 하지만 도구를 만드는 기술이 있었다고 해서 아우스트랄로피테쿠스가 유인원보다 세계를 전혀 다르게 인식했다고 단정해서 말할 수는 없습니다. 지능이란 매우 다양한 방식으로 정의될 수 있기 때문입니다." 태터솔의 조심스러운 대답이었다.

아우스트랄로피테쿠스의 뇌가 현생인류의 뇌와 거의 비슷할 정도로 발달했다는 초기 증거를 제시한 사람이 할로웨이다. 그는 수십 년 동안 학자들은 지능이라고 하면 뇌의 크기만을 문제 삼았지만, 뇌의 구조와 신경망이 어떻게 조직돼 있느냐의 문제이기도 하다는 걸 알게 됐다고 말했다.

"아마 1969년이었을 겁니다. …아니다, 그때는 내가 종신 재직권을 얻었을 때지. …오 주여, 모르겠다. 아무튼 그즈음이었습니다." 1960년대 후반의 어느 날, 그는 당시 학계의 우상이었던 레이먼드 다트를 방문하기 위해 남아공으로 떠났다. 앞에서 말한 다트의 그 유명한 발견을 자세히 연구하고 싶어서였다. "타웅의 화석 표본을 보면서, 사람들이 뇌 크기만을 가지고 지능을 이야기하는데 그게 잘못됐다는 생각이 들기 시작했습니다. 적어도 뇌 크기가 전부는 아니라는 생각이 들었죠."

호미니드(대형 유인원)의 뇌에는 월상구(月狀溝)라고 불리는 고랑이 있다. 시각 처리를 담당하는 후두엽을 따라서 뇌 뒤쪽에 자리 잡고 있다. 아우스트랄로피테쿠스의 두개골을 관찰했던 다트는 이들의 월상구가 현생 침팬지의 월상구보다 뇌의 더 뒤쪽에 있었다고 추정했다. 이것은 우리 뇌가 본격적으로 커지기 훨씬 이전부터, 아우스트랄로피테쿠스의 뇌가 현생

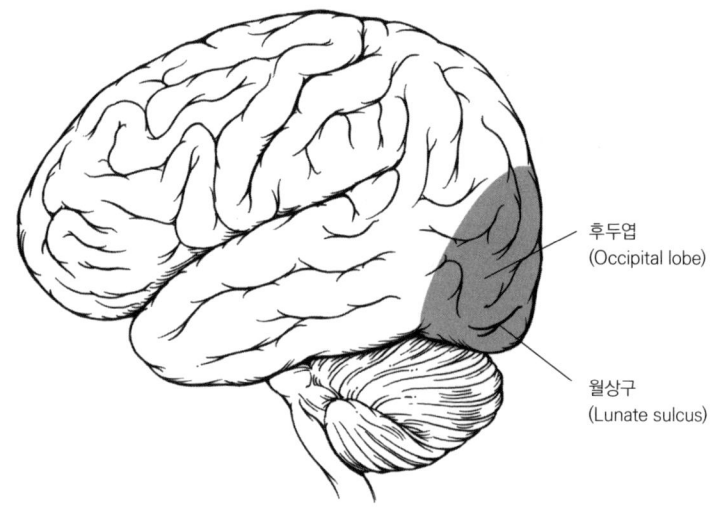

후두엽
(Occipital lobe)

월상구
(Lunate sulcus)

인류의 뇌와 비슷하게 재조직화됐다는 뜻이다. 한때 굉장히 예민한 능력을 발휘했던 영장류의 시각중추 영역(후두엽 부위)은 줄어들고, 그 줄어든 자리를 더 높은 사고와 언어를 담당하는 뇌피질 일부가 차지하면서 월상구를 더 뒤쪽으로 밀어냈다는 것이다. '타웅의 아이'의 엔도캐스트와 이후 나온 화석들을 분석한 할로웨이는 다트의 추정이 옳았다고 입증했다.

엔도캐스트를 통해 얼마나 정확히 지능을 추론할 수 있는지는 여전히 논란거리이다. 왜냐하면 고랑의 모양을 분석하는 과학이 아직 정밀하다고 할 수 없기 때문이다. 하지만 사실 더 높은 차원의 인식과 관련해 뇌에서 들여다봐야 하는 곳은 전전두엽 피질이다. 이마 아래, 전두엽의 앞부분을 차지하는 이 피질은 우리가 계획하고, 판단하고, 혁신하는 것 등을 관장하는 일종의 '집행기관'이다. 할로웨이는 초기의 아우스트랄로피테쿠스는 전전두엽 피질이 침팬지의 것과 비슷하게 생겼지만, 후기 호미닌은 다른 유인원보다 뇌가 훨씬 커지면서 현생인류의 뇌와 비슷해졌다고 했다. 플로리다주립대학 인류학 교수이자 이 분야의 또 다른 권위자인 딘 포크(Dean Falk)는 처음에는 엔도캐스트 연구를 통해 아우스트랄로피테쿠스에게는 전전두엽 피질을 비롯한 뇌의 여러 부위가 이미 현생인류와 비슷하게 재조직화돼 있었다고 추측했다. 하지만 이후 엔도캐스트가 아니라 MRI 스캔을 사용해 현생 침팬지의 뇌를 조사한 결과 종전과는 다른 결론에 이르렀다. 그녀는 "아우스트랄로피테쿠스 뇌의 고랑 패턴은 전적으로 유인원을 닮았습니다"라고 강조했다.

200만여 년 전, 우리가 속한 호모속은 아우스트랄로피테쿠스 속으로부터 갈라져 나왔다. 그 가운데서도 과도기적인 종인 아우스트랄로피테쿠스 가르히로부터 분리되었을 것이다. 우리는 처음에는 단지 침팬지보다 몸통이 좀 더 곧추서고 그들보다 나은 몇 가지 기술을 더 가지고 있는 정도였으나, 진화를 거듭하면서 나중에 이 지구를 지배하게 될 호모속으로까지 나아가게 된 것이다. 호모속으로 진화하면서 뇌의 크기와 기능을 둘러싼 확장 경쟁이 본격적으로 시작되었다.

낯선 세계를 탐구하다

다른 많은 종처럼 우리에게 이름을 붙여준 이는 스웨덴의 식물학자이자 의사인 카를 폰 린네(Carl von Linné, 1707~1778년)이다. 그는 1758년에 우리를 '지혜로운 사람'을 뜻하는 '호모 사피엔스'라고 명명했다.

린네는 우리를 오랑우탄과 침팬지와 묶어서 '주요한' '첫째'라는 뜻으로 영장류(primates)로 분류했다. 그는 영장류가 특별하며, 동물 가운데 최고라고 보면서, 그중에서도 특히 인간은 동물 중 유일하게 신의 은총을 받았다고 여겼다. 그는 이런 글을 남겼다. '나는 도덕적인 관점에서 보았을 때, 사람과 짐승 사이에 얼마나 두드러진 차이가 있는지를 잘 알고 있다. 창조주께서는 인간이 아름다운 정신을 가질 자격이 충분하다고 보시었고, 피조물 중 가장 아끼셨으며, 인간을 위해 고귀한 삶을 준비해 두시었다.'

린네가 인간을 신이 창조한 특별한 존재라고 믿으면서도 기꺼이 다른 동물과 묶어 하나의 범주로 분류한 것은 의아하다(게다가 종교를 믿지 않는 침팬지와 함께!). 어쩌면 호모 사피엔스가 그때까지 살아온 유일한 인간종이라고 생각해서 그랬을 수도 있다. 그는 종은 변하지 않는다고 믿었으므로, 신이 창조한 생명을 단순히 여러 등급으로 나누고, 그것이 영원히 고정된다고 생각했을 것이다. 당시의 지식수준을 생각하면, 린네가 260만~1만 1,000년 전에 이르는 플라이스토세 동안 몇 차례의 계기를 통해 많은 인간종이 아프리카, 아시아, 유럽, 오세아니아 대륙으로 퍼져나가 살고 있었다는 사실을 알 길이 없었을 것이다. 만약 린네가 이런 사실을 알았다면 그래도 인간을 고귀한 등급에 올려놓았을지는 미지수다. 18세기 유럽 지식인들에게는 초기의 인간종들은 원숭이와 너무나 많이 닮아서 인간으로 받아들이기가 힘들었을 것이다.

인류학자들이 인간과 닮았다고 분류하는 가장 이른 종은 200만여 년 전에 분화된 호모 하빌리스이다. 화석 연구 결과, 이 종은 아우스트랄로피테쿠스와 이후에 등장하는 호미닌을 잇는 과도기적인 종으로 추측된다. 비슷한 시점에 호모 에렉투스가 갈라져 나왔는데, 이 종은 아프리카를 떠난 첫 호미닌일 가능성이 크다. 이들은 현생인류와 비슷한 뇌를 가졌고, 여러 곳을 다니는 여행자로서도 능숙했던 것 같다. 조지아의 드마니시 유적과 중국의 여러 지역에서 발견된 화석들은 호모 에렉투스가 놀랍게도 아주 멀리까지 나아갔다는 사실을 보여준다. 하지만 그리스의 크레타에서 발견된 화석을 보면 그들은 바다를 항해하는 데는 미숙했던 것 같다.

또 다른 인간종인 호모 에르가스테르에 대해서는 논란이 많다. 어떤 인류학자들은 그들이 아프리카에 살던 시절의 호모 에렉투스라고 추측하는가 하면, 그들과는 다른 별개의 종이라고 믿는 학자들도 있다. 한편 70만 년 전쯤 인간의 진화과정에서 큰 발전이 일어났다. 첫 화석이 발견된 독일 하이델베르크의 지명을 따 호모 하이델베르겐시스라 불리는 종의 등장이었다. 호모 하이델베르겐시스는 이후 호모 네안데르탈렌시스(네안데르탈인)와 호모 데니소바(데니소바인)를 낳았고, 이어 30만~20만 년 전에 마침내 초기 호모 사피엔스가 등장하게 된다.

최근의 몇몇 발견은 인간의 서사를 풍성하게 장식했다. 지난 2003년 인도네시아의 플로레스 섬에서 약 5만 년 전까지 그 지역에 살았던, 그때까지 알려지지 않았던 호미닌에 속하는 종의 화석 뼈가 발견됐는데, 호모 에렉투스 계통의 후손으로 추정되었다. 그들은 현생인류와는 달리 키가 너무 작아 3~4피트[90~120cm]에 불과했다. 발굴팀은 섬 이름을 따 호모 플로레시엔시스라고 했으나, 대중은 상상력을 발휘해 키 작은 우리의 이 친척을 '플로레스의 호빗'이라 불렀다. 2019년에는 필리핀의 칼라오 동굴에서도 작은 체구의 인간종이 발견되었다. 고고학자인 아먼드 미자레스(Armand Mijares)는 이미 2003년에 칼라오 동굴에서 초기 인간의 흔적을 확인한 적이 있는데, 호모 플로레시엔시스의 발견에 영감을 받아 혹시 다른 종이 묻혀 있을 수도 있다고 생각하고 다시 동굴로 돌아가 탐사작업을 한끝에 새로운 종의 뼈를 발견하게 된 것이다. 연구팀은 이 종에게 호모 루소넨시스라는 이름을 주었다. 그 이전까지는 초기 인간들이 동남아시아의 섬까지는 퍼지지 못했으리라고 여겼으나, 화석 발견을 통해서 볼 때 그들 중 몇몇 종은 성공한 것으로 보인다.

인간의 계통수(family tree)에 이름을 올린 또 다른 잔가지는 2013년 남아공의 라이징스타 동굴의 화석 뼈를 통해 드러났다. 고인류학자인 리 버거(Lee Berger)가 이끄는 47명의 과학자로 구성된 국제적인 연구팀은 이 화석이 종전에는 알려지지 않았던 호미닌이라고 추측하면서 호모 날레디('날레디(naledi)'는 남아프리카 토착어인 소토어로 '별'이라는 뜻이다)라고 명명했다. 이 유골은 25만 년 전의 것으로 추정되며, 초기 호모 사피엔스, 네안데르탈인, 데니소바인과 동시대를 살았을 것으로 여겨진다.

인간의 진화는 일직선을 따라 체계적으로 진행돼왔다는 오래된 발상은 새로운 화석이 나타날수록 여지없이 무너지고 있다. 인간은 낯선 땅으로 이주하면서 이전에 보지 못했던 동식물과 포식자와 생태 환경, 다른 인간종들과 맞닥뜨려야 했다. 그들은 이런 조건에서 살아남기 위해 최선을 다했지만 여러 원인으로 실패했다. 화석 증거는 21만 년 전에 호모 사피엔스의 일부가 아프리카에서 먼 그리스까지 이주했다는 것을 보여준다. 하지만 짧은 체류에 그치고 말았다. 그들은 네안데르탈인에 흡수되거나 그들과의 경쟁에서 밀려난 것이다. 이스라엘로 향했던 다른 이주 또한 성공하지 못했다.

지금의 우리 인간이 유래한 호모 사피엔스는 다른 종들에 비해 고향을 아주 일찍 떠난 건 아니었다. 2019년에 한 연구팀은 1,200여 명의 남아공 원주민들의 미토콘드리아 유전체를 분석했다. 그 결과 '미토콘드리아 이브'를 비롯한 현생인류의 혈통이 20만 년 전쯤 지금의 보츠와나 지역에서 살았다는 사실을 밝혀냈다(Chan). 연구팀은 *L0*라고 불리는 일군의 유전자가 '미토콘드리아 이브'에까지 거슬러 가며, 지금도 남아공 원주민인 코이산 족의 게놈에 여전히 존재한다는 걸 알아냈다. 결과적으로 지구상에 살아가는 모든 사람은 이 유전자를 가졌던 한 여성, 혹은 적어도 같은 특성의 유전자를 보유했던 소규모 근친 여성들의 모계 후손이라고 할 수 있다.

초기의 호모 사피엔스는 대부분 7만 년 동안 막가디가디 유역을 크게 벗어나지 않았다. 이곳은 거대한 원시 호수를 감고 도는 저지대로, 지금은 칼라하리 사막 지대로 바뀌어있다. 당시 이곳은 물을 구할 수 있을 뿐 아니라 물을 구하러 온 다른 동물을 숨어서 기다리다가 공격해 먹이로 삼기에도 좋은 지형이었다. 하지만 매우 건조한 지대여서 살기에 쾌적한 곳은 아니었다. 그렇다고 해도 너무 먼 길을 떠나는 모험은 지혜로운 처사가 아니었을 것이다. 그러나 유전적인 증거는, 호모 사피엔스라는 가문을 세운 약 13만 명에 달하는 우리의 초기 조상들이 고향을 등지고 먼 길을 떠났음을 보여준다. 당시의 기후 모델과 지질학적 표본에 따르면, 전체적으로 강우량이 늘면서 풍성한 초목과 야생동물로 이뤄진 녹색 회랑이 아프리카 여기저기에 형성되었다. 그러니 이제는 모험을 걸어도 승산이 있어 보였을 것이다. 그들은 호숫가의 집을 버렸다. 기후가 바뀐 덕분에 우리의 직계 조상들은 큰 뇌와 그 어떤 종보다 뛰어난 지능으로 무장하고서 아프리카 전역으로 퍼져나갔던 것이다. 개중에는 전례 없이 빠른 발걸음으로 아프리카 대륙 밖으로 이동을 감행한 이들도 있었다.

앤도캐스트에서 유전학으로

뇌 크기를 측정하기 위해서 과학자들은 대체로 두개골의 크기에 집중한다. 처음에는 두개골을 구슬이나 씨앗으로 채운 다음 용기에 옮겨 부피(용적)를 측정하는 방식이었다. 투박하지만 효과적이었다. 요즘은 두개골을 CT나 MRI 스캔으로 더 정확하게 분석할 수 있다. 옛날 방식과 현대 기술을 조합하며 인류학자들은 호미닌의 뇌의 크기와 복잡도가 수백만 년간 어떻게 변해왔는지를 알아낼 수 있었다.

  인간종 가운데 가장 작은 뇌를 가진 호모 플로레시엔시스의 두개골 용량은 400cc를 조금 넘는 수준이다. 이것은 호모속 가운데 가장 작으며, 아우스트랄로피테쿠스 속(屬)과 비교해도 끝자리에 놓인다. 아우스트랄로피테쿠스 속은 아파렌시스의 약 400cc부터 아프리카누스의 약 500cc까지의 범위에 있다. 이 용적을 이후에 등장하는 호미닌의 두개골과 비교해보면, 뇌가 커질수록 기술이 발달하고 행동양식에도 변화가 있음을 분명히 알 수 있다. 호모 하빌리스의 뇌 용적은 750cc, 호모 에렉투스는 900cc, 호모 하이델베르겐시스는 1,200cc였고, 마침내 호모 사피엔스에 이르면 1,400cc로 뛰어오른다. 대뇌화 지수로 보자면, 호모 하빌리스는 아우스트랄로피테쿠스와 현생 침팬지와 비슷해서 3이 조금 넘고, 에렉투스는 4, 하이델베르겐시스는 5가 넘는다.

호미닌이 진화하면서 거기에 비례해 뇌는 점점 더 커졌다. 상대적으로 작은 호모 플로레시엔시스의 뇌는 예외적인데, 고립의 결과일 수 있다. 섬의 특성상 외부로부터 보호되고 변화가 별로 없이 살다 보니 큰 뇌의 발달에 필요한 적응의 압박이 상대적으로 덜 했을 것이다. 그들은 자신들의 생태계와 포식자, 먹이의 원천을 잘 알고 있었다. 경쟁해야 할 다른 종들도 없었다. 자연선택이 작용할 만한 환경의 변화도 많지 않았다. 그러나 본토에 살았던 대부분 인간종은 위험한 생태계에서 힘겹게 생존을 이어갔다. 그러니 살아남고 적과 포식자보다 한 수 앞서기 위해서는 더 크고 더 똑똑한 뇌가 필수였다.

50만 년 전에 등장한 네안데르탈인은 사피엔스가 유럽과 아시아 일부로 이주하기 전부터 그 지역으로 퍼져나갔는데, 그들의 뇌 크기는 호미닌의 뇌를 이야기할 때 수수께끼처럼 다가온다. 네안데르탈인의 뇌는 우리 현생인류보다 더 컸다고 한다. 이것은 그들이 우리보다 더 똑똑했다는 뜻일까? 그렇다면, 그들은 왜 오늘날 여기에 존재하지 않는 것일까? 그들이 생존했다면 지금쯤 멸종된 호모 사피엔스의 두개골에 씨를 부어 뇌 용적을 재고 있어야 하지 않겠는가.

1856년에 독일의 네안더 계곡에서 광부들이 골격을 이루는 뼈 일부를 발견했다. 몇 년 후 지질학자 윌리엄 킹(William King)은 그것이 인간의 뼈가 아니라 인간과 매우 유사한 종의 뼈라고 추정하면서, 그 종에 호모 네안데르탈렌시스(Homo neanderthalensis)('thal'은 독일어로 '계곡'을 뜻한다)라는 이름을 붙였다. 킹은 "그들의 사고와 욕망은…짐승의 수준을 넘지 못해서 도덕 개념이나 종교적인 인식 같은 건 아예 할 수가 없었다"고 주장했다. 그들이 짐승이라는 평판을 굳히는 데 결정적인 역할을 한 인물은 프랑스 해부학자 마르셀랭 불(Marcellin Boule, 1861~1942년)일 것이다. 1918년 프랑스 중부의 라샤펠로생 지역에서 거의 완전한 형태의 네안데르탈인의 뼈대가 발견되었다. 조사 결과 골격의 주인공은 관절염에 걸리고 치아가 대부분 빠져 있어 '라샤펠의 노인네'라는 별명이 붙기도 했다. 마르셀렝 불은 골격을 복원해 등이 구부정한, 원숭이 같은 모습으로 완성했는데 이 이미지가 대중문화에 널리 스며들었다. H.G. 웰스(Wells)같은 공상과학 소설가들은 이 새로운 이미지를 작품에 자주 등장시켰다. 웰스의 ≪소름 돋는 사람들(The Grisly Folk)≫에는 네안데르탈인이 인간을 닮은 괴이하고 무시무시한 괴물로 등장한다.

하지만 오늘날 우리는 네안데르탈인이 굉장히 똑똑했다는 걸 알고 있다. 우리처럼 불을 다스려 음식과 몸을 데울 줄 알았고 돌이나 뼈로 도구를 만들 줄도 알았으며, 가죽으로 옷을 만들고, 자작나무 껍질에서 액을 짜내 접착제 같은 용도로 이용할 줄도 알았다. 그들이 만든 장신구나 의례, 동굴 벽화는 현생인류만이 할 수 있다고 오랫동안 여겨져 온 상징적인 사고를 그들도 하고 있었음을 보여준다. 2018년에 인류학 연구자들은 스페인의 세 지역에서 나온 동굴 벽화가 이전까지는 특별히 창의적인 호모 사피엔스가 그린 걸로 추정됐으나, 실제로는 적어도 6만 5,000년 전에 네안데르탈인이 그린 것이라고 발표했다.[13] 6만 5,000년 전이면 호모 사피엔스가 서유럽에 도착하기 2만 년이나 앞선 시기다. 이 발표가 나온 뒤 윌리엄메리대학 인류학 교수인 바바라 킹(Barbara J. King)은 NPR[미국의 공영 라디오 방송]에 기고한 글에 '네안데르탈인이 오랜 옛날 동굴에 살던 혈거인이라는 고정관념은 왜 사라지지 않는 것일까'라는 제목을 달기도 했다.

네안데르탈인에 대한 평판은 회복 중이다. 큐레이터인 태터솔은 몸을 똑바로 세운 채 창을 다듬는 남성 네안데르탈인의 모습을 박물관에 전시했다. 그의 옆에는 여성이 앉아 동물 가죽을 벗기고 있다. 또 독일 메트만에 있는 '네안데르탈 박물관'에는 그들이 현대에 살아 있다면 어떤 모습을 하고 있을지를 상상해 재현했다. 그는 파란 양복과 와이셔츠를 입었고, 머리는 단정하게 빗어넘겼다. 외양은 약간 원숭이를 닮았고 날카로운 돌도끼를 신중하게 들고 있다. 우리와 가장 가까운 친척 중 하나였고, 자신들을 멸종으로 몰고 간, 경쟁하던 종의 세련된 정장을 입은 모습을 보고 있자면 묘하게 시선을 사로잡는 뭔가가 있다. 정장을 입은 채 파이프 담배를 피우는 괴짜 침팬지를 볼 때와는 달리 친근하면서도 불편한 어떤 감정이 든다.

사피엔스와 네안데르탈의 문화는 여러 면에서 비슷했다. 하지만 이것은 사피엔스의 뇌가 확장되지 않았다거나 네안데르탈과 다른 식으로 진화하지 않았다는 이야기가 아니다. 네안데르탈의 뇌는 미식축구공처럼 길게 늘어난 모양이었다면 사피엔스의 뇌는 약간 변형된 배구공처럼 구에 가깝게 확대되었다. 어떤 이들은 네안데르탈인이 현생인류보다 더 건장했기 때문에 큰 체구와 많은 근육량을 통제하기 위해서는 더 큰 뇌가 필요했으리라고 주장한다. 또 큰 눈을 가졌던 네안데르탈은 햇볕이 적고 겨울이 긴 높은 위도에서 살았기 때문에 시각이 발달해야 할 필요성이 있어, 사회생활과 인지를 위해 사용되어야 할 뇌 부위가 시각 처리 중추에 일부 기능을 양보하거나 넘겼을 수도 있다고 주장한다(Pearce, 2013).

우리는 인간종들을 비교할 때 현생인류의 뇌와 네안데르탈인의 뇌를 견줘보는 경향이 있다. 하지만 약 3만 년 동안은 인간의 뇌는 줄어들고 있었다. 여러 이유가 있었을 것이다. 할로웨이는 인지력을 높이기 위해서는 뇌의 구조와 회로망을 재조직하는 것이 점점 중요해졌기 때문에, 뒤로 올수록 뇌의 크기는 상대적으로 중요성이 떨어졌으리라고 본다. 엔도캐스트로 초기 사피엔스의 뇌 크기를 측정해 보면 1,100~1,750cc로 네안데르탈과 비슷했다. 어떤 특정 시기에 네안데르탈과 사피엔스 둘 다 지금의 우리보다 훨씬 더 큰 뇌를 가졌던 건 분명하다. 따라서 네안데르탈의 큰 뇌에 관해 이야기할 때는 조심스럽게 접근할 필요가 있다.

플라이스토세에는 호미닌의 뇌뿐만 아니라 신체에도 몹시 많은 변화가 있었다. 손가락은 가늘고 날렵해졌고, 얼굴과 턱은 서서히 좁아졌다. 잡식성이 자리 잡으면서 치아도 극적으로 변했다. 섬유소가 많은 식물을 씹기에 좋도록 치명적일 정도로 날카로웠던 송곳니는 작아졌고, 어금니는 납작해졌다. 수컷과 암컷의 체구 차이가 이전보다 작아지면서 성적 이형의 특성도 줄어들었다. 호모 에렉투스는 수컷이 암컷보다 25% 정도 컸는데, 오늘날의 우리와 비교하면 큰 차이지만 아우스트랄로피테쿠스에 비하면 차이가 크게 줄었다. 케냐에서 발견된 호모 에렉투스 발자국들을 보면, 그들이 사피엔스와 매우 비슷한 발뒤꿈치, 발등, 발가락을 가졌고 걸음걸이도 매우 유사했다는 걸 알 수 있다(Bennett, 2009; Natalia, 2016). 아우스트랄로피테쿠스는 침팬지처럼 짧은 다리를 가졌지만, 호모 에렉투스는 호모 사피엔스처럼 긴 다리를 선보였다. 그들은 또한 물건을 정확하게 던질 수도 있었다.

2013년의 한 연구는 하버드대학 야구선수들의 모션 캡처와 화석을 비교해, 물건을 효과적으로 던지기 위해 요구되는 세 가지의 필수적인 적응 조건을 찾아냈다. 그것은 몸통을 회전할 수 있는 긴 허리, 회전력이 좋은 팔꿈치 관절, 낮은 어깨이다(Roach). 이 세 가지 적응 덕분에 호모 에렉투스는 (그리고 나중에 사피엔스는) 팔을 끌어당긴 뒤 빠르게 뻗음으로써 탄성 에너지를 만들어 낼 수 있었다. 200만 년 전 호모 에렉투스가 등장한 시기는 고기 소비량과 사냥이 증가한 시기와 겹친다. 원숭이와 침팬지는 뭘 던지더라도 어설프거나 투박했지만, 에렉투스와 초기의 사피엔스는 돌과 창을 꽤 정확하게 웬만큼 먼 거리까지 던질 수 있었다. 그래서 에렉투스 이후의 인간은 이 장거리 무기를 이용해 사냥감을 쓰러뜨리기도 하고 적을 막아낼 수도 있었다.

이 연구가 발표되었을 때, '호모 에렉투스는 인간의 첫 투수'라는 식의 제목을 달면서 야구와 비유하는 기사들이 난무했다. 이런 식이라면 호모 에렉투스는 인간의 첫 마라토너였다고 할 수 있다. 달리기 면에서 인간은 사냥감인 영양이나 얼룩말 같은 네다리 짐승에게 밀렸지만, 대신 체력이 좋았다. 그래서 우리 조상들은 사냥감이 지쳐 떨어질 때까지 먼 거리를 계속 쫓아갈 수가 있었다.

4만5,000년 전쯤 큰 뇌를 가진 호미닌 가운데 적어도 세 종이 아프리카와 유라시아를 배회했다. 네안데르탈인은 유럽으로 이주했고, 데니소바인은 아시아에 도착했다. 반면 사피엔스는 그 무렵 여전히 아프리카에 살았지만, 유럽과 아시아에도 퍼져있었다. 이 세 종은 몇천 년 동안 함께 살면서 서로 싸우기도 하고, 도구와 불로 집적되기도 하고, 서로 짝짓기도 했다. 이들이 서로 짝짓기를 했다는 것은 우리의 게놈에 네안데르탈인과 데니소바인의 DNA가 띄엄띄엄 박혀 있는 것으로 입증된다.

화석에서 DNA를 복원하는 건 어렵지만, 네안데르탈인과 데니소바인의 유골에서 유전자 물질을 추출할 수 있었다. 조사 결과를 보면, 대부분의 비(非)아프리카인은 네안데르탈인 DNA의 2%를 가지며, 몇몇 아시아 지역에서는 게놈의 5%까지 데니소바인의 것으로 드러난다. 이 세 종 사이에 무시하지 못할 정도로 짝짓기가 있었다고 짐작할 수 있다.

왜 하필 이 세 종만이 발달하고 생존했는지 이유를 정확히 짚어내기는 불가능하다. 많은 과학자는 이 세 종이 가진 특유하면서도 본질적인 몇몇 특성들에 자연선택이 작용했기 때문이라고 주장하지만 태터솔은 그런 관점에 회의적이다. 종의 성공과 실패에 미치는 자연선택의 압력과 환경적인 요인은 너무나 많아서 꼭 집어서 이것이라고 자신 있게 말할 수가 없다는 것이다. 하지만 그 가운데서도 특별히 큰 영향력을 미치는 몇몇 요소들이 있다는 건 그도 인정한다. 이를테면 사회화, 상징을 통한 의사소통과 언어, 다양한 식단, 변화하는 기후에의 적응 같은 것이다.

"이 모든 것이 어울려서 작용해야지, 어느 하나만으로는 충분하지 않습니다. 이건 굉장히 중요한 점이라고 생각합니다. 그러나 지난 수백만 년간 아프리카의 환경이 대단히 불안정했다는 점을 고려하면, 안정된 환경을 확보하는 방향으로 자연선택이 작용했으리라는 점에는 저도 동의합니다. 변화무쌍한 환경에서는 단 하나의 환경에만 적응하는 건 현명하지 못한 선택이었을 것입니다."

태터솔은 자연선택은 극단을 다듬는 방식으로 작용한다고 믿는다. 즉 환경에 지극히 부적합한 생명체는 멸종하게 하고, 유연하고 융통성 있게 적응한 생명체는 살아남게 한다는 것이다. "화석이 우리에게 알려주는 바가 있다면, 호미닌의 진화란 단지 몇몇 특정한 종만이 오랜 세월에 걸쳐 환경에 미세 조정하면서 살아남았다는 그런 문제가 아니라는 겁니다." 훨씬 더 많은 인간종에서 진화적인 실험들이 활발하게 진행된 것, 그것이 호미닌의 진화라는 것이다. "오늘날 지구상에 단 하나의 호미닌 종만 존재하고 있는 탓인지 사람들이 크게 오해하는 게 있습니다. 단 하나의 종만 살아남는 걸 당연하고 일반적인 진화의 과정이라고 여긴다는 겁니다. 하지만 과거에는 많은 인간종이 뒤얽혀 경쟁하면서 진화의 과정을 겪고 있었습니다. 진화란 결코 산뜻하게 진행되는 게 아닙니다."

화석은 우리의 진화적인 과거에 대해 많은 것을 말해준다. 우리 조상이 어떻게 생겼는지, 어떻게 걸었는지, 무얼 먹었는지, 심지어 뇌가 해부학적으로 어떻게 변했는지도 알 수 있다. 그러나 할로웨이는 엔도캐스트와 약간의 뼈 화석만으로 알 수 있는 데는 한계가 있다고 인정한다. 그런 방법은 뇌 표면의 윤곽은 보여주지만, 뇌가 진화하면서 더 깊은 신경의 차원에서 일어난 일에 대해서는 알려주는 바가 거의 없다.

할로웨이는 엔도캐스트와 뇌 형태학 연구를 필생의 작업으로 해왔지만, 앞으로 뇌의 과거, 지능의 역사를 이해하려면 DNA에 의존할 수밖에 없다고 인정한다, 특히나 이제 유인원을 생포해 직접적으로 연구하는 게 가능하지 않다는 사실을 고려하면 더욱 그렇다. 지능이란 복잡한 것이어서, 유전자가 양육 과정이나 주변 환경과 어떻게 상호 작용하느냐에 따라 큰 영향을 받는다. 이런 영향들이 뇌를 어떻게 형성했는지를 알아내는 건 쉽지 않은 과제다. 만약 초기의 호미닌에게 일부 유전자들의 조합이 번식이나 생존에 유리하게 작용했다면, 자연선택은 그런 유전자의 특성을 계속 보존하려고 했을 것이다. 지금의 게놈 연구는 이런 점을 이용해 우리의 뇌가 어떻게 진화했는지, 현생인류를 우리의 조상들, 혹은 다른 유인원과 구별 지우는 신경적인 차이가 무엇인지를 밝혀가고 있다.

포유류에게는 *SRGAP2*라는 유전자가 있다. 이것은 배아의 발달 과정에서 뉴런이 어느 쪽으로 이동할지를 결정하는 단백질을 만드는 일에 관여한다. 이 단백질은 뇌의 전체 무게와 뇌피질에 존재하는 뉴런의 수에도 영향을 미친다. 지난 300만 년 동안 이 유전자는 세 번 복제되었고, 네 개의 유전자 변형체가 1번 염색체에 나란히 자리 잡고 있다. 그 복제 유전자 가운데 하나인 *SRGAP2C*는 아우스트랄로피테쿠스가 호모속으로 변화하던 시기인 240만 년 전에 나타났다(Dennis, 2012). *SRGAP2C*는 원래 유전자인 *SRGAP2*의 활동을 억제한 것처럼 보인다. *SRGAP2*가 신피질이 확장되는 것을 방해했기 때문이다. 그래서 *SRGAP2C*는 뇌의 발달 속도를 늦추면서 뉴런들이 더 길게 자라고 더 활발하게 연결이 되도록 했다. 그 결과 시간이 지나면서 뇌피질의 시냅스에서 연결이 증가했고, 뉴런들 사이의 커뮤니케이션도 더 활발해졌다. 그것은 곧 호모속이 더 유능하고 더 기능적이고 생각이 더 깊어졌다는 뜻이다.

2018년의 한 연구는 우리의 대뇌피질이 큰 것과 부분적으로 관련이 있어 보이는 복제 유전자를 발견했다고 발표했다(Suzuki, Fiddes). *NOTCH2NL*이라 불리는 이 유전자는 350만 년 전에 한 번 복제돼 등장했고, 이후에도 세 번 더 복제되었다. 이들은 우리의 뇌가 자궁 속에서 자라고 있을 때 발현되며, 이 유전자에 해당하는 단백질은 줄기세포가 뇌의 뉴런으로 발전하도록 돕는다. 또 *NOTCH2NL*의 활발한 활동은 두개골의 크기는 억제하는 대신 뇌피질의 크기를 늘리는 데 이바지하는 것으로 여겨진다. 고릴라와 침팬지에도 비슷한 유전자가 존재하지만, 기능은 하지 않는다. 영장류 중에서 *NOTCH2NL* 복제 유전자를 가진 것은 오직 우리 인간뿐이며, 네안데르탈인과 데니소바인도 가졌던 것으로 여겨지고 있다.

우리 뇌가 어떻게 발전했고, 인간에게만 고유한 유전자와 유전자 발현

패턴, 유전자의 복제가 어떻게 인간의 자연사를 이끌어왔는지에 초점을 맞춘 연구는 지금도 활발히 진행 중이다. 우리의 뇌피질은 다른 대형 유인원과 갈라져 나온 이후 급격히 성장했고, 점점 발전하고 있는 유전학은 우리 뇌가 왜, 어떻게 그런 과정을 밟아왔는지 앞으로도 계속 밝혀나갈 것이다.[14]

"내가 보기엔 유전학이 점점 발전해 결국에는 우리가 사용했던 오래되고 낡은 방법들을 대체하게 될 것입니다. 유전학자들은 어떤 유전적인 변형체들이 인간의 이런저런 특성들과 관련돼 있는지 알려줄 것입니다. 80만 년 전에 전두엽 피질이 어떻게 성장하게 되었는지, 우리의 언어 중추는 언제 확장되었는지도 알게 될 겁니다. 빌어먹을, 그건 정말 흥미진진합니다." 할로웨이가 예의 육두문자를 섞어가며 강조했다.

길어진 어린 시절

큰 뇌가 가진 문제는 누군가는(여성이) 이렇게 머리가 큰 아기를 낳아야 한다는 점이다.

여성의 골반은 두 다리로 어느 정도 편하게 다닐 수 있는 정도까지만 발달한다. 더 커지면 걷거나 뛰는 데 불편하기 때문이다. 아프리카 평원을 달리려면 똑바로 선 자세가 필요하고, 그런 자세는 골반이 좁을수록 더 유리하다. 이것을 큰 뇌와 연결해서 생각해 보면, 과학자들이 말하는 '산파적인 딜레마'를 이해할 수 있다. 포유류와 영장류, 호미닌의 진화에서 보듯이 뇌가 커지는 것이 지능이 향상되는 데 매우 중요했다는 건 의심의 여지가 없다. 영장류의 뇌는 비슷한 체격의 다른 포유류보다 두 배가 크다. 700만 년 전 침팬지로부터 갈라져 나온 이후 우리의 뇌는 세 배나 커졌다. 그리고 그 성장은 대부분 지난 200만 년 동안에 이루어졌다. 이토록 급격한 성장세는 문제를 초래할 수도 있었지만, 진화는 그에 대한 해결책을 몇 가지 준비해 놓고 있었다.

우리는 두개골에 숫구멍(fontanelle, 泉門)이라고 불리는 걸 가지고 태어난다. 이것은 아기들 머리에 난 구멍들로 말랑말랑해서 누르면 살짝 들어간다. 그것은 출산 과정에서 두개골의 뼈가 포개지면서 지구의 지각판처럼 서로 미끄러지듯이 지나가게 한다. 갓 태어난 아기의 두개골이 잘 변하고 자주 비틀어지기도 하는 것은 이 때문이다. 머리 앞부분의 숫구멍은 태어난 이후에도 열려있어 유아기 동안 뇌가 빠르게 성장할 수 있다. 두 살 무렵이 되면 앞숫구멍은 뼈로 채워지면서 골화(骨化)된다. 즉 두개골의 판들이 결합해 온전하게 단단한 두개골이 되는 것이다. 침팬지와 보노보에게는 이 구멍이 태어날 때 대부분 닫혀있다. 다른 유인원도 똑똑하긴 하지만 우리 인간처럼 삶의 초기에 거대한 전두엽을 성장시킬 수 있는 진화적인 조건, 즉 숫구멍이 없어 지능에 한계가 있는 것이다.

2012년에 딘 포크는 인간, 침팬지, 보노보의 두개골과 '타웅의 아이' 두개골을 비교하는 연구를 이끌었다. 진화과정에서 언제 인간의 숫구멍이 늦게 닫히게 되었는지, 나아가 전두엽의 확대로 복잡한 사고가 가능해진 게 언제인지를 밝히기 위해서였다. 3차원의 컴퓨터 모델링을 이용한 결과, 타웅의 엔도캐스트가 머리 앞쪽에 세모 모양의 숫구멍 흔적을 갖고 있다는 걸 알게 되었다. 이것은 큰 뇌가 초래한 산파적인 딜레마가 아우스트랄로피테쿠스 시기에 이미 해결돼 있었다는 뜻이다. 호모속이 등장하기 훨씬 이전에 이미 조상들은 큰 뇌에 공간을 내줄 수 있도록 유연하게 확대될 수 있는 두개골을 가졌던 것이다.

큰 뇌를 가지고 태어나는 것에 대한 또 다른 진화적인 해결책은 아기를 좀 더 일찍, 두개골이 아직 작을 때 출산하는 것이었다. 대부분의 다른 포유류는 걸을 수 있는 준비가 된 상태로-혹은 적어도 비틀거리며 걸을 수는 있는 상태로-자궁에서 나온다. 이에 비하면 인간의 갓난아기는 무력하기 짝이 없지만, 반대로 뇌가 자궁 바깥에서 주변 환경과 상호작용하면서 성장할 수 있는 시간을 벌기 때문에 뇌의 발달에는 유리하다. 게다가 스스로 먹이를 찾을 걱정도, 포식자를 만날 걱정도 없으니 금상첨화다-이런 걱정은 부모 몫이다. 물론 침팬지와 보노보도 어린 시절이 길어서 다섯 살까지 젖을 먹고 부모나 어른들을 보면서 세상을 살아가는 법을 배운다. 하지만 유인원 가운데 지능의 성장을 위해 특별히 긴 시간을 느긋하게 보내도록 허용된 경우는 인간밖에 없다.

호모 사피엔스와 네안데르탈인은 이 같은 해결책에 만족하지 않고 더 밀어붙였다. 그 결과 뇌의 조직화와 뉴런들끼리의 연결 방식이 인지 기능의 발달에 뇌의 크기만큼이나 중요해졌다.

말기 플라이스토세 시기에 뇌의 구조(아키텍처)가 꾸준히 변화했다는 증거가 있다. 스페인의 시마 데 로스 우에소스(Sima de los Huesos)('뼈의 구덩이'라는 뜻)는 지금까지 발견된 것 가운데 호미닌의 화석이 가장 풍부한 유적이다. 1970년대에 처음 발견된 이후 30여 명에 해당하는 뼈들이 43피트[약 13m] 깊이의 수직 동굴에서 발굴되었다. 이것들은 장례 의식을 치른 뒤 매장된 유해로 여겨지고 있다. 2014년 이 동굴에서 나온 17개의 두개골-43만 년 전의 것으로 추정된다-을 분석한 결과, 특히 (눈 위의 뼈가 툭 튀어나온 것 같은) 네안데르탈인을 연상시키는 특징과 함께, 호모 에렉투스의 특징을 함께 가지고 있는 것으로 드러났다(Arsuaga). 이를 통해 아마도 그들은 네안데르탈인으로 진화해가는 과정에 있던 중간 종이었으리라고 여겨졌다.

신피질의 아키텍처

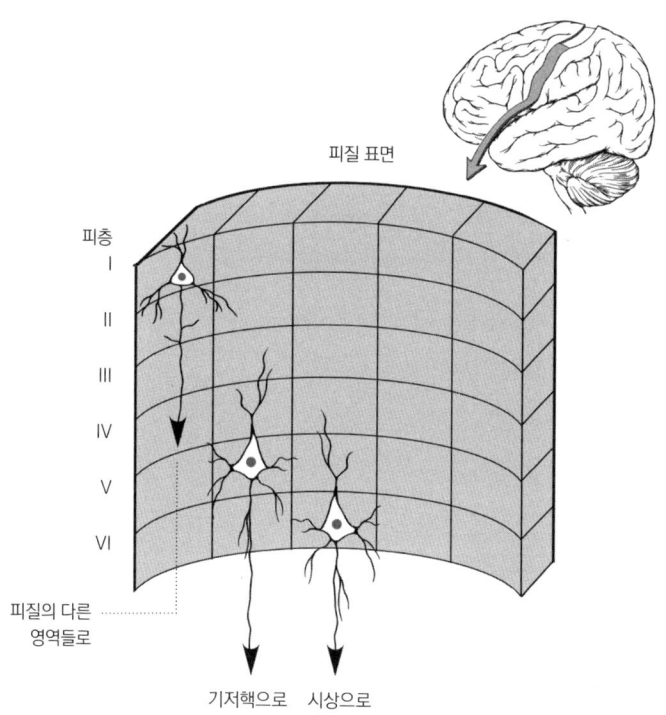

엔도캐스트로 조사해보면, 거의 모든 인간종은 아우스트랄로피테쿠스의 두개골에서는 찾아볼 수 없는 특징을 가진 공통의 조상을 가진다는 걸 알 수 있다. 할로웨이와 위스콘신 매디슨대학의 인류학자인 존 혹스(John Hawks)가 2018년에 보고했듯이, 심지어 작은 뇌를 가진 우리의 친척 호모 날레디도 다른 인간종들처럼 전두엽의 개조를 겪었다. "어쩌면 뇌 크기가 전부가 아닐 수도 있습니다"라고 혹스는 말했다.

태터솔 또한 뇌의 구조와 뉴런 연결의 변화가 뇌의 크기만큼 현생인류의 뇌를 형성하는 데 영향을 미쳤다고 믿는다. "난 그런 관점이 옳다고 믿습니다. 그래서 뇌 크기만이 아닌 신경회로에 대해 생각하게 되었습니다. 그것은 정보를 처리할 때 에너지를 절약하는 방법입니다. 또한 더 효율적인 방법이기도 합니다."

인간의 뇌가 형성되는 데 영향을 미친 또 다른 중요한 요소는 '방추 뉴런(spindle neurons)'(von Economo neurons, 줄여서 VENs라고 한다)의 발달을 추동하는 유전자의 변형체들이었다. 방추 뉴런은 대형 유인원, 돌고래, 코끼리의 큰 뇌에서 신속한 소통을 가능하게 하는 뇌세포이다. 이 세포들은 특히 고등한 인지에 관련된 세 개의 뇌 부위, 즉 충동 조절, 의사결정, 도덕을 담당하는 전방 대상 피질, 의식과 자기 인식을 가능하게 하는 섬 피질, 계획을 세우고 관념적인 생각과 관련된 배측면 전두피질에 풍부하다(Allman, 2011).

신경과학자들이 가지고 노는 걸 좋아하는 또 다른 세포 유형은, 삼각형의 피라미드 모양을 하고 있다고 해서 붙여진 피라미드세포이다. 피라미드세포는 뇌피질의 3분의 2를 차지하며, 뇌의 가장 바깥층에 자리한다. 포유류는 대부분 뇌피질이 여섯 개의 층으로 이뤄져 있고, 각 층에는 뇌의 다른 부위와 연결된 뉴런들이 무리를 이루고 있다. 미시적으로 들여다보면 마치 신경으로 이뤄진 티라미수 케이크와 닮았다. 영장류의 피라미드세포는 평생에 걸쳐 우리가 경험을 넓혀감에 따라 굉장히 광범위하게 변화와 개조를 겪는다. 다른 포유류와 비교할 때, 짧은 꼬리 원숭이와 마모셋 원숭이(명주원숭이)는 뇌의 앞쪽에서 피라미드세포의 갈라짐이 고도로 발달해 있고, 침팬지는 이보다도 더 발달해 있다. 나아가 인간은 특별히 미로처럼 생긴 신경망을 가진다. 피라미드세포는 우리 뇌에서 감정을 제어하는 역할를 하는 편도체의 많은 부분을 차지한다. 편도체에서는 여러 뉴런 무리가 저마다 다른 속도로 발달하는데, 어떤 무리는 태어날 때부터 이미 완전체로 형성돼 있고, 다른 무리는 태어난 뒤 자궁 바깥의 환경으로부터 잇달아 쏟아져 들어오는 정보들을 처리하며 뒤늦게 발달한다. 어린 영장류가 다른 포유류와는 달리 사회적이고 감정적인 끈을 형성할 수 있는 것은 이 때문이다. 현미경으로 뇌세포 조직을 직접 관찰하는 연구를 계속해 오고 있는 캘리포니아대학 샌디에이고의 인류학자인 카테리나 세멘데페리(Katerina Semendeferi)는 인간 편도체의 특정 부위가 다른 유인원보다 훨씬 큰 용량과 많은 뉴런을 가지고 있다는 걸 발견했다. 침팬지나 보노보, 고릴라도 감정을 느끼지만, 〈프렌즈〉 같은 드라마를 보더라도 인간처럼 울게 되지 않는 것은 이 때문이다(Kaas, 2000).

세멘데페리는 자연사한 대형 유인원의 뇌를 비교한 결과, 인간의 뇌가 사회적, 인지적, 감정적인 측면에서 유독 특출난 까닭은 뇌의 많은 부위에서 재조직화가 이루어지기 때문이라는 걸 보여주었다. 인간 뇌의 피질에는 신경 다발이 많을 뿐 아니라 그들 사이의 거리도 더 넓다. 이것은 뇌세포들이 상호작용을 위해 이용할 수 있는 공간이 더 많다는 뜻이다. 세멘데페리는 또 전두엽에 브로드만 영역 10이라 불리는 부위가 있다는 걸 밝혀냈다. 이곳은 기억과 목표를 설정하는 것에 관여한다고 여겨지며, 침팬지와의 공통 조상에서 갈라져 나온 이후 인간에게서 지나칠 정도로 크게 성장했다.

뇌의 전체적인 크기가 인간의 지능에 중요했다는 건 의심할 여지가 없는 사실이다. 하지만 할로웨이, 딘 포크, 세멘데페리 같은 이들은 지능이 그렇게 단순하게 정의될 수 없다는 걸 보여주었다. 지능은 뇌가 새로운 회로를 통해-특정 부위는 확장하고 다른 부위는 축소되는 등의 과정을 통해-얼마나 활발하게 재조직화되느냐에 달려 있다. 또한 그렇게 재조직화되는 과정에서 두개골도 거기에 맞춰 커지게 된다.

30만 년 전의 지구에는 적어도 아홉 종류의 인간종이 살고 있었다. 하지만 지금은 단 하나의 종만이 살고 있다. 4만 년 전에는 마지막 네안데르탈인들이 지구를 거닐었다. 데니소바인들은 그보다 2만 년을 더 살다가 멸종된 것으로 추정되고 있다. 결국 모든 인간적인 것들은 호모 사피엔스가 물려받았다. 마지막까지 살아남은 극히 일부의 네안데르탈인과 데니소바인은 우리의 조상들과 짝짓기를 하고 사피엔스로 합쳐졌다. 네안데르탈인의 경우에는 기후 변화가 식량의 원활한 조달을 방해해 번식률을 떨어뜨리면서 결국 쇠퇴하게 되었을 것이다(Degioanni, 2019). 하지만 다른 호미닌의 멸종은 호모 사피엔스의 도래와 관련이 있는 것 같다. 네안데르탈인과 데니소바인의 종말은 그들이 호모 사피엔스와 자주 맞닥뜨리게 되면서 시작되었다. 새로운 환경을 찾아 이동하면서 이들은 같은 공간에서 서로 마주하게 되었고, 그 결과 경쟁과 소규모 전투에 이어 큰 전쟁으로 이어졌을 것이다. 사피엔스와 네안데르탈인은 유럽 일부 지역에서 약 5,000년간 공존했지만, 결국 네안데르탈인은 소멸되었다.

우리가 다른 종들을 제치고 승리를 거둘 수 있었던 것은 크고, 적응력이 뛰어나고, 재조직화된 뇌 덕분이었다. 좋은 의미든 나쁜 의미든-아마도 나쁜 의미가 더 강할 텐데-우리는 빠르게 지구를 지배했다. 그것은 이전에는 그 어떤 종도 이루지 못한 일이었다. 다른 인간종들은 지식과 적응력과 협력으로 뭉친 우리에게 경쟁에서 밀려 맥을 추지 못했다. 우리는 이 필살기를 지상의 다른 거대한 동물에게도 사용했다. 호모 사피엔스의 등장과 함께 많은 거대동물이 멸종했다. 매머드. 땅나무늘보. 거대한 아르마딜로를 닮은, 자동차 크기의 글립토돈트. 후기 플라이스토세 시기에는 90파운드[40kg]을 넘기는 동물은 모두 우리의 공격 대상이었다. 우리는 6톤 무게의 마스토돈이 화가 나서 달려들어도 당황하지 않는 열정적이면서도 영리한 사냥꾼이 돼 있었다. 엘리자베스 콜버트(Elisabeth Kolbert)가 저서 ≪여섯 번째 대멸종(The Sixth Extinction)≫에서 지적했듯이, 어떤 종도 다른 생명을 이토록 대량 살상한 경우는 없었다. 그리고 지금은 지구 온난화로 인해 우리의 행성 자체를 죽이고 있다.

2019년에 과학자들은 독수리 발톱을 목걸이처럼 연결한 화석을 발견했다. 화석이 발견된 장소는 스페인의 포라다다 동굴로, 약 4만 년 전 네안데르탈인이 거주했던 곳으로 추정됐다. 발견자들은 이 화석을 '네안데르탈인이 만든 마지막 목걸이'라고 부르면서, 네안데르탈인이 상징의 개념을 이해했다는 증거로 보았다(Rodriguez-Hidalgo). 나는 이런 생각을 해본다. 만약 네안데르탈인의 피라미드세포가 약간 다른 방식으로 배열되었다면, 과연 현재까지 살아남았을까? 그들이 전두엽을 확장하는 유전자 변형체를 가졌다면, 혹은 다른 기후 조건과 환경적으로 더 많은 선택을 할 수 있었던 지역으로 이동했다면 과연 지금까지 살아남았을까? 그랬다면 그들은 우리처럼 지구를 약탈했을까 아니면 더 평화롭게 지냈을까? 나는 그들도 우리처럼 다른 생명에게 잔혹 행위를 할 수 있는 싸움의 능력과 함께 우리가 애타게 추구하는 자비심도 가졌으리라고 생각한다. 나는 또한 사피엔스와 네안데르탈인이 나란히 함께 살아갔다면 어떻게 됐을까를 생각해 본다. 아마도 함께 공존하기는 힘들었을 것이다. 같은 물건을 놓고 서로 경쟁하면서 적대적인 대결을 전개했을 것이다. 인지적으로 조금 더 나은 이점을 활용해 결국은 한 종이 다른 종을 정복했을 것이다.

만약 상황이 다르게 흘러가서 네안데르탈인이 현대 세계를 살고 있다면 그들은 지금 무엇을 할 수 있을까? 사라져버린 인간종들이 지구에서 다시 살아가도록 유전자가 무모한 책략을 부린다면 몰라도, 그렇지 않은 한, 우리는 결코 그 답을 알 수 없을 것이다.

2부

뇌의 사회화

인간은 사회생활에서 손해보다는 편익을 더 많이 얻는다.

– 베네딕트 드 스피노자 BENEDICT DE SPINOZA, 《윤리학(ETHICS)》, 1677

6장

그루밍하는 유인원

'사회적 본능은 동물이 다른 동료 집단으로부터 기쁨을 얻고, 그들과 공감하고, 그들을 위해 여러 가지로 헌신하도록 만든다.' 다윈의 ≪인간의 유래≫에 나오는 말이다.

  인간은 동반자를 필요로 한다. 이 점을 부인하는 사람은 거의 없을 것이다. 역사를 통해 인간은 점점 사회적으로 돼왔고, 더 풍부하고 효과적으로 소통하기 위해 상징적인 언어를 발전시켜 왔다. 인간의 사회적 자아 가운데 많은 부분은 얼핏 보기에는 지루해 보이는 영장류의 행동, 즉 그루밍에 기원을 두고 있다. 영장류끼리는 서로 그루밍을 해준다. 그렇게 서로 털을 손질해주면서 오래도록 가장 친한 친구가 되는 것이다.

  원숭이와 유인원은 하루 중 많은 시간을 상대의 털에 묻은 더러운 이물질이나 부스러기, 벌레 따위를 없애주면서 보낸다. 애초에는 이런 행동이 청결을 유지하고, 병을 일으키는 미생물과 벌레를 없애는 데 도움을 주었을 것이다. 그리고 이것은 점점 하나의 사회적인 교환으로 발전했다. 원숭이는 동료들이 언제 서로 털을 손질해 주는지 눈여겨 살펴보았고, 누가 누구를 그루밍해 주는지를 보고 공동체 안에서의 서열을 짐작하게 되었다. 짧은 꼬리 원숭이의 경우, 암컷들은 그루밍을 통해 평생에 걸친 관계를 유지한다. 반면 수컷들은 서로에게 별로 그루밍을 하지 않지만, 암컷에게는 해주는데 특히 짝짓기 시기에 그렇다. 그루밍을 하면 엔도르핀이 분비된다. 엔드로핀은 섹스나 마약, 혹은 맛있는 피자를 먹을 때처럼 기쁘거나 쾌락에 빠질 때 우리 몸이 만들어내는 일종의 천연 마약과 같다. 엔드로핀은 원숭이들끼리 서로 싸우거나 갈등이 생겼을 때 긴장을 풀어줌으로써 공동체를 안정시키고, 통증과 스트레스를 줄여주는 역할을 한다. 챔팬지 사이에서는 그루밍이 하나의 거래이다. 싸움이 벌어졌을 때 동료로부터 지원을 얻기 위해서, 혹은 음식을 얻고자 할 때 그루밍을 교환 조건으로 내건다. 이것은 침팬지 조상들이 과거에는 서로 어떻게 협력했는지, 그 메커니즘을 유추해 볼 수 있는 열쇠가 된다.

 그루밍을 해주는 관계는 유동적이다. 우리가 주변에 누가 있느냐에 따라, 즉 부모님 앞인지, 아니면 파트너나 상사 앞에서인지에 따라 다르게 행동하듯이, 침팬지들이 서로의 몸에서 벼룩을 잡아주는 행동에도 사회적으로 미묘한 차이가 있다. 만약 어떤 침팬지가 친구를 그루밍하고 싶을 때, 주변에 친구의 친구가 있으면 침팬지는 그루밍을 할 생각을 접는다. 친구의 친구가 그루밍에 끼고 싶을 수 있고, 그렇게 되면 친구로부터 자신이 그루밍을 받을 가능성이 작아지기 때문이다. 또한 친구가 그루밍을 받은 후 아무런 보답을 하지 않은 채 그냥 떠나버릴 위험을 감수하고서라도 그루밍을 할 수도 있다. 이처럼 어떤 상황을 판단하고 앞을 내다보는 것을 통해 욕망을 이겨내는 능력은 인간 이외의 다른 동물에게는 매우 드물다. 하지만 챔팬지는 인간처럼, 어떤 행동이 성과를 거둘 수 없는 경우를 예측하는 능력이 있다. 한편 그들은 공동체 내에서 더 높은 지위에 있는 침팬지에게는 기꺼이 그루밍을 해주는데, 그렇게 하면 앞으로 그들로부터 보호를 받고 인정을 받을 수 있기 때문이다.

에모리대학의 영장류학자인 프란스 드 발(Frans de Waal)은 저서 《보노보와 무신론자(The Bonobo and the Atheist)》에서 아모스라는 이름을 지닌, 연구팀에서 특별히 사랑을 받던 침팬지의 죽음을 회상한다. 암에 걸린데다 간 비대증을 앓게 된 아모스는 몹시 쇠약해졌고, 그는 자신의 그런 모습을 보여주기 싫어했다. 그래서 며칠간 자기 우리에서 나오지 않다가 가끔 나타나서는 자신은 아무 문제가 없다는 듯한 모습을 보이고는 이내 다시 사라졌다. 조금이라도 연약한 모습을 보이는 수컷은 우두머리를 노리는 다른 수컷 경쟁자들로부터 좋은 대접을 받을 수 없기 때문일 것이다. 어느 날 마침내 아모스는 건강이 다했다. 드 발과 연구팀은 수의사를 불렀고, 다른 침팬지들도 아모스를 보려고 했기 때문에 우리의 문을 열어 두었다. 열린 문으로 데이지라는 이름의 암컷 침팬지가 들어오더니 아모스의 귀 뒤쪽을 그루밍 해주었다. 조금 뒤 데이지는 나무 조각들을 모으더니 아모스의 등과 벽 사이를 채워 쿠션처럼 만들었다. 드 발은 이 광경을 보고, 데이지는 등과 벽 사이에 그런 식으로 나무 조각들을 채워 몸을 기대면 편하다는 걸 알고 있었고, 죽어가는 친구도 그렇게 해주면 편안해할 것으로 믿고 그런 행동을 했을 것이라고 설명한다. 드 발은 '나는 유인원이 상대의 관점에서 생각할 줄 안다고 믿는다. 특히 친구가 곤경에 빠져 있을 때는 더욱 그렇다'라고 썼다. 인간처럼 침팬지도 가끔은 동정심이라는 감정을 갖는 것처럼 보인다.

물론 인간들처럼 침팬지도 사회적으로 옹졸하게 행동하기도 한다. 중학

교 때 친구가 점심시간에 다른 학생과 밥을 먹으면 금방 토라지고, 질투심 많은 사원이 사장이 다른 직원을 편애하는 걸 보고는 끙끙 앓는 것처럼, 침팬지는 앞으로 자신이 그루밍을 받을 가능성이 작아질 것 같으면 관계의 싹을 금방 잘라 버린다. 침팬지는 자신이 맺고 있는 사회적인 유대나 성적인 관계를 위협하는 것이 무엇인지 끊임없이 주시한다. 이처럼 춤을 추듯이 붙었다 떨어졌다 하는 공동체 안에서의 관계는, 인간의 사회적 지능이-매혹, 질투 같은 혼돈된 감정을 포함해-어떻게 시작되었을지 이해하게 해준다.

1980년대 중반에 앨런 윌슨은 뇌가 상대적으로 큰 척추동물이 해부학적인 면에서 더 빠른 속도로 진화해 왔다는 사실을 알아냈다. 몇몇 조류와 고등한 영장류에서 진화적인 변화가 빠르게 이루어졌고, 특히 호모속은 그 속도가 엄청나게 빨랐다. 그는 '새로운 행동양식을 습득하고, 그것을 사회적으로 전파하는' 능력이 있는 동물에서 진화가 가속적으로 일어났다고 주장했다.[15]

집단을 이뤄서 정보를 공유하는 것은 초기 인간에게 여러 면에서 매우 중요한 역할을 했다. 사회적인 집단을 이룬다는 것은 자신을 보호하고, 생명을 유지하고, 생존에 필요한 기술과 지식을 후손에게 전할 수 있다는 뜻이다. 그 결과 뇌는 점점 성장했고, 집단적인 삶을 수용할 수 있도록 뇌의 신경망도 더 복잡해졌다.

학자들은 사회화가 점점 강하게 이뤄진 것이 우리 종이 성공적으로 살아남고, 결국에는 이 행성을 지배하게 된 주요한 요인이라고 믿는다. '사회적 뇌 가설(social brain hypothesis)'은 유인원으로부터 갈라져 나온 이후 인간의 사회화 방법들은 계속 발달했고 결국에는 그것이 인간의 생존에 도움이 되었다고 본다. 옥스퍼드대학 인류학자인 로빈 던바(Robin Dunbar)는 이

가설을 발전시키는 데 큰 역할을 했다. 이 가설은 애초에는 사회적인 지능이 높은 동물일수록 뇌도 그만큼 크다는 주장에서 시작되었다.

 이런 애초의 가정은 뇌의 크기를 사회적 집단 안에서의 관계망의 복잡성, 혹은 그루밍을 해주는 관계망의 복잡성과 관련지어 생각하는 쪽으로 발전해 나갔다. 여기서 집단 자체의 절대적인 크기는 중요하지 않다. "문제의 초점은 왜 원숭이와 유인원은 신체 크기와 대비할 때, 다른 어떤 동물보다도 훨씬 더 큰 뇌를 갖게 되었냐는 것입니다. 이에 대해 학자들은 이들이 사회적으로 상당히 복잡한 관계망을 이루는 집단에서 생활했기 때문이라고 보았습니다.…나는 그에 대한 증거를 제공한 셈이죠"라고 던바는 말했다. 그는 원숭이나, 인간을 제외한 유인원에서도 뇌가 클수록 더 큰 집단을 이루며, 더 많은 관계를 이루며 살아간다고 덧붙였다.

 던바는 단연코 인간이 가장 복잡한 사회적인 관계망을 갖는 건 분명하지만, 우리가 소화할 수 있는 관계의 정도에는 한계가 있다고 본다. 그는 뇌의 신피질의 크기에 기초해, 인간이 의미 있는 사회적 관계를 유지할 수 있는 정도는 약 150명이라고 계산했다. 여기서 의미 있는 사회적 관계란, 그의 말을 빌리자면, 술집에서 편하게 한잔 할 수 있는 사람의 수를 가리킨다. 침팬지의 경우, 그루밍을 통해 유지할 수 있는 사회적 관계는 약 50~100마리이다. 던바는 말(구어)이 호미닌의 사회화를 크게 진전시켰겠지만, 그래도 관계를 맺을 수 있는 정도에는 한계가 있었으리라고 믿는다. 그는 현대 서양 사회에서 사람들이 크리스마스카드를 보내는 상대는 평균 150명이라는 사실을 보여주었다. 또 다른 연구에 따르면, 트위터에서 팔로워 수가 아무리 많더라도, 지속적이고 의미 있는 관계는 100~200명에 지나지 않는다고 한다. '던바의 수'는 인간이 수렵채집 생활을 하든, 산업사회에 살든, 가상의 소셜네트워크에서든 거의 비슷하게 적용되는 것 같다.

하지만 하버드대학 인류학자인 리처드 랭엄(Richard Wrangham)은 이에 대해 확신이 없다. 그는 던바의 데이터가 폭넓은 영장류를 대상으로 표본을 뽑은 것이어서, 인간이 사회적 관계를 맺을 수 있는 최대치가 얼마라고 단정하는 것은 잘못됐다고 본다. "나는 그런 식의 증거에 기초해 계산하면 정확한 답을 얻을 수 없다고 봅니다. 하지만 한 집단 안에서 이뤄지는 경쟁과 협동이 우리의 인지 능력을 높였고 그런 방향으로 자연선택이 이뤄졌다는 원칙에는 분명히 동의합니다."

스코틀랜드의 세인트앤드루대학 영장류학자인 캐서린 호바이터(Catherine Hobaiter)는 어떤 원숭이 종은 매우 큰 집단을 이루며 살지만, 사회화 정도는 떨어진다고 지적한다. "사회적 뇌 가설은 설득력이 있는 가설이긴 하지만, 우리를 인간답게 만든 요인은 사회적 관계를 유지하는 능력 못지않은 무엇인가가 더 있다고 생각합니다."

그는 유인원과 호미닌의 지능이 형성되는 데는 공간지각 능력과 도구를 다루는 능력이 크게 작용했다고 주장하는 연구에 주목한다. '생태학적 가설(ecological hypothesis)'이라고 불리는 이 주장은 개개인이 주변 환경으로부터 먹이와 영양분을 얼마나 잘 구하느냐는 것이 성공과 생존을 위한 핵심이며, 이런 능력은 사회적인 행동과는 아무런 관계가 없다고 본다.

하지만 '생태학적 가설'은 '사회적 뇌 가설'이 주목을 받으면서 관심권에서 멀어졌다. 그러다 2017년에 알렉산드라 드카시엔이 공동 저자로 참여했던 한 논문이, 주변 환경으로부터 얼마나 많은 것을 끌어내느냐는 능력이 과연 영장류의 뇌를 진화시키는 추진력이었는가에 대한 논쟁을 불러일으키면서 관심이 되살아났다. 드카시엔은 원숭이, 유인원, 로리스, 여우원숭이 등 영장류 140여 종의 뇌 크기를 그들이 먹는 열매나 잎사귀, 고기 섭취와 비교하는 한편 집단의 크기, 사회적으로 조직된 정도, 짝짓기의 양식과도 비교했다. 짝지어 살기를 좋아하는지, 홀로 살기를 선호하는지, 일부일처제로 사는지 등을 조사해 본 것이다. 연구팀은 이런 조사를 통해 과연 사회적 요인들이 뇌의 진화에 관여했는지를 이론적으로 밝혀낼 수 있을 걸로 보았다. 그 결과 연구팀은 영장류의 뇌가 형성되는 데는 사회생활보다는 어떤 음식을 선호하느냐-특히 과일 섭취-가 더 큰 영향을 미쳤다는 사실을 발견했다. 과일을 먹는 종이 잡식동물이나 나뭇잎을 선호하는 동물보다 훨씬 더 큰 뇌를 가진다는 것이다.

그러나 던바는 두 이론은 서로 얽혀있기 때문에, 둘을 따로 떼어내서 생각하는 건 불가능하다고 본다. 사회적인 행동에 작용하는 자연선택은 생태계와 관련될 수밖에 없기 때문이다. 원숭이와 유인원은 먹이를 찾을 때 집단(무리)을 이루면 성공할 확률이 더 높다. 변화하는 환경에 적응하는 것은 사회적인 통로를 통해 이뤄지기 마련이다. 예를 들어 기후 변화가 발생해 한때 맛 좋은 열매로 가득 찼던 삼림지대가 없어졌다고 해보자. 그 경우 새로운 먹이의 원천을 찾는 것은 역시 무리를 이루고 있을 때가 더 유리하다. 누군가가 식용할 수 있는 뿌리식물을 발견하고서는 이 사실을 다른 동료들에게 재빨리 알리는 식으로 말이다. "먹이를 얼마나 잘 찾느냐가 생존할 수 있는 능력과 직결된다고 보면, 정보를 공유하는 것은 무엇보다 중요합니다. 포식자가 위협해 올 때도 집단으로 맞서는 것이 훨씬 유리하죠. '사회적 뇌 가설'은 곧 '생태학적 가설'입니다"라고 던바가 강조했다.

야영지에서의 삶

에드워드 윌슨은 초기 인간은 진사회성(eusocial, 眞社會性) 덕분에 다른 종들보다 경쟁에서 앞서 나갈 수 있었다고 주장한다. '진사회성'이란 여러 세대가 함께 더불어 살고, 분업하며, 이타적인 행동을 하는 것을 말한다. 진사회성을 가진 종은 그리 많지 않다. 인간을 제외하면 흰개미, 벌 가운데 일부, 개미 정도이다. 윌슨은 개미에 관한 한 세계 최고의 전문가이다(그는 1990년에 '개미'에 관해 732페이지에 이르는 방대한 분량의 책을 쓰기도 했다).

윌슨은 진사회적인 동물은 포식자로부터 방어하기 위해 보금자리(nest)를 짓는다는 걸 관찰했다. 인간 조상들의 보금자리는 야영지(camp)라고 부르는 게 맞을 것이다. 낮 동안 열심히 먹이를 찾거나 사냥을 한 후 돌아와서는 몸을 데우고 음식을 조리하기 위해 불을 피우고서 그 주위에 둘러앉는 그런 정착지 말이다. 인간의 첫 야영지는 영구적이지 못했다. 수렵채집을 해야 했던 인간은 한 장소에서 먹을거리가 떨어지면 다시 장소를 옮겨야 했기 때문이다. 그러나 새로운 호미닌이 등장하면서 이런 생활방식도 바뀌었다. 이들은 보금자리를 지키고 저녁을 함께 보내고, 먹이나 사냥의 성과물을 집에 들고 돌아와서는 다른 이들과 나누는 야영지문화에 점점 적응해 나갔다. 세대가 지날수록 한 장소에 더 오래 머물고 공동체의 어른들을 돌보게 되었다. 화석과 고고학 증거에 따르면, 호모 에렉투스는 이미 100만 년 전에 이런 야영지를 만들었다.

만약 당신이 생물학자이고, 학자들 사이에서 논쟁을 불러일으키고 싶다면, 집단적 선택(group selection)이라는 개념을 꺼내면 성공할 것이다. 대부분 생물학자는 자연선택은 개별적으로 작용한다고 믿는다. 우리는 각자가 자신의 DNA를 전파하기 위해 태어났다는 것이다. 하지만 집단적 선택설은 자연선택이 집단의 수준에서도 일어날 수 있으며, 어떤 개체들은 집단을 위해 개별적인 번식의 성공을 희생하기도 한다고 본다. 먹이를 나누거나 전투에 자신을 내던지는 것과 같은 이타적으로 보이는 행동이 집단에 유익하면, 그런 개인들의 게놈은 살아남지 못하더라도 집단의 게놈은 살아남게 된다는 것이다. 윌슨에 따르면, 우리는 개별적인 선택과 집단적 선택 둘 모두를 통해 진화했으며, 우리의 게놈은 협력과 이기심 사이에서 끊임없이 갈등을 겪는다. 그는 이렇게 썼다. '인간에게는 진화과정에서 형성된, 인간에게만 고유한 혼란이 있다. 인간의 천성 안에는 가장 나쁜 것과 가장 좋은 것이 공존한다. 그것은 앞으로도 영원히 그럴 것이다.'

진화생물학자인 리처드 도킨스(Richard Dawkins) 같은 학자들은 집단적 선택설을 생각할 가치도 없는 개념이라며 배척한다. 유기체가 때때로 이타적인 행동을 보인다면, 그것이 자신의 유전자를 전파하는 데 도움이 되기 때문이다. 그는 1976년에 출간된 ≪이기적 유전자(The selfish gene)≫에서 우리의 신체는 유전자를 위한 '생존 기계'에 불과하다고 강조했다. 우리가 지구에서 사는 시간은 순식간에 지나지 않지만, 자식을 가지면 우리의 DNA는 우리가 죽은 뒤에도 계속 살아간다. 그는 동물의 행동은 전적으로 자기 DNA를 전파하기 위한 것일 뿐이라고 극단적인 주장을 펼친다. 우리 유전자의 날갯짓 속에는 늘 이기적인 동기가 숨어 있다는 것이다.

집단에 참여하고 사회적으로 행동하는 것은 자신을 보호하고 유전자를 보존할 목적이라고 가정하는 것은 합리적이다. 철학자들도 몇 세기 동안 이 문제에 대해 사색해왔다. 인간은 진정으로 선할 수 있을까? 선행과 이타심은 선천적일까? 도킨스에 따르면 유전자의 번식 가능성이 커진다면, 이기적인 유전자도 이타적인 행동을 할 수 있다. 한편 나중에 보답을 받을 것을 기대하며 다른 이를 도와주는 상호 이타심이라는 개념도 있다. "이리 와서 내가 종일 딴 무화과를 먹어보렴. 대신 내 체력이 떨어지면 날 데리고 돌아가야 해. 내가 네 등을 긁어줄게…."

독일 라이프치히의 막스 플랑크 진화인류학 연구소에서 오랫동안 책임자로 일해온 마이클 토마셀로(Michael Tomasello)가 2017년에 실시한 연구에 따르면, 침팬지들은 동료가 이전에 먹이를 구하는 것을 도와줬다면, 나중에 그 동료가 먹이를 구할 때 자신의 위험을 감수하면서 흔쾌히 돕는다(Schmelz). 인간을 비롯한 유인원 집단에서 낯선 이들을 돕는 까닭은 집단 내의 갈등이 줄고, 개인이 보호받고 생존할 가능성이 커지기 때문이다. 하지만 아무리 이기적인 유전자에 지배되고 있을지라도, 인간과 보노보, 침팬지는 가끔 순수한 동정심으로 여겨지는 행동을 보여줄 때가 있다.

나는 개인적 선택과 집단적 선택을 둘러싼 논란에서 어느 한쪽 입장을 두둔하지는 않지만, 야영지를 중심으로 공동체 생활이 점증하게 되었다는 윌슨의 주장에는 일리가 있다. 이전보다 더 영구적인 거주지에서 함께 살게 되면서 인간은 새로운 형태의 사회적 교류에 적응해야만 했다. 캠프를 원만하게 끌고 가려면 서로 협력하고 책임감을 나누어야 했다. 어떤 이들은 사냥하고 음식을 구해 오고, 다른 이들은 남아서 불을 지키며 자식들을 키웠다.

양육을 책임지는 엄마들이 큰 뇌를 가진 무기력한 아기들을 돌보기 위해 야영지에 묶이게 되면서 양육에 관한 새로운 생물학이 발전했다. 엄마들은 생존을 위해 자기 짝과 가족들과 친구들에게 의존해야 했다. 그래서 자연선택은 사회적 지능을 선호하게 되었다. 조부모가 되어 아이 양육에 도움을 줄 수 있도록, 단지 오래 사는 것 자체가 초기 인간들에게는 엄청난 이점이었다고 주장하는 이론도 있다. 음식을 구하고, 보호받고, 지식과 정보를 공유하는 등의 여러 가지 면에서 공동체는 초기 인간에게 몹시 중요했다.

인간은 부족적이고 형제애가 강하다. 공동체는 우리의 보호자였고, 감시인이었고, 협력자였다. 초기의 수수했던 야영지는, 공통의 언어와 문화,

종교를 가진 사람들이 모여들면서 하나의 사회로 성장했다. 윌슨은 인간이 지구를 떠맡게 될 준비가 유전적으로나, 인지적으로 이미 갖춰져 있었다고 믿는다. 인간은 새로운 환경에 어울리는 기술과 행동양식을 갖추도록 이미 전적응(preadaptations, 前適應)[생물이 다른 환경에 처할 때, 이미 그것에 적합한 형질을 가지고 있어 적응과 같은 효과를 나타내는 것] 돼 있었다. 인간은 유인원과 공통의 조상을 가진 덕분에 서로 마주 볼 수 있는 엄지를 가지고 있었고, 사회적 행동을 발달시키기에 적합한 뇌도 준비돼 있었다. 그래서 협력을 위한 고도의 조직을 만들 수 있었고, 새로운 것을 창조할 수 있었고, 무엇보다 언어를 통해 의사소통을 할 수 있게 되었다.

초기 인간들이 모닥불 옆에서 느긋하게 둘러앉아 있기만 한 것은 아니었다. 급격히 성장한 새로운 생활방식은 사회적인 역학 관계를 변화시켰고, 이것은 진화적인 경쟁으로 나타날 수밖에 없었다. 누가 더 많은 음식을 차지하고, 누가 가장 매력적인 짝을 차지할지를 결정하는 것은 단지 누가 우두머리가 되느냐는 문제뿐 아니라, 다른 유인원에게서는 볼 수 없는 훨씬 미묘한 정치적, 심리적인 줄다리기를 초래했다. 따라서 타인의 의도를 더 잘 읽는 이들이 유리했다. 이런 능력을 갖춘 이들은 끈끈한 동맹을 형성하고, 많은 신뢰를 얻고, 잠재적인 경쟁자가 누구인지를 빨리 알아챌 수 있었다. 윌슨이 지적하듯이, "그래서 사회적인 지능이 항상 가장 높은 평가를 받았다."

저녁에 불가에 옹기종기 모여있는 것에 잠재된 어두운 면은, 이런 생활이 부추기는 집단 바깥의 외부인에 대한 혐오나 공포였다. 자신들의 야영지를 보호하고, 가진 자원을 지켜내려고 할수록 배타적인 사고가 더 깊어졌다. 안타깝게도 낯선 이들을 의심하는 특성은 우리의 DNA에 고착된 것 같다. 우리는 집단의 경계선 바깥에 있는 외부인, 심리학적으로 말하면 내 집단(in-group, 內集團)에 들어오지 않는 이들을 경계한다.

심리학 연구에 따르면, 인간은 자신과 비슷한 사람들을 더 편하게 받아들인다. 자신에게 익숙한 사회적, 문화적인 집단을 선호한다. 인종이나 종교, 국적, 사회 계층에 기반한 일종의 편애는 심지어 말을 배우기도 전의 어린아이한테서도 생길 수 있다. 이런 편견은 부모나 공동체의 태도를 통해 문화적으로 형성된다고 여겨져 왔다. 어떤 경우에는 분명히 그럴 것이다. 하지만 2019년 〈아동 실험 심리학 저널〉에 발표된 연구는, 임의로 배치된 집단에서도 외부인 공포증이 존재한다는 걸 보여주었다. 5~8세 사이의 아이들은 자신이 속한 그룹의 아이들과 놀기를 더 좋아하고 많은 것을 공유하기를 원했다. 이런 성향은 아이가 다른 그룹으로 옮겼을 때도 그대로 나타났다. 신체적인 차이나 문화적인 차이가 없는 경우, 어떤 그룹에 속한다는 '멤버십'이 그룹에 대한 충성심을 높이고, 그 집단을 선호하도록 만들었다. 실험을 진행한 연구자들에 따르면, 이런 특성은 과거에 인간이 가졌던 적응을 위한 전략-집단 안에서 서로 협력함으로써 생존 가능성을 높이는-이다. 따라서 인종주의나 사회적 차별 같은 편견을 억제하는 방법을 찾고자 할 때, 인간의 내면에 잠재된 이런 기질을 염두에 둬야 한다고 연구자들은 주장했다.

인간의 부족주의는 잔혹한 방식과 자애로운 방식 모두에 의해 지탱돼 왔다. 적과의 전쟁에서는 목숨을 걸고 함께 싸우는 한편 야영지로 돌아와서는 불피우는 기술을 공유했다. 둘 다 외부인과의 경쟁에서 앞서고, 자신이 속한 공동체를 보호할 가능성을 높이는 행위였다. 두 경우 모두에서 우리의 유전자는 계속 생존할 기회를 얻었다.

영화 보는 원숭이

아이들은 이른 시기에, 대개 3~5세에, 다른 사람들도 각자 자기만의 생각과 의견, 욕구가 있다는 걸 알아차리게 된다. 즉 유아론적인 어린 시절을 벗어나 타인의 의도와 관점을 의식하기 시작한다. 이것을 설명하는 개념이 '마음이론(Theory of mind)', 간단히 TOM이라고 한다. 캘리포니아대학 산타바바라의 심리학 교수인 마이클 가차니가(Michael Gazzaniga)는 마음이론을 '행동을 관찰하면서 그 행동을 불러일으킨, 눈에 보이지 않는 정신의 상태를 추론하는 능력'이라고 정의한다.

심리학자들은 오랫동안 인간 외의 다른 종들도 타자의 심리를 이해하는지 알고자 했다.[16] 몇몇 학자는 다른 종들은 타자의 심리를 이해할 수 없다, 즉 그들이 이해한다는 걸 입증할 증거가 없다고 주장했다. 하지만 최근의 연구 결과는 이와는 다른 결론을 암시한다. 마이클 토마셀로와 브라이언 헤어는 실험을 통해, 침팬지와 인간이 음식을 두고 경쟁할 때, 침팬지가 일관되게 인간이 미처 알지 못하는 경로를 택해 음식에 다가간다는 걸 보여주었다. 이것은 그들이 타자가 볼 수 있는 것과 볼 수 없는 것을 구별해 자신들의 이점으로 활용한다는 걸 의미한다. 또 토마셀로의 연구는 침팬지가 적어도 인간의 의도를 읽어낼 수 있는 기본적인 이해력이 있다는 점을 보여주었다. 하지만 타자가 틀린 사실을 옳다고 믿고 있을 때, 침팬지가 그것까지 구별할 수 있는지는 분명치 않다.

인류학자인 크리스토퍼 크루펜예(Christopher Krupenye)와 후미히로 카노는 2016년에 영화를 한 편 만들어 침팬지와 보노보, 오랑우탄에게 보여주었다. 영화 도입부에는 유인원처럼 보이도록 차림을 한 1번 남자가 2번 남자에게서 돌을 하나 훔친다. 1번 남자는 돌을 두 상자 중 첫 번째 상자에 넣고는 2번 남자를 위협해 쫓아버린다. 그 뒤 1번 남자는 돌을 두 번째 상자로 옮긴다. 우리는 대부분 2번 남자가 돌아오면 첫 번째 상자에서 돌을 찾으리라고 예상할 것이다. 2번 남자가 우리만큼 상황을 제대로 알지 못한다고 믿기 때문이다. 그렇다면 영화를 보고 있는 유인원들은 어떨까? 크루펜예와 카노가 시선추적 분석 장치로 확인한 바에 따르면, 영화에 관심을 보였던 유인원 가운데 77%가 첫 번째 상자를 바라보았다. 그들은 2번 남자가 틀린 사실을 믿고 있다는 걸 어느 정도 인지했기 때문에, 그가 어느 상자를 열지 예측할 수 있었던 것이다.

많은 심리학자와 신경과학자는 타인의 관점을 이해하고, 타인을 모방하는 능력이 동정이나 연민 같은, 더욱 복잡한 사회적 특성을 발달시키는 씨앗이 되었다고 생각한다. 이런 능력은 친구나 가족이 어떤 일을 겪고 있는지, 적이 어떤 책략을 꾸미고 있는지를 인식하도록 돕는다. 우리는 타인의 행동을 보면서 자신에게 이익이 된다 싶으면 그 행동을 모방한다. 문자 그대로 '흉내내기'[원문의 'aping'은 원숭이처럼 다른 사람의 행동을 모방하는 걸 가리킨다]는 지식이나 기술을 다른 사람들에게 전달하고, 부모 세대가 후대에 경험과 정보를 넘겨주는 것을 가능케 했다. 또 누가 믿을만하고 누가 그렇지 않은지, 누구를 사랑하고, 누구와 친구가 돼야 하는지, 누구를 질투하고 누구를 멸시해야 하는지를 결정할 수 있었다. 우리를 인간답게 만드는 모든 심리적, 감정적 특성들은 타인의 마음을 읽는 능력과 사회적 지능이 높아진 덕분이다. 호모 에렉투스가 새로운 사회적 관계 속에서 모닥불 주위에 둘러앉아 있었을 무렵, 그들은 야영지 동료들이 어떤 생각을 하는지 예민하게 인식했을 것이다. 윌슨은 '뛰어난 공감 능력은 다른 동물과 비교되는 크나큰 차이를 만들었고, 공감 능력 덕분에 도구를 능숙하게 다루고, 서로 협력하고, 또 상대를 속일 수도 있었다'고 했다.

초기 호미닌의 공동체적이고 문화적인 행동양식은, 자연선택이 그런 방향으로 강하게 작용하도록 몰았을 것이다. 이런 점은 특정 유전자와 유전적인 특성들이 인간이 사회적 존재가 되는 데 유리하게 작용했다는 점에서도 확인된다. 공동체에 기초한 이런 급속한 진화는 이후 수백만 년간 인간종들이 생존에 성공할 수 있었던 주요한 요인이었다. 이 시기에 인간종들의 두개골도 엄청나게 커졌다. 2007년에 막스 플랑크 연구소 동료인 토마셀로와 에스터 헤르만(Esther Herrmann)은 침팬지와 오랑우탄, 인간 유아를 대상으로, 이들이 자신을 둘러싼 환경을 물리적, 사회적으로 어떻게 대하는지에 대한 일련의 실험 결과를 발표했다. 물리적인 검사는 공간 이해도와 도구 사용과 같은 행동을 관찰하도록 설계되었고, 사회적인 검사는 타인의 문제 해결 방식을 얼마나 잘 모방하는지, 비언어적인 소통을 얼마나 능숙하게 해내는지, 타인의 마음을 얼마나 잘 읽어내는지 TOM 테스트를 했다. 그 결과 침팬지, 오랑우탄, 인간 유아는 물리적인 검사에서는 모두 비슷한 점수였지만, 사회적 지능 검사에서는 인간 유아가 두 유인원에 비해 압도적으로 우세했다. 이것은 사회적 의식에 대한 뛰어난 감각이 호미닌의 뇌 진화에 중요한 역할을 했다는 걸 보여준다.

이것은 다른 영장류들은 사회적으로 똑똑하지 않다는 말이 아니다. 그들도 사회적으로 똑똑하다. 사회적 지능은 원숭이에서 유인원을 거쳐 인간으로 이어지는 하나의 연속체라고 봐야 한다. 침팬지도 경쟁자가 무엇을 보고 무엇은 볼 수 없는지를 구분할 수 있다. 하지만 인간은 진화과정을 통해, 다른 어떤 동물보다도 급격히 사회적 의식이 도약했다. 마이클 가차니가는 인간이 타인의 마음을 읽는 능력을 취득하게 된 시기와 관련해, 특정 시기에 갑자기 많은 것을 이해하는 지혜를 갖게 되었으리라고 본다.

두 사람 사이의 다음과 같은 대화를 한번 상상해보자. "내가 파리로 떠나기를 네가 원한다는 걸 내가 알고, 내가 그런 네 마음을 알고 있다는 걸 너도 안다는 걸 난 알아."

 사실 이해하기에 별 어려운 내용은 아니다. 그러나 TOM이라는 토끼 굴로 몇 걸음 내려가게 되면 좀 더 까다로운 문제가 된다. "내가 파리로 가기를 꺼린다는 걸 년 알고, 내가 꺼린다는 걸 네가 안다는 걸 난 알지." 앞의 대화와는 달리 이것은 상대의 마음을 좀 더 깊이 읽을 수 있어야만 할 수 있는 대화이다.

 마음이론이 언제 뚜렷한 형태로 나타나게 되었는지는 알 수 없지만, 영장류의 사회적인 신경회로망은 유인원이 구세계원숭이로부터 갈라져 나오기 이전부터 형성되고 있었다. 뉴욕 록펠러대학 신경과학과 교수인 윈리히 프라이발트(Winrich Freiwald)는 짧은 꼬리 원숭이가 우리 뇌에서 사회적 관계를 담당하는 신경망과 유사한 신경망을 갖고 있다는 걸 밝혀냈다.

 프라이발트가 이끄는 연구팀이 2017년에 진행한 이 실험은 짧은 꼬리 원숭이들에게 기능성 MRI-혈류의 변화를 탐지해 뇌 활동을 관찰하는 자기공명 영상장치-를 연결한 뒤 그들에게 비디오를 보여주고 그 반응을 확인하는 방식으로 진행됐다. 비디오에는 다른 원숭이들이 서로 교류하거나 홀로 나름대로 이것저것 하는 모습이 담겨 있었다. 또 물체들이 물리적인 상호작용을 하는 모습이 담긴 비디오도 보여주었다.

 예상대로, 비디오 속의 원숭이들이 각자 뭐든 하는 모습을 볼 때는, 짧은 꼬리 원숭이들의 뇌에서 얼굴 인식과 신체 식별에 관련된 영역이 작동했고, 물체가 나오는 장면에서는 사물 식별과 연관된 영역이 작동했다(Sliwa). 그런데 흥미롭게도 원숭이들끼리 서로 장난을 치거나 교류하는 영상을 보여주자 짧은 꼬리 원숭이들의 뇌에서 꽤 넓은 신경망이 활성화되었다. 이 신경망은 프라이발트가 '사회적 상호작용 신경망'-전두엽과 전대상엽을 포함하며, 이들은 다시 방추 뉴런에 통합돼 고차원적인 사고와 감정에 관계한다-이라 부르는 것으로, 실험 결과는 짧은 꼬리 원숭이의 사회적인 신경망이 인간 뇌의 TOM 회로망과 매우 닮았다는 걸 보여주었다.

뇌는 다양한 정신적, 물리적 과정에 관여하는 서로 다른 영역들이 중복돼 작동하는 경우가 많다. 이런 탓에 뇌가 정확히 어떻게 작동하는지를 이해하기가 이토록 힘든 것이다! 하지만 프라이발트의 발견은 짧은 꼬리 원숭이의 뇌에 있는 사회적 신경망은 사회적 상황만을 분석하는 데 목적이 있다는 걸 보여준다. 타자들이 어떻게 상호작용하는지를 이해하는 것은 영장류의 삶에서 매우 중요한 부분이었고, 따라서 자연선택은 전적으로 이런 기능만 담당하는 부위가 발달하도록 작용했다.

어떤 과학자들은 우리가 사회적인 상황을 이해하고, 공감을 표하고, 소통하는 능력을 갖추게 된 건 부분적으로 거울뉴런(mirror neuron, 거울신경세포) 덕분이라고 본다. 거울뉴런은 우리가 활동하거나 동작을 취할 때만이 아니라, 다른 사람이 활동하거나 동작을 취할 때도 작동하는 뇌세포이다. 거울뉴런 이론을 지지하는 이들은, 이것이 타인의 의도를 이해하거나, 모방을 통해 새로운 기술을 터득하는 데 필수적이라고 주장한다. 프라이발트가 이끄는 연구팀은 원숭이들끼리 놀고 있는 모습의 영상을 짧은 꼬리 원숭이에게 보여주었을 때, 거울뉴런이 어떻게 작동하는지를 관찰했다. 결과는, 짧은 꼬리 원숭이의 뇌는 원숭이들끼리 놀고 있는 모습의 영상을 볼 때나, 원숭이들이 없는 상태에서 단지 장난감 두 개가 움직이는 모습의 영상을 볼 때와 거의 비슷하게 작동했다. 이것은 거울뉴런이 타인의 활동에만 반응하는 것이 아니라 장난감 같은 물체의 작용에도 반응한다는 걸 보여준다.

이탈리아 출신의 신경과학자 자코모 리촐라티(Giacomo Rizzolatti)는 거울뉴런이 작동하는 모습을 처음으로 확인한 인물이다. 그는 신경 촬영법을 통해, 짧은 꼬리 원숭이가 직접 물건을 잡거나 혹은 사람이 물건을 잡는 모습을 짧은 꼬리 원숭이가 지켜볼 때 거울뉴런이 작동하는 것을 확인했다. 한편 기능성 MRI로 확인해 보니, 어떤 행동을 하거나, 무엇인가를 바라보거나, 심지어 어떤 동작이나 행동을 상상할 때도 인간의 뇌에 있는 거울뉴런이 짧은 꼬리 원숭이의 뇌에서와 비슷하게 작동한다는 걸 알 수 있었다. 이런 실험 결과를 토대로, 몇몇 과학자들은 거울뉴런의 신경망이 공감이나 타인의 생각을 읽어내는 데 기초가 된다고 주장했다. 하지만 이후에 나온 연구들에 따르면 그렇게 단정할 수 있는 근거는 희박하다.

왜냐하면 대부분의 거울뉴런의 활동은 공감 반응과는 관련이 없는 뇌 부위에서 일어나기 때문이다. 공감이라는 것은 매우 복잡한 과정이다. 여기에는 광범위한 중추 신경망이 관여하며, 이 신경망 가운데 일부는 프라이발트가 말한 '사회적 상호작용 신경망'과 겹친다. 또 우리가 공감하거나 동정할 때는 '포옹의 호르몬'인 옥시토신도 분비된다. 뇌하수체에서 분비되는 이 작은 분자는 원래는 엄마와 자식 사이의 유대감 형성과 수유를 돕기 위해 생겨났지만, 세대를 거치면서 성적인 매력과 사랑, 사회적 관계를 추동하게 되었다.

인도 출신의 신경과학자 빌라야누르 라마찬드란(Vilayanur Ramachandran)은 거울뉴런이 우리의 문명을 형성했다고 주장하기도 했다. 하지만 아직 과학자들은 거울뉴런이 인간의 진화와 사회적 인식과 얼마나 깊은 관련이 있는지 확신하지 못하고 있다. 많은 연구자는 거울뉴런이 타인의 생각을 읽어내기보다는, 다른 사람의 행동을 인식하고 그것을 모방하는 것과 더 관련이 있다고 추측한다. 심리학자 크리스천 재럿(Christian Jarrett)은 거울뉴런이 신경과학계에서 가장 뜨거운 주제라면서, 앞으로 더 많은 연구가 진행되어야 실체를 알 수 있을 거라고 지적했다. 그는 '거울뉴런이 우리가 타인의 행동을 모방하고 타인과 공감하도록 만들었다고 주장하는 것은 합리적이지 않다. 왜냐하면 우리가 어떤 행동을 하려고 선택한 것이 거울뉴런의 작동 방식을 결정할 수도 있기 때문이다. 거울뉴런은 대단히 흥미롭지만, 우리를 인간답게 만든 것이 무엇인가에 대한 답이 될 수는 없다'고 주장한다.

  거울뉴런은 우리가 사회화하는 과정에서 한 가지 역할을 맡긴 했을 것이다. 하지만 중요한 사실은, 후기 호미닌에게 생긴 타인의 생각을 읽어내는 능력(그들의 동기를 이해하고, 그들과 공감하거나 혹은 공감하지 않는 것)이 이후 미로와 같은 신경계-뇌의 여러 영역이 서로 연결되는 것을 포함해-로 진화하게 되었다는 점이다. 한두 가지 요인만이 인간의 뇌 진화에 기여했다고 입증하는 것은 몹시 어렵다. 반면, 집단생활과 사회적인 압력에 적응한 것이 원숭이에서 인간으로 나아가는 진화의 과정에서 매우 결정적이었음을 보여주는 증거는 무척 많다.

7장

폭력의 기원

인간은 문명을 만들기 시작한 이후로, 영장류가 우리와는 현저히 다른 존재라고 느끼면서도 동시에 소름이 돋을 정도로 비슷한 존재라는 인식을 하게 되었다. 이 같은 이중적인 감정과 관련해 칼 세이건은 이런 말을 남겼다. "사람들이 동물원의 원숭이 우리에 들어갈 때 마음 한구석에서 어떤 불편함을 느끼는 까닭은 원숭이가 보내는 경고의 신호 때문이다.'

오늘날과 마찬가지로 고대 문화에서도 원숭이는 똑똑하고 속임수에 능한 동물로 받아들여졌다. 그래서 그들이 사과를 훔치거나 불시에 똥으로 공격하지 않도록 늘 주시하고 있어야 했다. 남미 원주민인 아카와이오족에는 이와리카라는 신화적인 원숭이 이야기가 전해지고 있다. 그는 이기적이고 엄청나게 호기심이 많았다. 민담에 따르면 시구(Sigu)라는 신이 댐을 만들려고 하자, 이와리카는 아무렇지도 않게 홍수를 일으켜 지구를 침수시켜버렸다고 한다. 고대 일본에서는 한때 원숭이가 신과 인간 사이를 중재하는 존경받는 존재였지만 어떤 시기부터 종교적, 문화적으로 영향력을 가진 사람들이 마음을 바꿔 원숭이를 일탈자로 규정하게 되었다. 그래서 이후에 나온 한 고대 속담은 원숭이를 인간이 되려다가 실패한 하등 동물로 묘사했는데, 사실 이것은 생물학적인 관점에서 보아도 아주 틀린 이야기는 아니다.

역사적으로 인간이 다른 유인원과 접촉한 기록은 거의 남아 있지 않다. 몇 안 되는 기록들에는 유인원에 대한 두려움과 혼란, 반감, 혐오감 등이 뒤섞여 있다. 2,000여 년 전 카르타고의 탐험가였던 '항해자 한노'는 아프리카 해변에서 아마도 고릴라로 추정되는 이들과 마주쳤다. 그의 말에 따르면, 이들은 '야만인이며, 대부분이 여자이고, 털이 많았으며, 우리에게 통역을 해 준 이들은 그들을 고릴래(Gorillae)라고 불렀다.' 한노는 이들이 같은 인간이지만 자기들보다 털이 더 많고 더 야생적이라고 생각하고, 이들을 포획하려고 했다. 하지만 수컷들은 힘이 강해 포획하는 것은 불가능하게 여겨졌고, 결국 한노 일행은 암컷 세 마리만 생포한 다음 죽이고 가죽을 벗겨 고향인 카르타고로 보냈다.

1590년 무렵에는, 적도 아프리카에서 포르투갈인에게 포로로 잡혀 있던 영국 선원 앤드루 바텔이 인간을 닮은 두 종류의 '괴물'에 대해 기록했다. 기록에 따르면 이 괴물들은 현지의 부족이 떠나면서 남겨둔 모닥불 근처에서 몸을 데우고 있었다. '그들의 얼굴과 손과 귀에는 털이 없다…땅을 걸을 때는 몸이 꼿꼿하다…나무 위에서 자며 비를 피하려고 머리 위로 덮개를 만든다.' 바텔이 언급한 동물은 침팬지나 고릴라였을 것이다. 어쩌면 둘 다일 수도 있다.

19세기 중반의 미국과 유럽에서는 인간의 자연사를 연구하고, 인간에 대해 거만하게 표현하는 것이 대유행이었다. 1847년 미국 출신의 선교사이자 물리학자였던 토머스 스토턴 새비지(Thomas Staughton Savage)-그렇다. 성이 미개인(Savage)이다!-와 자연학자인 제프리스 와이맨(Jeffries Wyman)은 고릴라를 처음으로 서양 세계에 자세히 소개했다. 그들은 이 동물을 트로글로디테스 고릴라-번역하면 '동굴에서 거주하는 털이 많은 인간'-로 여겼다.

이 무렵 원숭이와 유인원도 대거 포획되었다. 과학자들은 이들을 쿡쿡 찌르고 구석구석 샅샅이 조사하고 탐구했으며, 동물원 우리에 가두었다. 1863년 다윈의 친구이자 동료인 토머스 헉슬리는 관찰 결과, 놀랍게도 인간과 고릴라는 비슷한 해부학적 구조를 가지며, 인간과 고릴라 모두 원숭이보다는 둘 사이에서 더 많은 공통점이 있다는 걸 알게 되었다. 몇 년 뒤 다윈은 ≪인간의 유래≫에서 "우리의 훌륭한 해부학자이자 철학자인 헉슬리 교수는…인간의 모든 신체 기관은 하등 유인원과는 크게 다르지만, 고등 유인원과는 별 차이가 없다고 결론지었다. 따라서 '인간을 특별한 지위에 놓을 합당한 이유가 없다"고 썼다. 다윈은 이어 당시의 자연학자들이 인간이 영장류에 속하는 종이라는 개념을 거부하고, 인간과 영장류 사이에 존재하는 유사성을 인정하지 않는 것을 비판했다. '많은 원숭이는 차와 커피, 증류주를 즐길 줄 알고, 또 내가 직접 본 적이 있듯이 심지어 담배를 피울 줄도 안다.'

20세기 초에 유인원은 소설, 만화, 만화영화, 극영화에 주인공으로 등장하면서 대중적인 인기를 누렸다. 이들은 분노로 흥분한 킹콩에서부터, 여전히 폭력적이지만 인간 타잔을 키우는 가상의 유인원에 이르기까지 다양한 캐릭터로 묘사되었다. 그들에 대한 우리의 생각은 원시적인 폭력성과 때 묻지 않은 순수 사이를 오갔다. 제인 구달과 같은 이들이 연구를 진행함에 따라 유인원은 그 두 가지 특성 모두 조금씩 갖고 있다는 걸 알게 되었다.

인간이 가진 폭력성은 흔히 영국 철학자 토머스 홉스와 스위스 출신의 철학자 장 자크 루소의 관점으로 해석된다. 홉스는 사회화되기 이전, 자연상태에 있던 인간은 난폭하고 무질서했으며 '만인의, 만인에 대한 투쟁'이었다고 주장했다. 그는 우리 내면의 틴 울프(Teen Wolf)[늑대인간에게 물린 후 서서히 늑대인간이 되어가는 10대 주인공의 에피소드를 그린 미국 드라마]는 조직된 정부-그가 레비아탄(Leviathan)이라고 부른-에 의해 길들여진다고 믿었다. 루소는 '고결한 야만인'-그가 이 말을 만든 건 아니지만-이라는 개념을 통해, 인간과 유인원은 선하게 태어났으나 문명에 의해 타락하게 되었다고 주장했다.

제인 구달과 동료들은 여러 해에 걸쳐 곰베 국립공원의 침팬지들을 관찰했다. 처음 약 10년간은 이 침팬지 집단이 별다른 문제를 일으키지 않으면서 살았기 때문에 이들이 평화로운 동물이라는 평판을 받아도 되는 것처럼 보였다. 많은 연구자가 증언했듯이 그들이 보내는 하루하루는 현대인의 일상을 닮았으면서도 좀 혼잡스러운 에덴동산 같았다. 그들의 하루는 나른하다. 거의 온종일 빈둥거린다. 섹스도 한다. 모든 행동은 잦은 비명이나 웃음소리가 부산하게 울리는 속에서 이루어진다. 이처럼 구달 팀의 초기 관찰은, 탐욕과 과학기술과 정치로 혼란스러운 인간 세계와는 달리 유인원들은 영장류의 유토피아에서 살아간다는 생각을 뒷받침하는 것처럼 보였다.

그러던 중 1974년, 구달의 현장 보조원이었던 힐라리 마타마(Hilali Matama)는 잔혹한 장면을 목격하게 된다. 수컷 일곱 마리와 암컷 한 마리로 이뤄진 침팬지 무리가 이웃 침팬지 집단에 소리 없이 잠입했는데, 거기에는 '고디'라는 이름의 어리고 약한 수컷이 홀로 나무에서 열매를 따 먹고 있었다. 이웃 침팬지 무리를 본 고디는 나무에서 뛰어 내려와 도망을 치려고 했으나, 불법 침입자 중 한 마리가 그의 다리를 잡더니 땅에 내동댕이치고는 레슬링 선수처럼 그를 꼼짝 못 하게 눌렀다. 그러자 다른 침팬지들이 달려들어 고디를 계속해서 물고 돌로 내리쳤다. 침입자들은 피를 흘리고 비명을 지르는 고디가 그대로 죽어가도록 내팽개친 채, 승리감에 취해 집으로 돌아갔다.

침팬지들 그중에서도 특히 수컷들은 성적 파트너와 음식, 탐스러운 열매가 맺힌 나뭇가지와 땅을 얻기 위해 끊임없이 싸운다. 동물 세계에서 같은 종에 속한 다른 구성원과 일대일로 경쟁하다가 상대를 죽이는 것은 흔히 일어나는 일이다. 하지만 마타마가 목격한 것은 침팬지들이 무리를 지어 같은 종에 속한 다른 집단을 공격하는 광경이었다. 인간 이외의 종에서 이런 일이 목격된 것은 처음이었다. 그것은 어쩌다, 우발적으로 일어난 행동이 아니었다. 침팬지들은 전쟁을 벌인 것이었다.

수컷 침팬지 세 마리가 그루밍을 하고 있다. 가운데 있는 '베이시'는 형인 '바톡'이 자신을 그루밍해 주는 동안 하품을 하고 있다.

이런 일도 있었다. '카세켈라'라고 불리던 침팬지 공동체가 두 파로 갈라서게 되었다. 떨어져 나간 분파는 근처 지역으로 이동했고 '카하마'라고 불렸다. 이후 4년에 걸쳐 카세켈라의 수컷들은 카하마의 어른 수컷 여섯 마리를 죽였다. 또한 적어도 한 마리의 카하마 암컷을 죽이고 다른 암컷 세 마리를 난폭하게 납치했다. 그 결과 갈라져 나간 분파는 사라지고 말았다.

침팬지의 일상은 대개 느긋하고 비폭력적이다. 하지만 여러 연구자가 목격했듯이, 몇 주에 한 번씩 수컷들은 (가끔은 몇 마리의 암컷들도 가세해) 자기네 영역의 경계선을 주의 깊게 탐색한다. 그들은 줄을 지어 걸으면서 이웃 집단과 싸울 만한지 염탐한다. 이것은 침팬지들의 정찰 활동의 일종으로, '국경 순찰'이라고 할 수 있다. 그렇게 돌아다니다 홀로 있는 수컷이나 자기들보다 작은 집단과 마주치면 공격을 가한다. 만약 상대방의 수가 더 많거나 비슷하면 그날은 포기하고 돌아간다.

침팬지들이 자기네 서식지의 경계를 줄지어 걸어가고 있다. 일종의 국경 순찰이다.

7장. 폭력의 기원 149

구달의 연구팀과 마찬가지로, 미시건대학 인류학 교수인 존 미타니(John Mitani)는 침팬지의 폭력성이 인간과 얼마나 놀라울 정도로 비슷한지를 목격했다. 그는 오랜 기간에 걸쳐 우간다의 키발레 국립공원에서 야생 침팬지 집단을 연구했다. 그는 20여 년 동안 수컷들이 정기적으로 다른 집단을 습격해 30마리 이상의 침팬지를 죽이는 것을 보았다. "내가 여기서 연구하는 침팬지들은 다른 침팬지들을 죽이는 데 아주 탁월해서, 세계 신기록을 보유하고 있다고 할 수 있을 정도입니다." 그가 나에게 쓴웃음을 지으며 말했다.

그런데 2019년에 굉장히 희한한 일이 일어났다.

그가 연구하던 집단의 수컷들이 평상시 머물던 구역을 떠나 동북쪽으로 움직이기 시작했다. 암컷과 새끼들도 함께 데리고서 말이다. "그들은 집단 구성원 전부를 이끌고 거기로 올라갔습니다. 목적지에 도착하자 소리를 지르고 고함을 치며, 마치 자신들의 구역인 양 행동했습니다."

그는 나중에 그곳이 오랫동안 이들에 의해 체계적으로 죽임을 당한 침팬지들이 살던 땅이었다는 걸 알게 되었다. 그가 연구한 침팬지 집단은 이웃 집단의 침팬지 수가 자신들이 안전하게 입성할 수 있을 만큼 줄어들 때까지 기다려 온 것이다. 한마디로 그들은 이웃의 땅을 강탈했다. 결국 침략자들은 자기 영토를 20% 이상 늘릴 수 있게 되었다. "그들은 어제도 그곳에 가서 실컷 즐기다 왔습니다. 그곳의 나무들이 최근에 탐스러운 열매를 많이 맺었거든요."

나는 미타니에게 침팬지를 관찰하는 연구원들의 존재가 그들의 행동에 영향을 미치지는 않는지 물어보았다. 그는 침팬지가 자신을 지켜보는 연구원들에게 적응하기까지는 시간이 좀 걸리지만, 사실 연구원들은 대개 그들의 관심을 끌지 않도록 조심스럽게 행동한다고 답했다. "그들이 우리의 존재를 의식하는 건 분명합니다. 그들은 우리 주위를 배회하죠. 개중에는 우리랑 교류하기를 좋아하는 침팬지도 있고, 그렇지 않은 녀석들도 있죠. 하지만 대개는 평상시와 다를 바 없이 행동합니다. 만약 적과 마주치면 우리가 보는 앞에서도 아랑곳하지 않고 기꺼이 적을 죽이고 상대를 물고 발로 짓이기도 합니다. 가끔은 미치광이처럼 날뛰기도 합니다."

집단의 경계를 두고 벌어지는 침팬지들의 이런 다툼이, 문명이 시작된 이래 인간 사회에서 거의 끊임없이 이어져 온 국경분쟁과 비슷하게 들린다면, 인간의 내면에 도사린 어두운 면들이 침팬지의 내면에 있는 어두운 면들과 생물학적으로-긴밀하지는 않을지라도-얽혀 있기 때문일 것이다. 리처드 랭엄은 대학생 신분으로 1970년대 초에 곰베 국립공원에 도착했다. 카하마가 카세켈라 공동체로부터 막 갈라져 나오기 시작한 시점이었다. "나는 그들 사이의 전쟁 과정을 직접 목격하지는 못했습니다. 하지만 전쟁의 참상은 확인할 수 있었죠. 분쟁에서 희생된 첫 시체를 내 눈으로 직접 보았습니다."

유인원 행동연구 분야에서 지도적인 위치에 있는 랭엄은 침팬지의 공격성은 인간의 폭력성과 근본적으로 관련이 있다고 본다. 나도 동의한다. 우리가 같은 종에 속한 다른 인간에 대해서 보이곤 하는 잔혹성과 침팬지와 인간 사이의 유전적인 유사성을 고려하면, 랭엄의 주장이 옳다고 믿는다. '침팬지와 인간이 같은 종에 속한 이웃 집단의 구성원을 살해하는 것은…동물 세계의 일반적인 규칙에서 보면 아주 예외적인 현상이다.' 랭엄은 1996년에 데일 피터슨(Dale Peterson)과 공저한 ≪악령의 수컷들: 유인원과 인간 폭력의 근원(Demonic Males: Apes and the Origins of Human Violence)≫에서 이렇게 썼다. 두 사람은 또 '침팬지들의 폭력은 인간의 전쟁보다 앞서서 일어났고, 인간의 전쟁을 위한 길을 닦았다. 500만 년 동안 지속된, 상대를 죽음으로 모는 치명적인 공격성이라는 습성은 우리 현생인류에게도 그대로 남아있다'라고 썼다.

구달의 연구원들이 곰베에서 일어난 침팬지들의 전쟁을 증언하기 이전에는, 전쟁이란 문명과 종교적인 차이에서 비롯되는 인간에게만 고유한 현상이라고 여겨졌었다. 하지만 랭엄이 지적했듯이, '카하마 침팬지들에 대한 살해를 통해…인간에 잠재된 전쟁을 벌이려는 성향의 원천이, 인간이 등장하기 이전의 먼 과거까지 거슬러 올라간다는 생각을 받아들이게 되었다.'

우리는 사회에 산다

크리스토퍼 라이언(Christopher Ryan)은 2019년 출간된 ≪문명의 역습(Civilized to Death)≫에서 현생인류가 이룬 문명이 인간의 삶을 망치고 있다고 주장했다. 그는 우리가 이룬 발전 중 대부분은 우리가 앞서 일으킨 문제를 해결하기 위해서거나 범죄의 목적으로 사용되었다는 점에 주목했다. 우리는 동물을 사육하기 이전에는 한 번도 문제가 된 적이 없었던 병을 예방하기 위해 백신을 발명했다. 우리는 비행기를 발명하자마자 폭탄을 투하하고 전쟁을 영속시키는 데 활용했다. 흔히 1만 년 전 농업혁명이 일어나기 이전의 인간들은 거친 세상에서 살아남기 위해 늘 전쟁이나 벌이는 추잡한 짐승과 다를 바 없었다고 이야기하지만, 라이언은 '수렵채집이 다른 어떤 생활방식-지금 우리의 삶을 포함해-보다 수준이 떨어진다거나 만족스럽지 못하다고 볼만한 증거는 어디에도 없다. 그리고 수십만 년 동안 지속된 것을 보면 다른 어떤 방식보다도 지속 가능한 생활방식이라고 볼 수 있다'라고 썼다. 그는 초기의 수렵채집인이 더 평등주의적이고, 더 우애가 넘치는 공동체를 이루며 살았고, 우리가 문명을 만들고 농업을 시작하기 이전에는 대규모 전쟁이나 탐욕, 소유 같은 개념이 인간의 내면에 스며들지 않았다는 루소의 주장에 동조한다. 인간이 자신의 소유물들을 더 소중히 여기게 되고, 농업으로 인구가 급팽창하면서 수렵채집인의 낙원은 사라지고, 라이언의 표현을 따르자면, 인간은 '자신이 설계한 동물원에 갇혀 사는 유일한 종'이 됐다.

반면 하버드대학 심리학자 스티븐 핑커(Steven Pinker)는 홉스의 관점을 따르면서, 인간은 지금 우리 종의 역사상 가장 평화로운 시대에 살고 있다는 유명한 주장을 폈다. 그는 역사적인 자료들을 해석한 끝에 문명이 진행될수록 인간의 폭력은 현저히 감소했다는 결론을 내렸다. 하지만 그것은 문명에 의해 우리가 하루아침에 더 나은 사람이 되어서가 아니다. 국가가 형성되면서 갈등이 개인으로부터 통치 권력으로 넘어간 점에 주목해야 한다. 부족들 사이의 소규모 전투는 군대와 공권력으로 진압되었고, 대신 전쟁이나 노예제도, 집단학살이 등장했다. 인간의 폭력은 중앙집권적이 되고 범위는 더 넓어졌다.

한편 인간이 수렵채집인에서 농업인으로 바뀌면서 사회적인 교류가 더 잦아졌고, 그 결과 우리는 더 크고 더 영속적인 공동체와 도시, 왕국에서 살게 되었다. 잦은 교류와 소통 덕분에 공감 능력은 더 나아졌고, 경험을 공유하고 함께 투쟁하면서 공동체 바깥의 외부인과도 더 친숙해질 수 있었다. 핑커에 따르면 사회가 끔찍한 병폐-이 가운데 최악은 노동자의 착취와 노예화, 그리고 여자를 재산처럼 다루는 것이다-도 초래했지만, 공감과 동정, 공정성과 같은 개념들도 생겨나게 함으로써 지도자들조차 폭력을 줄이는 정책을 당연한 것으로 받아들이게 되었다.

무역이 늘고 보다 먼 지역끼리도 자원이 교환되면서 사람들이 사회 안에서 차지하는 역할은 더욱 공고해졌고 사람들 사이의 친밀도도 더욱 높아졌다. 재화를 팔고 서비스를 제공하는 정직한 직업을 가지고 있으면 사람들로부터 인정을 받았고, 다른 사람들에게 필요한 사람이 될수록 사람들의 공격을 덜 받게 되었다. 폭력이 늘 인간의 가장 큰 관심사였던 건 아니었다. 핑커가 지적하듯이, '납치를 당하지나 않을까, 강간이나 살인을 당하지나 않을까 항상 걱정해야 하는 처지라면 일상이 온전히 유지되지 못할 것이고, 예술과 학문, 상업을 지원해야 할 기관의 건물들이 세워지기가 바쁘게 약탈을 당하거나 불타버린다면, 수준 높은 예술과 학문, 상업이 발달하기가 어려울 것이다.'

스페인 생태학자 조세 마리아 고메즈(José Maria Gómez)는 2016년에 1,000여 종의 포유류와 구석기시대부터 오늘날까지 존재한 600여 곳의 인간 집단에서 치명적인 폭력이 발생한 비율을 조사했다. 조사 결과는 영장류도 폭력적이라는 것을 보여준다. '치명적 폭력 가운데 일부는 포유류의 계통발생에서 인간이 차지하는 위치 때문에 일어난다.' 계통발생이란 종들 사이의 진화적인 관계를 말한다. 다시 말하면, 인간의 폭력성은 유전적으로 다른 포유류, 특히 영장류의 폭력성과 관련돼 있다.

고메즈는 같은 종 안에서 치명적인 폭력을 행사하는 비율은 인간이 다른 포유류보다 6배나 높다는 사실을 보여주었다. 반면 영장류와 비교하면 거의 비슷하다. 인간의 폭력은 구석기시대에 꾸준히 증가하고 야만적인 중세시대에는 급증한 것으로 보인다. 하지만 지난 수백 년간 치명적인 폭력의 비율은 하락했다. 이것은 전쟁이나 집단학살 등에도 불구하고 우리가 과거 조상과 비교해 예외적일 정도로 평화로운 시기에 살고 있다는 핑커의 이론을 지지한다. 고메즈는 인간이 부족에서 족장사회를 거쳐 현대 국가로 넘어오면서 폭력을 행사하는 비율이 현저히 떨어졌다는 것을 밝혔다.

그의 연구에 따르면, 선사시대 인간의 집단과 부족은 일반적인 영장류

수준의 높은 폭력성을 지니고 있었다. 그런데 오늘날에도 존재하는 일부 수렵채집 집단은 이보다 훨씬 더 높은 폭력성을 보여준다. 이것은 아마도 (라이언이 주장한 것처럼) 현대 문명이 침투해 오고 삼림 벌채가 빈번해지면서 거주지의 밀도가 높아진 탓일 것이다. 고메즈는 초기 영장류들 사이에서 폭력이 증가한 이유도, 그 시기에 집단적인 생활방식이 늘었고 그에 따라 자기 집단의 영역을 지켜야 한다는 압력이 높아졌기 때문이라고 본다. 인구 밀도가 커지면서 물리적인 충돌로 문제를 해결할 수밖에 없는 상황에 내몰렸다는 것이다.

그렇다면 치명적인 살인자가 되는 것이 대형 유인원에게는 자연에 적응하는 것이었고, 자연선택의 결과였을까? 침팬지의 경우라면 어쩌면 맞을 것이다. 수컷 침팬지가 이웃 수컷을 죽이면 성적인 경쟁을 낮출 수 있다. 더 많은 땅을 탈취하면 자신뿐 아니라 동료와 자식들에게 더 많은 자원을 공급해 생존과 번식을 도울 수 있다. 마키아벨리와 같은 통치는 이기적인 유전자가 생존할 확률을 높인다고 할 수 있다. 폭력적인 행동 성향은 침팬지의 DNA에 새겨져 있고 나아가 인간의 DNA에도 새겨졌다. 하지만 인간은 도덕이나 자기 통제를 통해 이런 폭력성을 제어하면서 문명을 이뤄왔다. 랭엄이 믿고 있듯이-나도 동의하는 바이지만-극단적인 폭력은 인간을 포함한 모든 유인원에게 최적의 전략이 아니었을 것이다.

어린 시절에 트라우마를 겪거나, 빈곤한 지역에서 성장하는 것 같은 사회경제적인 요인들은 폭력적인 성향을 키우는 주요한 원인이다. 5세 이전에 신체적인 학대를 겪은 사람은 이후의 삶에서 폭력적이든 비폭력적이든 범죄에 연루돼 체포될 위험성이 상대적으로 더 높다. 신체적인 질병이나 정신적인 질환에 걸릴 위험성이 증가하는 것은 말할 것도 없다.[17]

유전적인 영향도 무시할 수 없다. 친부모가 전과 기록이 있고, 다른 가정에 입양된 아이들의 범죄 성향은 상대적으로 훨씬 높다(Kendler, 2014). 연구에 따르면, 한 사람의 공격적인 행동의 강도는 옥시토신과 테스토스테론 수용기, 신경전달물질에 관여하는 유전자의 영향을 받는다.

아직 발전단계에 있는 연구이긴 하지만, 특정 유전자 몇 개가 폭력과 연관이 있다는 연구 결과도 있다. 핀란드에서 2015년에 실시한 범죄율 조사 결과, 폭력적인 범죄 가운데 10%가 두 개의 유전자 변형체를 가진 이들에 의해서 범해졌다는 사실이 밝혀졌다. 첫째는 '전사 유전자(warrior gene)'라는 이름이 붙은 *MAOA* 유전자이다. 이것은 모노아민 산화 효소 A-이 효소는 신경전달물질을 깨는 역할을 한다-를 코드화하는 유전자로서, 이 유전자의 활성이 낮은 사람은 도파민, 세로토닌, 노르에피네프린이 축적되면서 비정상적인 뇌 활동-특히 감정과 공포에 관여하는 편도체에서-을 일으키게 된다. 또 다른 유전자는 *CDH13*(카데린13)으로 약물 남용과 주의력 결핍, 과잉 행동 장애와 연관이 있는 것으로 알려졌다. *MAOA*와 *CDH13* 유전자 변형체를 모두 가진 사람은 반복적으로 폭행을 일으킨 기록이 보통 사람보다 13배나 많은 것으로 나타났다.

유전학 연구에 따르면, 인간의 게놈은 지금도 매우 많은 방식으로 진화하고 있다. 스티븐 핑커는 자연선택이 아직도 공격적인 성향을 키우는 데 유리하도록 작용하고 있을까, 아니면 이제는 인간이 만든 문화가 인간들 사이의 관계와 폭력성에 가장 큰 영향을 미치는 것일까, 라는 질문을 던졌다. 이에 대해 그는 자연선택이 계속해서 공격적인 성향에 작용할 수 있다고 보지만, 이를 입증할 수 있는 증거는 충분치 않다는 애매한 답을 내놓았다. 그는 현대에 들어와서는 확실히 문화적인 압력이 게놈보다 우리의 폭력적인 성향을 억제하는 데 더 큰 힘을 발휘하는 것 같다고 생각한다. 노예제도의 폐지, 시민의 권리를 찾는 민권운동, 성 소수자들에 대한 관용과 같은 사회적 도덕의 급격한 변화가 폭력성을 줄이는 문화적인 압력으로 작용했다고 생각한다. 문화적으로 획기적인 이런 변화들은 단 몇 세대에 걸쳐 너무나 빠르게 진행되었기 때문에, 우리의 유전자가 영향을 미치기에는 시간이 너무 짧다는 것이다.

침팬지처럼 인간도 선천적으로 폭력을 즐기는 성향이 있다. 하지만 충분히 오랜 시간에 걸쳐 문명과 접촉하고, 사회생활을 통해 도덕과 공감의 경험을 쌓게 되면, 폭력이 발생하는 비율은 감소하게 된다. 핑커는 인간이 평화를 향해 나아가게 된 데는 여성들에 대한 폭력이 줄어든 것도 일정 부분 역할을 했다고 본다. 물론 아직도 여전히 인간 남자들은 여성 파트너에게 끔찍하게 폭력적이긴 하지만, 침팬지 수컷보다는 훨씬 덜하다. 세계보건기구에 따르면, 전 세계 여성의 3분의 1이 파트너나 모르는 사람으로부터 신체적 폭력이나 성폭행을 당한 경험이 있다. 야생에 사는 암컷 침팬지는 거의 100%가 수컷으로부터 규칙적으로 폭력을 당한다. 심지어 유순하고 평화롭다고 알려진 보노보 집단에서도 수컷들은 자주 암컷들을 공격한다. 암컷들이 사회적인 힘을 가지고 있어 침팬지 집단보다는 덜 하지만 말이다.

유인원 연구자 중에는 오늘날 야생 침팬지에게서 관찰되는 폭력성이 인간과의 접촉이 늘어난 탓이라고 보는 이들도 있다. 아프리카를 가로질러 행해지는 벌목과 오직 이윤을 노리는 산업의 발전은 침팬지의 서식지를 심하게 훼손시킨다. 우리가 그들의 땅을 침해할수록 침팬지들의 분노는 더 커지고 더 폭력적으로 될 수 있다. 그들은 인간에 대해 단단히 분개하고 있을지도 모른다.

하지만, 그렇지 않다.

많은 연구 결과는 침팬지들이 종종 아무런 이유 없이 폭력적이라는 걸 보여준다.

2014년에 30명으로 구성된 연구팀이, 인간과 접촉하고 있는 18곳의 침팬지 집단 사이에서 발생한 152건의 살해 사건을 분석한 적이 있다. 분석 결과, 대부분의 살해는 수컷이 다른 수컷들을 상대로 저지른 것으로 나타났다. 또한 전체 공격의 60% 이상은 다른 집단을 대상으로 한 것이었다. 인간과의 교류는 이들의 폭력성에 거의 아무런 영향을 미치지 못했다. 자연에 적응하려는 침팬지들의 전략이 주된 원인이었던 셈이다. 이웃 집단의 수컷들을 제거하면 자신들이 성공하고 생존할 기회가 더 많아지기 때문이다(Wilson).

침팬지의 폭력성은 타고난 것이고 불가피한 것으로 보인다. 하지만 다행히 인간은 내면에 도사린 유인원의 악령을 다스릴 수 있는 더 나은 뇌를 가지고 있다.

8장

부드럽기도 하다

보노보의 평판은 침팬지와 정반대다. 그들은 침팬지보다 더 모계중심적이고 더 온화한 인간의 사촌이다. 인간이 왜 선할 수 있는지를 되비춰주는 거울 같은 존재이다.

보노보는 20세기로 접어들기까지는 과학계에 거의 알려지지 않았다. 그들은 해부학적으로 작은 침팬지와 비슷해서 원래는 '피그미 침팬지'로 불렸다. 1920년대 초에 심리학자이자 초기 영장류를 연구하는 학자인 로버트 여키스(Robert Yerkes)는 동물원으로부터 각각 '침'과 '팬지'라는 이름을 가진 침팬지-당시에는 침팬지라고 생각했다-두 마리를 샀다. 둘은 뉴햄프셔에 있던 여키스의 집에서 함께 기거하면서, 식사 시간에는 작은 식탁에 앉아 포크를 이용해 음식을 먹었다. 둘이 성향에서 확연한 차이를 보인다는 걸 알게 된 여키스는 1925년에 출간된 저서 ≪거의 인간(Almost Human)≫에서 이렇게 썼다. '동물의 행동을 연구해 온 사람으로서 그동안

침(왼쪽)과 팬지, 그리고 그들의 첫 주인이었던 노엘 루이스(Noel E. Lewis)

의 모든 경험을 통틀어 '왕자 침'과 같은 동물을 본 적이 없다.…조심성이나 환경에 대한 적응, 쾌활한 성격에 이르기까지 그는 분명히 다르다.' 그는 '침'이 매우 세심하고 합리적이며, 영리하다는 점에서 인간과 비슷한 자질을 갖추고 있다고 생각했다. 지금 돌이켜보면 '침'은 확실히 침팬지보다 훨씬 다정하고 유순한 보노보였을 것이다.

보노보가 별도의 종일 수 있다는 걸 처음으로 인지한 것은 1928년 독일 해부학자에 의해서였고, 몇 년 뒤 미국 해부학자 해롤드 쿨리지(Harold Coolidge)도 이를 확인했다. 그는 벨기에의 한 박물관이 소장하고 있던 화석 수집품을 검토하던 중 보노보의 골격이 침팬지보다 약하고, 다 자란 어른의 두개골인데도 침팬지보다 더 작다는 데 주목했다. 하지만 인류학자들이 둘의 차이를 제대로 인식하기까지는 이후로도 수십 년이 더 걸렸다. "나는 1960년대 후반 이 분야에 뛰어들었는데, 사람들은 그때까지도 침팬지와 보노보의 차이를 제대로 알지 못했습니다." 이언 태터솔의 회상이다. "동물원에 갇혀 있던 보노보가 몇 마리 있었지만 현장 연구가 본격적으로 시작되기 전까지는 둘의 차이를 이해하는 사람이 많지 않았습니다."

야생 보노보를 광범위하게 연구한 첫 연구자는 일본의 영장류학자인 카노 다카요시(加納 隆至)다. 그는 지금의 콩고민주공화국 왐바라는 마을 근처에 캠프를 차렸다. 현지인들은 친절했고 인근 숲에서는 보노보의 소리가 들렸다. 그래서 그는 보노노를 유인하기 위해 사탕수수를 심기 시작했다.

몇 달에 걸쳐 지켜보는 사이에 보노보가 한 마리씩 숲에서 나오기 시작했고, 카노는 그들의 행적을 관찰했다. 그는 대부분의 포유류 집단과는 달리 사탕수수밭에서 우두머리 노릇을 하는 보노보는 어른 암컷들이라는 걸 알게 되었다. 왐바의 보노보가 얼마나 느긋하고 평화로운지, 카노는 충격을 받았다. 그들은 자주 상대에게 털 손질(그루밍)을 해주고 짬짬이 간식을 먹고 어슬렁거리며 돌아다니거나 빈둥거렸다. 가끔 수컷이 화를 내기도 했으나, 집단을 지배하는 암컷들은 이를 무시하거나 아니면 무리를 지어 수컷에게 달려들어 쫓아냈다.

이후 수십 년에 걸쳐 이루어진 카노와 다른 영장류학자들의 현지 연구 덕분에 일반인들이 보노보의 성격과 그들이 이루는 사회의 모습에 대해 좋은 인상을 품게 됐다. 하지만 보노보가 다른 어떤 유인원보다 신사적이라는 평판을 굳히는데 핵심적인 역할을 한 인물은 프란스 드 발이다. 애틀랜타에 있는 여키스 국립영장류연구센터의 책임자로 일하는 그는 보노보가 연민과 친절을 구체적으로 표현할 수 있다고 믿는다. 침팬지와 달리 그들은 더 섬세하며, 자발적으로 음식을 나눠 먹는 등 훨씬 이타적이다. 수컷 침팬지는 발정 난 암컷('뜨거워진' 이들)을 두고 서로 싸우지만, 보노보가 그렇게 하는 경우는 극히 드물다. 수컷 침팬지는 유아 살해도 심심찮게 저지른다. 엄마 침팬지를 임신시키려는 목적으로 자신의 혈통이 아닌 새끼를 죽이는 것이다. 하지만 보노보 집단에서는 그런 일이 없다. 이웃 집단을 향해 난폭한 전쟁을 벌이는 일도 없다. 수컷 보노보 사이의 갈등이 폭력적으로 변하는 경우가 있지만, 침팬지에 비하면 훨씬 드물고, 대개는 어느 정도 평화롭게 끝난다.

암컷들의 행동에서도 둘 사이에는 차이가 있다. 암컷 침팬지는 (특히 발정기가 아닐 때는) 홀로 있는 걸 좋아하지만, 암컷 보노보는 무리 짓는 걸 좋아한다. 보노보들은 새로운 구역을 탐사하기 위해 떠나는 걸 즐기지만, 침팬지 집단에서는 이런 일이 거의 없다.

보노보가 섹스에 몰두한다는 사실을 처음으로 주목한 인물은 카노다. 보노보에게 섹스는 긴장을 풀고 수컷의 공격성을 완화하는 수단으로 작용한다. 보노보는 인간을 제외하면, 혀로 키스를 하고 얼굴을 마주 보며 성관계를 갖는 유일한 동물이다. 보노보들, 특히 젊은 보노보는 성적인 모든 행위가 허용되는 난교 같은 상황을 즐긴다. 수컷과 암컷끼리는 물론이고, 수컷들끼리 혹은 암컷들끼리, 나이 든 보노보와 젊은 보노보 등, 말하자면 남녀노소를 불문하고 성애를 나눈다. 이들 사이에서 가장 인기 있는 성적 행위 중 하나는-여기서 세세하게 묘사하지는 않겠다-'페니스 펜싱'이라고 불리는 것이다. 수컷과 암컷 사이의 성관계가 활발한 까닭은 암컷 보노보의 발정기가 침팬지 암컷보다 더 길다는 데 부분적인 이유가 있다. 이로 인해 암컷 보노보는 성적인 관계를 훨씬 더 선뜻 받아들인다고 볼 수 있다. 성관계를 맺는 기회가 늘면서 수컷들 사이의 경쟁과 공격적인 행동도 수그러졌을 것이다. 미타니는 야생 침팬지의 아침 일과를 거친 남학생들의 파티로 비유한 적이 있다. '그들은 소리 지르고 싸우고 물건을 내리친다.' 하지만 보노보는 조용히 일어나서 지켜보다가 서서히 분위기에 녹아드는 식이다. 게다가 보노보는 이웃을 죽이기 위해 집단의 경계를 배회하는 일 따위는 하지 않는다.

드 발은 보노보와 인간이 진화의 역사를 공유한다는 점을 들어, 이것이 우리의 도덕성을 이해하는 한 방법이 될 수 있다고 생각한다. 그는 우리가 옳고 그름을 판단할 수 있는 까닭은 일상적으로 이루어지는 사회적인 상호작용이 처음부터 우리에게 새겨져 있었기 때문이라고 믿는다. 말하자면, 우리가 도덕에 높은 가치를 두게 된 것은 신으로부터 받은 것이 아니라 우리 종이 등장할 때부터 우리 안에 깊이 스며들어 있었다는 것이다. 사회생활을 하는 영장류의 게놈과 신경회로망은 집단생활을 수용할 수 있도록 진화해왔다. 또한 우리가 타인과 상호작용하는 삶을 살아갈수록 우리의 도덕률은 그 시대의 문화에 영향을 받아 계속 수정돼 왔다.

이런 견해는 매일 케이블 뉴스와 소셜미디어가 그 어느 때보다 빠른 속도로 우리의 도덕적, 문화적 지침을 다시 쓰고 있는 작금의 스마트폰 시대에 잘 들어맞는다. 지금은 무엇이 옳고 그른지가 순식간에 바뀌는 상황이다. 드 발은 '도덕률은 하늘에서 갑자기 떨어졌거나, 충분히 합리적인 근거를 가진 원칙에서 비롯된 것이 아니다. 그것은 우리 몸에 새겨진 가치들로부터 나왔다'라고 했다. 우리가 아는 한 보노보는 종교적이지 않다. 그런데도 그들이 도덕적인 행동을 지속하는 까닭은 바로 이 때문이다.

드 발은 인간이 써 온 역사는 남성의 지배와 외부인에 대한 혐오로만 이루어진 이야기가 아니며, '조화와 타인에 대한 배려'에 관한 이야기이기도 하다고 주장한다. 그가 보기에 인간의 진보-인간의 역사를 진보의 과정이라고 볼 수 있다면-를 이끌어 온 원천을 공격적인 남성들이 다른 공격적인 남성들과의 전투에서 더 많은 승리를 거둔 결과-물론 이것은 우리의 과거를 형성하는데 큰 영향력을 발휘했지만-에서만 찾는 것은 근시안적인 관점이다. '여성적인 측면에 주목해 역사를 이해한다고 해서 손해 볼 것은 없을 것이다. 나아가 섹스에 주목해서 바라본다고 해도 손해 볼 것은 없다.' 만약 우리가 같은 인간들을 적으로 돌려서 정복하려고만 하는 대신 가끔은 상대를 받아들여 함께 했으면 어찌 되었을까? 우리의 DNA 가운데 네안데르탈인과 데니소바인과 공유하고 있는 부분은 그런 일도 다소 있었다는 걸 증명한다. '나는 우리가 다른 호미닌의 유전자를 갖고 있다고 해도 놀라지 않을 것이다. 이런 관점에서 나는 보노보의 삶의 방식이 전혀 생경하지 않다.'

브라이언 헤어는 학부생 때 에모리대학에서 드 발의 수업을 들으며 보노보에 빠지게 되었다. 그는 2000년에 랭엄의 지도를 받는 대학원생이 되었고, 랭엄과 함께 콩고민주공화국의 보노보 보호구역인 '롤라 야 보노보'에서 함께 일했다. 두 사람은 침팬지와 보노보의 행동을 직접 비교하는 연구를 진행했다. 그들이 이 작업을 시작했을 때, 헤어는 이미 10년 넘게 침팬지와 지내왔기 때문에 보노보와의 첫 만남에도 별 망설임이 없었다. 하지만 상황은 그의 예상을 빗나갔다. 보노보 사회가 작동하는 방식은 침팬지와는 확연히 달랐다.

"완전히 달랐습니다. 암컷들은 굉장히 의심이 많았습니다. 그들은 나와 아무것도 하려고 하지 않았습니다!"라고 그는 회상했다.

"수컷 침팬지나 수컷 보노보는 함께 놀자고 하면 잘 따라옵니다. 그보다는 덜하지만 가끔은 암컷 침팬지들도 협조적입니다. 그들은 우리 주변에 머물기를 원합니다. 그들과는 금방 친구가 될 수 있습니다." 하지만 암컷 보노보들은 그렇지 않았다. 헤어의 아내인 바네사는 과학 기자로서, 야생의 유인원을 관찰할 기회를 놓치지 않기 위해 남편을 따라 콩고에 갔었다. 헤어가 암컷 보노보들과 친밀한 관계를 맺는 데 어려움을 겪자, 전략을 수정했다. "결국 그녀가 우리 대신 우리가 못한 연구를 다 하게 되었죠. 암컷 보노보들이 그녀를 사랑했던 겁니다!" 헤어가 농담조로 말했다.

남성 연구원이 암컷 보노보와 작업을 할 수 없는 것은 아니다. 단지 더 많은 시간과 인내가 필요하다. 랭엄과 헤어의 연구는 어른 보노보와 침팬지들의 그루밍과 놀이 방식을 관찰해 비교하는 것이었다. 이들은 대부분 이전에 함께 시간을 보낸 사람과 교제하는 것을 좋아했다. 그러나 암컷 보노보는 예외였다. 그들은 이전에 아무리 함께 놀고 교류를 했어도 장기적인 관계를 맺는데는 도움이 되지 않았다.

헤어는 '롤라 야 보노보'의 보노보들과 이전에 우간다의 '응암바 섬 침팬지 보호지역'에서 관찰했던 침팬지를 비교한 결과, 보노보가 더 사교적이고 덜 이기적이며, 서로 협력하려는 기질이 더 강하다는 걸 확인했다. 쟁반에 먹이를 담아 주면 둘 다 서로 협력하는 점은 같았다. 그들은 서로 힘을 합쳐 음식이 담긴 쟁반을 끌어당겼다. 그러나 침팬지의 경우, 쟁반에 음식이 나누어져 각자 분배하게 돼 있으면 어느 정도 공손하게 행동하지만, 음식이 덩어리로 돼 있어 아무나 독점할 수 있으면 상황이 순식간에 바뀌어 버린다. 헤어는 나누어져 있던 침팬지의 간식이 하나로 합쳐졌을 때 그들이 보인 반응을 '완전한 혼돈' 그 자체였다고 묘사했다. 반면 보노보는 같은 상황에 직면했을 때도 능숙하게 협조했다.

랭엄은 이런 행동의 차이가 보노보는 영양가 높은 먹이가 풍부한 콩고 유역에서 진화했던 반면 침팬지는 먹이가 부족한 지역에서 진화한 탓이라고 추측한다. 침팬지는 살아남기 위해 엄청난 이기심을 발달시켜야 했을 수 있다. 하지만 보노보는-헤어의 표현을 빌리면-'거대한 샐러드 그릇'에 많은 양의 음식이 담겨 있어 느긋할 수가 있었다.

카노 다카요시가 처음 왐바에 도착했을 때, 마을 사람들은 그에게 보노보와 관련된 민담을 들려주었다(Kappeler, 2012). 내용은 이렇다. 보노보 가족이 있었는데, 어린 남동생이 숲에서의 생활과 날음식에 질렸다고 한다. 어느 날 그가 울면서 열대 우림지대를 돌아다니고 있는데 신이 나타나 그에게 불을 피우는 법을 가르쳐 주었다. 그는 평원으로 가서 음식을 익히기 시작했고 그의 후손들은 인간이 되었다. 반면 형은 전통적인 유인원 생활 방식을 고수해 후손들은 보노보로 그대로 남게 되었다는 것이다. 그런 탓인지 왐바에서는 아프리카에 사는 다른 야생동물 고기는 거래하면서도 유독 보노보에 대해서는 죽이거나 먹는 것이 전통적으로 금기시되었다. 보노보를 가족으로 여긴 것이다.

세계적으로 유인원을 연구할 수 있는 현장은 많지 않다. 또한 아프리카나 동남아시아 밀림으로 가서 그들을 관찰할 연구자들도 많지 않다. 이런 상황에서 새롭게 발견되는 사실들은 아무리 사소한 것일지라도 매우 소중하며, 이전에는 몰랐던 유인원의 특성을 드러낼 수 있다. 인류학자 마틴 서벡(Martin Surbeck)은 이런 성과들 가운데 몇 개를 스스로 밝혀냈다. 그는 콩고민주공화국에서 '코콜로포리 보노보 연구 프로젝트'를 지휘하고 있다. 2016년에 시작된 이 프로젝트는 콩고의 현지 주민들과 보노보 보호기구의 협조를 얻어, 보노보 집단 두 곳을 관찰해 그들의 생리학과 행동을 연구한다.

보노보에게는 '마마보이'라는 평판이 따라다니는데, 과거 남성우월주의적인 인류학자들이 경멸적으로 붙인 별명이다. 보노보의 딸들은 성장하면 다른 집단이나 지역으로 이주하지만, 아들은 성년이 되어서도 엄마를 떠나지 않는다. 서벡은 2018년에 보노보 엄마들이 아들의 성생활에도 관여한다는 사실을 보여주는 논문을 발표했다. 이 연구는 잡지 〈애틀랜틱〉에서 다뤄졌는데, 기사에서 과학 기자인 에드 용(Ed Yong)은 서벡이 기억하는 에피소드 하나를 소개했다. 암컷 보노보인 '우마'와 젊고 지위가 낮은 수컷인 '아폴로'가 성관계를 맺으려고 했다. 그런데 수컷 중에서 가장 높은 지위에 있던 '카밀로'가 낌새를 채고는 둘 사이를 말리려고 했다. 그러자 아폴로의 어머니인 '한나'가 뛰어들더니 맹렬히 카밀로를 쫓아낸 다음 아들과 우마가 평화롭게 교미할 수 있도록 도왔다.'

서벡은 네 곳의 야생 보노보 집단과 여섯 곳의 야생 침팬지 집단을 대상으로, 누가 누구와 친척 관계인지를 알아보기 위해 DNA 분석을 활용했다. 그 결과 보노보 엄마들은 아들이 짝을 짓는 상대를 결정하는데 영향력을 행사한다는 사실을 알게 되었다. 대부분의 포유류 엄마들은 딸이 생식에 성공하도록 돕는데 반해, 보노보 엄마들은 아들에게 그런다는 것은 보노보 집단에서 암컷들의 역할이 크다는 사실과 무관하지 않다. 아들이 지위가 높은 엄마 가까이 붙어 있으면 그는 영향력을 가진 사교 모임의 멤버가 될 수 있다. "이것은 엄마가 아들의 짝을 고르는 데 적극적으로 개입한다는 뜻이기보다는, 집단에서 영향력을 가진 엄마들은 가장 좋은 자리를 차지하는데 아들이 그것을 이용한다는 의미입니다. 즉, 엄마가 모든 일의 중심인 나무의 가장 좋은 자리를 잡고 있을 때 아들이 그 곁에 있으면 교미를 위해 더 좋은 기회를 얻을 수 있다는 뜻이죠." 서벡의 설명이다.

성적인 문제와 관련해서 또 다른 특이한 점이 있다. 서벡이 관찰한 보노보 집단에서는 한 마리의 수컷이 전체 새끼들 가운데 60%의 아버지였다. 집단을 지배하는 암컷들이 수컷들 가운데 한 마리를 우두머리로 지정해 그와 교미를 한 것처럼 보인다. 물론 이 수컷은 암컷 우두머리들보다 더 높은 지위로 올라갈 수는 없고, 비록 성적인 면에서는 암컷들로부터 은혜를 입었지만, 집단 내에서는 부차적인 역할만을 맡을 수밖에 없다. 보노보 사회는 젊은 수컷들이 성적으로 마음껏 분방하게 굴도록 허용하지만, 그것은 어디까지나 암컷에 대한 폭력을 최소화하고 집단의 안정을 돕는 선에서만 허용된다.

"보노보 사회는 암컷 몇 마리가 매우 높은 지위를 차지합니다. 이들은 그 집단의 중심이죠. 그런데 젊은 암컷들은 고위직 암컷의 아들과 짝짓기를 하려는 경향이 있습니다. 그렇지만 아들은 어떤 암컷과 짝짓기를 해도 엄마나 권력의 중심에 있는 다른 암컷들보다 더 높은 지위로 올라가지는 못합니다"라고 서벡이 설명했다.

헤어와 마찬가지로 서벡도 보노보가 섹스중독이라는 평판은 과장되었다고, 아니면 적어도 잘못 해석되었다고 생각한다. 침팬지든 보노보든 집단 안에는-인간 사회에서처럼-성관계를 많이 하는 이들이 있고 그렇지 않은 이들도 있다. 다른 집단에서 온 암컷은 새로운 집단의 인정을 받기 위해 교미를 활용하려 할 것이다. 또 높은 지위의 암컷들 중에는 더는 성관계를 갖지 않는 이들도 있다. 침팬지든 보노보든 어느 정도 선에서 난교를 허용하는 건 집단을 위한 전략일 수 있다. 특히 침팬지 집단에서 암컷은 늘 유아 살해를 저지르는 수컷을 주의해야 한다. 그래서 여러 마리의 수컷과 교미해, 새끼의 아버지가 자신일 수 있다는 생각을 수컷들에게 심어 자식을 보호하는 것이다. 난교는 보노보 집단에서도 볼 수 있는데, 성적인 교란을 통해 수컷들 사이의 경쟁을 분산시키고 권력을 암컷에게로 몰아주기 위한 것이다.

인간의 역사에서 남성우월주의가 끼친 해악과 침팬지 집단에서 볼 수 있는 수컷들의 잔혹성을 고려해 볼 때, 보노보 집단에서처럼 여성이 주도하는 사회체계가 형성되었다면 인간 사회가 지금보다 더 나아졌을까. 이런 의문을 나는 서벡에게 던져보았다. 그는 "오, 그건 너무 개인적인 질문인데요"라며 잠시 망설이더니 이렇게 덧붙였다. "내가 하는 연구에 기초해서는 그 질문에 대한 답을 줄 수 없다고 생각합니다. 그러나 인간 사회가 지금보다 훨씬 더 나아졌으리라고 믿는 건 너무 순진한 생각이라고 봅니다." 그는 암컷 보노보들도 권력을 쥐면, 인간 사회의 권력자들에게서 볼 수 있는 전형적인 행동들-공격성, 협박, 강제-을 보인다고 지적했다.

"여성들이 사회 권력을 차지했다면 어느 정도는 지금보다 더 좋아졌을 수도 있을 겁니다. 그러나 보노보의 엄마들이 거의 수컷과 같은 방식을 통해 아들의 성관계에 관여해 이익을 보려고 하는 행태가 인간 사회에서도 벌어질 수 있습니다." 암컷 보노보가 수컷의 폭력성을 억제하지만, 영장류학자들은 암컷 보노보가 암컷 침팬지보다 덜 폭력적인지에 대해서는 아직 확신이 없다고 서벡은 말했다. 유인원 사회에서는 권력을 수컷이 잡든 암컷이 잡든, 권력 자체가 평화주의를 좀먹기 때문이다.

보노보는 평화를 사랑하는 꽃밭의 어린이고 침팬지는 미치광이 전사라는 생각은 지나친 환원주의이다. 관찰과 비교 연구를 통해 드러난 결과도 그런 관점은 일방적이라는 걸 보여준다. 수컷이든 암컷이든 보노보는 자신들의 영역을 방어할 때는 몹시 폭력적으로 바뀐다. 상대를 깨물고, 대들고 필요하면 나무막대기를 던지기도 한다. 서벡은 현장에서 경험을 쌓을수록 침팬지가 널리 퍼진 평판보다 얼마나 협력적일 수 있는지를 보고 놀랄 때가 많다. 수컷 침팬지들은 서로 죽이지 않을 때는, 수컷 보노보보다 더 기꺼이 동료를 돕고 서로 '친구'가 되고 사교적인 모임을 만든다. 물론 이렇게 형성된 모임이 이웃 침팬지 집단을 습격하고 짓밟을 때 이용될 수도 있지만, 인간 사회에서 친구들이 그렇게 하듯이 서로를 보살핀다. 이것은 인간이 아주 오래전부터 형성해 온 친근한 사람들 사이의 모임과 같다.

서벡은 "그들이 서로를 얼마나 잘 돕는지, 놀라울 정도였습니다. 침팬지 집단에서 누군가가 다치면, 우리가 그토록 폭력적이라고 생각하는 수컷을 포함해 모두가 보살피려고 나섭니다. 물론 그들은 폭력적입니다. 그들은 여전히 서로 싸우고 서로 살해합니다. 하지만 함께 뭉치기도 잘하고 화해도 잘합니다. 보노보보다 더 잘합니다"라고 덧붙였다. 드 발에 따르면, 침팬지는 갈등을 포옹과 키스로 풀기도 한다. 반면 보노보는 평화롭다는 그들의 평판에도 불구하고, 일반적으로 이러한 끈끈한 사회적 유대관계를 만들지는 않는다. 그들은 침팬지에 비하면 집단의 다른 구성원들에게 덜 의지하며 서로를 덜 보살피는 것 같다. 나는 보노보가 우리 사이에서 찾아볼 수 있는 외톨이나, 혼자 있기 좋아하는 타입 같다는 생각이 든다.

드 발은 우리의 선한 기질 가운데 일부는 침팬지와 보노보 모두에게서 온 것이라고 믿는다. 그는 암컷 침팬지들이 몸싸움을 벌이는 수컷들을 서로 떼어 낸 뒤 그들을 달래 무기를 버리게 하고 화해를 시키는 장면이나, 집단 내에서 갈등이 생겼을 때 이를 중재하는 수컷 침팬지들의 모습을 묘사하기도 했다. '나는 침팬지의 이런 행동들을 공동체의 배려(community concern)라는 관점에서 바라본다. 그들의 이런 태도는 인간이 등장하기 훨씬 이전에 도덕성을 형성하는 기초가 되었을 것이다.' 이를 통해 우리는 침팬지들이 가끔 믿기 어려울 정도로 폭력적이긴 하지만, 부드러운 면도 아울러 가진다는 걸 알 수 있다.

우리는 DNA의 많은 부분을 침팬지, 보노보와 공유하며, 우리가 가진 최선의 성향도 최악의 성향도 이 공유된 유전체와 관련이 있다. 인간이 그들과의 공통된 조상으로부터 구체적으로 어떤 기질을 물려받았는지 꼭 집어서 말하기는 불가능하다. 하지만 그들의 성향을 관찰하다 보면 우리가 가진 성격을 엿볼 수가 있다. 헤어는 "인식론적인 측면에서는 인간이 단순히 침팬지와 보노보의 조합이라고 말할 수는 없습니다. 하지만 인간은 그들과 유전체의 상당 부분을 공유하고 있으므로 그들이 보이는 행동들은, 그것이 최선의 것이든 최악의 것이든, 어떤 방식으로든 우리 안에 존재해야 할 것입니다. 만약 존재하지 않는다면 그것이야말로 놀라울 일이 되겠죠"라고 말했다.

어쩌면 우리는 침팬지의 연구를 통해서는 갈등과 공동체들 사이의 전쟁에 대해 더 잘 이해할 수 있고, 보노보의 연구를 통해서는 평등주의와 평화에 대해 더 많이 배울 수 있을 것이다. "하지만 늘 그렇듯이, 차이점을 찾으려고 하면 할수록 유사함의 바다에서 헤엄치고 있는 자신을 발견하게 됩니다"라고 헤어는 말했다.

랭엄은 속으로는 끔찍할 정도로 흉악한 사람이 겉으로는 멋진 사람인 양 행동하는 것에 대해 쓰면서 '인간의 도덕성은 한편으로는 다른 동물에서는 볼 수 없는 희귀한 자질이지만, 다른 한편으로는 매우 당혹스러운 것이기도 하다'라고 했다. 히틀러는 쾌활하고 다정다감한 사람이었다 하고, 폴 포트는 목소리가 부드럽고 자상한 교사였다 하고, 스탈린은 차분하고 신사다운 사람이었다고 하지 않는가. '우리는 가장 형편없는 종이 될 수도 있고, 가장 멋진 종이 될 수도 있다.'

9장

언어는 강하다

 침팬지가 발을 구르면 '나 놀고 싶어'라는 뜻이다. 시끄러운 괴성은 '나 그루밍 받고 싶어'로 번역된다. 당신 어깨를 톡톡 두드린다면? '그만해. 나는 네가 지금 하는 짓이 마음에 안 들어'이다.

 침팬지는 '꽥' 소리를 내거나, '끙' 앓는 소리를 내거나, 악을 쓰며 비명을 질러 의사소통을 할 뿐 아니라, 80가지가 넘는 제스처를 통해 최소한 19가지 의미를 전달한다. 이런 제스처의 뜻은 영장류 학자인 캐서린 호바이터가 온라인에 개설한 〈유인원 사전(Great Ape Dictionary)〉에서 찾아볼 수 있다. 그녀는 침팬지와 보노보의 제스처를 계속 업데이트하고 있다. 호바이터는 2007~2009년에 우간다의 '부동고 숲 보호구역'에서 머물며 18개월간 침팬지의 의사소통을 관찰했다. 이후에도 유인원의 의사소통을 계속 연구하면서 의미를 확인할 때마다 사전에 추가해 왔다. 그녀는 유인원의 커뮤니케이션과 인간 언어의 기원 사이에는 진화적인 연결고리가 분명히 존재한다고 믿는다.

침팬지의 동작들 가운데 몇몇은 우리가 직감적으로 알 수 있다. 침팬지가 누군가에게 '저리 가!'라고 할 때는 손을 내젓고, 음식을 청할 때는 손바닥을 내민다. 또 어떤 것들은 우리의 제스처와 비슷하나 의미가 다르다. 예컨대 손을 머리 위로 뻗으면 이목을 끌기 위함이 아니라 다른 침팬지에게 가까이 다가오라고 부탁하는 것이다. 어떤 것들은 우리가 알 수 없는 완전히 다른 뜻을 갖는다. 호바이터는 "예컨대 침팬지가 바닥에서 맴도는 것은 '그만해'라는 뜻인 것 같습니다. 한쪽 발을 들고 돌거나 공중제비를 하는 것도 같은 의미입니다"라고 설명했다. 그녀는 침팬지들이 같은 의도인데도 여러 가지 제스처를 섞어 사용하므로 분명한 의미를 짚어내기가 쉽지는 않다고 했다. 사실 우리 인간들도 마찬가지다. 눈알을 굴리거나, 머리를 좌우로 돌리거나, 다른 사람의 팔을 잡는 행동은 모두 누군가의 행동을 언짢게 여긴다는 뜻이 아닌가.

호바이터와 요크대학 심리학자인 커스티 그레이엄(Kirsty Graham)은 침팬지와 보노보가 제스처로 구사하는 어휘와 의미가 거의 정확히 겹친다는 걸 발견했다. 두 종 사이의 유일한 차이는 사회적인 제스처와 성적인 제스처를 사용하는 빈도였다. "맞아요. 성관계를 요구하는 제스처는 보노보가 훨씬 자주 사용합니다! 하지만 그런 의미의 몸짓은 침팬지의 그것과 크게 차이가 나지 않습니다." 단지 보노보가 더 자주 사용할 뿐이다.

1960년대에서 1980년대에 걸쳐 유인원에게 인간처럼 소통하는 법을 가르치는 게 유행이었다. 수화와 그림문자(단어를 나타내는 상징)를 통해 오랑우탄, 고릴라, 침팬지, 보노보들은 어느 정도 어휘량을 늘릴 수 있었다. 침팬지 '워쇼', 보노보 '칸지', 고릴라 '코코'는 수백 개의 수화와 그림문자에 숙달된 유인원들 가운데 일부이다. 하지만 비판적인 이들은 이런 방식이 무슨 의미가 있는지 모르겠다며 회의적인 태도를 보였다. 유인원이 어휘를 아무리 많이 배워도 언어를 구사하는 데는 이르지 못한다고 느끼는 사람들이 늘어났다. 그래서 연구 방향이 점점 인간이 유인원에게 주입하는 어휘가 아니라, 유인원들이 직접 사용하는 제스처와 소리를 연구하는 쪽으로 옮겨갔다.

연구자들은 야생 유인원이 커뮤니케이션하는 방법을 이해하면, 우리 인간의 의사소통과 발전 과정을 이해하는 데도 도움이 될 거라고 믿는다. 호미닌의 뇌 진화에 영향을 미친 사회적인 성향과 행동 가운데 아마도 언어와 상징이 가장 큰 힘을 발휘했을 것이다.

태터솔은 "언어는 나를 흥분시키는 매우 강력한 자극제입니다"라고 강조했다. 할로웨이도 "언어를 포함해 상징을 이해할 수 있는 것은 우리 인간밖에 없을 것"이라고 지적했다. 딘 포크도 확신한다. "분명히 말하지만, 우리 뇌가 진화하는 데 가장 핵심적인 추동력은 언어입니다. 언어는 유인원과 호미닌이 앞으로 나아가는 길 위에 세워진 도미노와 같았습니다. 그만큼 중요했습니다."

노암 촘스키(Noam Chomsky)는 인간이 말을 통해 유창하게 소통할 수 있게 진화한 이유에 대해 환원주의적인 입장을 단호하게 견지했다. 이 저명한 언어학자는 5만 년 전에 일어난 단 한 차례의 돌연변이가 호모 사피엔스에게 언어라는 선물을 가져다주었다는 이론으로 널리 알려졌다. 그는 다른 어떤 종도 단어를 정렬해 문장으로 만드는 능력이 없으므로, 인간 이외의 다른 동물에게서 언어에 대한 진화론적인 선례를 찾아볼 수가 없다고 주장했다. 하지만 2016년에 ≪왜 우리만이 언어를 사용하는가(Why only us)≫를 출간했을 무렵에는 입장이 좀 누그러졌다. 그는 컴퓨터 과학자 로버트 버윅(Robert C. Berwick)과 함께 쓴 이 책에서 언어는 20만 년 전에 생겨났을 것이라고 했다. 경력 초기에 주장했던 것과는 달리 네안데르탈인도 언어를 사용했으리라고 본 것이다. 이스라엘 동굴에서 발견된 네안데르탈인의 설골(舌骨, 목뿔뼈)은 그들도 말을 할 수 있었다고 짐작하게 한다. 인간의 설골은 혓바닥 아랫부분을 지탱해 발화를 가능하게 한다. 다른 영장류와 달리 네안데르탈인의 설골은 호모 사피엔스와 똑같은 위치에 자리하고 있었다. 따라서 그들도 구어를 구사할 수 있었을 것이다(D'Anastasio, 2013).

매사추세츠공과대학(MIT)의 미야가와 시게루(宮川繫) 교수는 언어의 기원은 영장류의 소통만이 아니라 새의 재잘거리는 소리까지 거슬러 갈 수 있다고 본다. 새소리의 멜로디처럼, 인간은 목소리를 조절함으로써 어휘를 확장할 수 있었다는 것이다. 다윈도 비슷한 생각이다. 그는 ≪인간의 유래≫에서 '새가 내는 소리는 여러 가지 면에서 언어와 가장 비슷하다'고 했다.

촘스키는 우리 인간은 선천적으로 언어 능력을 타고난다고 주장한다. 그리고 그 능력은 자연의 역사를 통해 오직 한 번, 단 하나의 종에게만 주어졌다. 하지만 스티븐 핑커는 인간이 보편적으로 언어 능력을 가진 건 인정하지만, 촘스키가 주장하듯이 단 한 번의 돌연변이를 통해서가 아니라 다윈식의 점진적인 과정을 통해 진화해 왔다고 본다. 그리고 그 진화과정에서 중요한 돌연변이가 일어나 문장을 구성하는 능력이 생겼다는 것이다. 유전자가 우리의 행동에 어떤 영향을 미치는지를 설명하는 행동유전학에는 네 가지 법칙이 있는데, 그중 처음 세 가지는 아래와 같다.

1. 인간의 모든 행동 특성은 유전적이다(유전자를 통해 다음 세대로 전해진다).
2. 한 가족 내에서 양육되는 것의 효과는 유전자의 영향보다 작다.
3. 복잡한 행동 특성들의 편차[변칙적으로 나타나는 행동 특성] 중 상당 부분은 유전자나 가족의 영향으로 설명되지 않는다.

한마디로 인간의 행동은 유전적으로 물려받지만, 양육되는 조건에도 좌우되며, 주변 환경도 영향을 미칠 수 있다는 뜻이다. 만약 두 형제가 같은 가정에서-혹은 같은 사회나 같은 환경에서-성장하면 그들의 유전자가 둘 사이의 차이를 만드는 데 큰 역할을 한다. 하지만 어떤 이유로 서로 다른 가정에서 자라게 되면, 그들을 둘러싼 환경-즉 그들의 타고난 본성이 아니라 그들의 양육 과정-이 성격과 행동에 더 많은 힘을 행사한다(Turkheimer, 2000). 네 번째 법칙은 핑커의 제자였던 제임스 리(James Lee)가 소속된 행동유전학 연구팀이 제안한 것으로, 대부분의 유전된 행동 특성들은 많은 유전자가 함께 작용한 결과이며, 개별 유전자 자체는 아주 미세한 효과밖에 발휘하지 못한다는 것이다.

핑커는 "하나의 유전자는 이미 존재하는 어떤 심리적 특성을 방해할 수는 있지만, 새로운 심리적 특성을 심을 수는 없습니다. 이것은 자연선택의 메커니즘과도 일치합니다. 통계적으로 자연선택에서는, 단 한 번의 돌연변이가 자연에 대한 적응력을 획기적으로 높여주는 일이 일어날 가능성이 어마어마하게 낮기 때문입니다"라고 설명했다. 인간이 언어 능력을 취득한 과정에 대해서도 이런 설명이 똑같이 적용될 수 있다고 본다.

초기 인간은 다수의 제스처와 입으로 내는 소리로 의미를 전달했고, 구석기시대에는 아기들이 '마-마' '다-다' 같은 소리를 내듯이 의미를 담은 소리를 냈을 것이다. 우리는 이를 '원형 언어(proto-language)'라 부를 수 있다. 자연선택 또한 점점 길어지는 소통을 선호하는 방향으로 작용했을 것이다. 정보를 전달하는 능력은 인간의 생존에 유리할 수밖에 없었기 때문이다. 태터솔은 "초기 인간은 비록 지금 우리가 아는 언어의 수준에 도달하지는 못했지만, 제스처와 몸짓 언어, 소리를 통해 웬만큼 정교하게 의사소통을 했을 것입니다"라고 했다. 그는 우리와 네안데르탈인, 데니소바인의 공통 조상들은 결국에는 상징적인 언어로 진화할 수 있도록 전적응 돼 있었다고 믿는다.

전적응 혹은 굴절적응(exaptation)은 어떤 목적을 위해 진화한 특성이 나중에 다른 목적으로 이용되는 것을 말한다. 어떤 한 특성이 세대를 거치며 기능과 역할이 바뀔 수 있다는 개념을 처음 제기한 인물은 다윈이다. 최근에는 고생물학자인 스티븐 제이 굴드(Stephen Jay Gould)가 이 개념을 대중에게 널리 알렸다. 그가 가장 자주 든 예는 조류의 날개였다. 새들은 하늘을 날려고 날개를 이용하기 오래전부터 이미 날개를 가지고 있었다. 날개는 애초에는 짝을 유혹하거나 몸을 단열하는 데 사용되었다. 따라서 초기 새들은 실제로 하늘을 날기 전부터 하늘을 나는데 '전적응' 돼 있었던 것이다.

마찬가지로 태터솔를 비롯한 여러 학자는 우리의 뇌가, 우리가 말하기 오래전부터 언어를 위한 준비가 돼 있었다고 본다. 웨인주립대학 언어학 교수인 릴야나 프로고바크(Ljiljana Progovac)는 촘스키를 비판하면서 '(언어가 단순했던) 초기 언어 단계에서는 이미 존재하는 유전적인 요소들을 채택했을 가능성이 크다'라고 주장했다. 만약 그렇다면 언어의 진화는 이미 준비돼 있던 유전자를 불러내, 의미를 가진 문장을 만들 수 있게 굴절적응한 결과라고 할 수 있다. 프로고바크는 '단어를 조합하거나 단어를 기억하는 능력이 뛰어난 사람들의 유전자에 자연선택이 작용했을 것'이라고 추측한다.

2002년에 연구자들은, 촘스키가 지목한 언어 유전자로 보이는 *FOXP2*라는 유전자에 관한 연구 결과를 보고했다. 연구는 31명의 가족 구성원을 대상으로 이뤄졌고, 그중 15명은 언어장애를 앓고 있었다. 그런데 이 15명 모두 *FOXP2*의 돌연변이 유전자를 갖고 있었다. 이후에 나온 논문은 인간은 두 개의 *FOXP2* 유전자 변형체를 가지고 있으며, 둘 다가 제대로 기능해야 정상적으로 언어 능력이 발달할 수 있다고 보고했다. 이 변형체들은 다른 영장류에서는 발견되지 않았는데, 이것은 곧 *FOXP2* 변형체가 지난 20만 년 사이에 발현해 인간들 사이에 빠르게 전파되었다는 걸 의미한다. 연구자들은 *FOXP2*가 인간의 언어 취득에 매우 중요한 역할을 했음이 분명하다고 결론지었다(Enard, 2002).

물론 그럴 수도 있다. 하지만 *FOXP2*만이 유일하게 유전적인 영향을 미친 것은 아니었다. 위에 소개한 연구는 이후에는 다시 진행되지 않았고, 게다가 연구대상의 규모도 작고 대부분 유럽과 아시아 혈통 사람들의 유전 정보에만 기댄 한계가 있었다. 그래서 다른 연구팀이 아프리카 혈통을 포함하는 더 광범위한 게놈을 대상으로 조사한 결과, *FOXP2* 변형체가 언어를 위해 불가피한 건 아니라는 사실이 밝혀졌다(Atkinson, 2018). 이후 몇몇 다른 유전자 변형체가 인간의 언어 취득과 관련된다는 주장이 제기되었는데, 개중에는 네안데르탈인과 데니소바인에게도 존재한 것이 있고, 또 어떤 것은 그들에게는 전혀 존재하지 않았던 것으로 나타났다(Mozzi, 2016).

언어가 점진적으로 진화했다는 주장을 지지하는 또 다른 예는 원숭이의 해부학이다. 2016년에 과학자들은 짧은 꼬리 원숭이의 성도(vocal tract, 聲道)[성대에서 입술 또는 콧구멍에 이르는 통로]는 발화가 가능한 상태이므로, 말을 하기 위한 신경적인 능력만 갖춰진다면 원숭이도 소통할 수 있는 소리를 내는 게 이론적으로 가능하다고 보고했다(Fitch). 그동안에는 원숭이는 발성 구조 탓에 인간처럼 말을 할 수 없다고 여겨졌었다. 피치(Fitch)와 연구팀은 짧은 꼬리 원숭이가 소통하는 모습을 담은 엑스선 비디오를 이용해, 그들의 성도가 발화에 필요한 넓은 범위의 소리를 만들 수 있는 구조임을 밝혀냈다. 연구팀은 이를 통해 그동안 학계에서 믿어왔던 것과는 달리 (성도와 같은 발성 구조가 아니라) 신경조직의 변화-즉 뇌 안의 언어 중추의 변화와 발화에 필요한 근육을 조절하는 신경 연결망의 변화-가 인간의 언어 능력 취득에 결정적으로 중요했다고 주장했다. 엑스선을 통해 나타난 원숭이의 발성 구조는 다섯 개의 모음을 낼 수 있는 구조였다. 이것은 현대 인간이 구사하는 모음의 개수와 같다. 만약 신경 연결망을 조금만 바꾸면, 짧은 꼬리 원숭이는 아, 에, 이, 오, 우를 입으로 낼 수 있을 것이다 (그들이 오랫동안 인간의 실험 대상이 돼 고통을 당해왔다는 점을 고려하면, 그들 입에서 어떤 말이 나올지. 차라리 그들이 하는 말을 듣지 않는 편이 더 나을 수도 있겠다).

원숭이도 언어 능력을 가진다는 주장을 지지하는 또 다른 예는 아직도 논란이 많은 거울뉴런이다. 거울뉴런은 리촐라티가 짧은 꼬리 원숭이의 뇌에서 F5라 불리는 영역의 뉴런이 활성화되는 것을 확인함으로써 처음으로 등장했다. 원숭이의 머리 앞쪽에 있는 F5는 뉴런들이 모인 아주 작은 부분으로서 인간으로 치면 언어 중추인 브로카(Broca) 영역에 해당한다. 만약 F5의 거울뉴런들이 의미를 띤 제스처를 모방할 수 있다면, 뇌가 발성을 통해 의사소통할 수 있도록 진화하는데도 이 거울뉴런이 큰 역할을 했다고 볼 수 있을 것이다. 원숭이에게 F5 영역은 인간의 언어 회로망처럼, 표정을 만들고 또 상대의 표정을 읽을 수 있도록 돕는 것 같다. 브로카 영역과 베르니케(Wernicke)라 불리는 영역은, 우리가 음성으로 말을 하고 기표언어를 처리하기 위해 꼭 필요하다. 전자는 관자놀이 뒤에 있는 전두엽의 왼편 뒤쪽에 있고, 후자도 뇌의 왼편에 있는 측두엽 안쪽 깊숙이 있다. 브로카 영역은 발화가 되도록 하고, 베르니케 영역은 발화된 내용을 이해하도록 한다. 우리 인간이 상징적인 언어로 소통하기 위해서는 뇌의 여러 영역이 관여해야 한다. 즉 성격과 감정을 조절하는 영역과 안면 근육을 조절하는 영역들이 모두 참여하는 일종의 춤과 같다. 그런데 언어를 위해 중요한 역할을 하는 두 영역, 즉 브로카 영역과 베르니케 영역이 뇌의 한쪽(왼쪽)에만 존재한다는 사실은 뇌의 비대칭성을 강조하는 것이기도 하다. 뇌의 왼쪽 반구와 오른쪽 반구는 서로의 거울상이 아니다. 뇌에 존재하는 많은 구조와 기능은 두 반구 중 어느 한쪽에만 있거나 어느 한쪽에서 더 우세하게 작동한다.

왜 이런 식으로 작동하는지는 아직 분명히 밝혀지지 않았다. 특정한 기능들을 한쪽으로 구획화하면 신경전달이 더 효율적으로 이뤄질 수 있기 때문일지 모른다. 반구가 대칭적으로 돼 있으면 정보가 먼 거리를 지나야 하기 때문이다. 흔히 왼쪽 뇌는 분석적인 사고를 담당하고 오른쪽 뇌는 창의성을 담당한다고 이야기하지만, 신빙성이 없다는 게 학계의 중론이다. 예술가와 수학자의 뇌를 신경 촬영법이나 부검을 통해 연구한 바에 따르면, 뇌 반구의 구조나 활동성에서 둘 사이에는 거의 차이가 없다. 반 고흐의 오른쪽 뇌가 아인슈타인의 오른쪽 뇌보다 특별히 더 활동적이지는 않았을 것이다. 몽환적인 그림이든 상대성 이론이든 둘 다 뇌 전체에 걸쳐서 신경회로의 상호 연결과 비대칭적인 영역에서의 활동이 필요하다.

원숭이와 유인원의 뇌도 우리처럼 비대칭성을 보여주고 있으나 그 정도는 인간보다 덜하다. 이것은 뇌 좌우 반구의 기능적인 분화가 인간 뇌의 진화에 영향을 주었다는 걸 암시한다. 연구 결과에 따르면, 많은 영장류에서 뇌의 비대칭성은 후대에 유전되며, 유전자에 의해서 코드화된다. 하지만 인간과 침팬지를 비교하면, 인간에게서 유전적인 영향이 덜하다. 즉 환경적인 요인이 우리 뇌의 발달에 더 많은 결정권을 갖고 있다는 뜻이다. 우리 뇌는 살아가면서 접하는 폭주하는 감각 정보들에 맞춰 훨씬 유연하게 반응하면서 거기에 맞게 형태를 변화시킨다. 예컨대 갓난아기 때 들리는 부모나 주변 사람들이 내는 이상한 소리는 나중에 언어로 통합된다(Gómez-Robles, 2016).

원숭이와 유인원도 인간 뇌의 브로카 영역과 베르니케 영역에 해당하는 부위를 갖고 있다. 하지만 우리 뇌가 가진 유연성과 가소성 덕분에 상징성을 띤 소리나 목소리 패턴을 더 잘 흡수하고 그대로 따라하기도 한다. 또한 인간의 언어 중추는 미시적인 차원에서 훨씬 복잡하다. 세멘데페리가 이끄는 연구팀은 원숭이와 비교했을 때, 인간의 언어 중추가 신경 다발들 사이에 수평적인 공간이 더 넓어 신경들 사이의 연결이 활발하고 이로 인해 더 정교하게 언어를 처리할 수 있다는 걸 보여주었다. 또 최근 연구에 따르면, 영장류 중에서 인간의 브로카 영역이 신경의 연결 정도가 가장 높고, 그다음이 유인원, 그리고 이보다 좀 더 낮은 수준으로 원숭이가 뒤따랐다 (Schenker, 2008; Palomero-Gallagher, 2019).

사회적 뇌 가설은 집단을 이루는 구성원들 사이의 의사소통에 달려있다. 던바는 사회적 지능이 발달한 덕분에 인간이 다른 유인원보다 규모가 더 큰 집단을 유지할 수 있게 되었다고 믿는다. 그가 보기에 여기에는 언어와 정교한 발성을 통한 제스처-던바는 이것을 '보컬 그루밍(vocal grooming)'[사회적인 유대를 강화하는 데 도움을 주는 일상적인 대화나 수다]이라고 부른다-가 큰 역할을 했다. 침팬지들은 단순하면서도 오래된 신체적인 제스처를 통해 약 50마리에 이르는 친구, 가족, 친지 관계를 유지한다.[18] 하지만 언어를 통하면 그 숫자는 약 150까지 늘 수 있는데, 이것은 오늘날 우리 인간들에게 적용될 수 있는 숫자다. "나, 널 좋아하는 것 같아"라든지 "우리 서로 잘 맞는 거지?" 같은 몇 마디 상징적인 말을 상대에게 전할 수 있으면, 친구의 털을 손질하고 이를 잡아주면서 친숙한 관계를 맺는데 하루의 대부분 시간을 할애하는 대신, 남는 시간을 다른 필요를 위해 활용할 수 있게 된다.

던바는 사회적인 집단의 크기와 복잡도는 뇌의 크기와 관련이 있으므로, 인간이 150이라는 수에 도달한 시기는 200만 년 전에서 호모 사피엔스가 등장한 20만~30만 년 전 사이의 어느 시점이라고 추측한다. 원숭이와 유인원의 경우, 집단의 크기와 사교적으로 그루밍을 하며 보내는 시간 사이에 직접적인 관계가 있다. 사회적 집단은 뇌의 성장과 더불어 커졌지만, 한편으로는 점점 늘어나는 관계망을 안정적으로 유지하기 위해서는 그루밍을 위해 더 많은 시간을 할애해야 했다. 하지만 뇌가 커지면서 그럴 만한 충분한 시간을 확보하기가 점차 어려워졌다. 뇌가 커진 만큼 다른 일에 에너지를 쏟을 시간도 늘어났기 때문이다. 던바에 따르면, 호미닌의 사교서클의 규모가 커지면서 그루밍으로 유대관계를 유지하는 데 필요한 시간도 50% 이상 늘어, 아프리카 사바나의 경우 12시간을 넘는 경우가 많았다. 따라서 다른 효과적인 방법이 도입되지 않았다면, 인간은 다른 영장류와 비슷한 크기의 집단 이상으로 사회화되지 못했을 것이다.

그 다른 방법이 바로 언어였다. 서로 말을 할 수 있게 되면서 인간의 사회적인 삶은 훨씬 흥미진진해졌고, 더불어 지구의 운명도 바뀌게 되었다. 언어라는 완전히 새롭고 효율적인 소통 방법이 등장하면서 사회적인 정보와 생태적인 정보가 빠르게 전파되었다. 던바에 따르면, 인간이 더욱 복잡한 발성을 가능하게 된 것이 말을 하기 위한 전적응의 마지막 단계였다. 전적응의 또 다른 요소는 웃음과 노래다. 그는 같은 엔도르핀 체계를 활용하는 웃음과 노래가 사회적인 집단을 성장시켰으며, 경험을 더 활발하게 공유하도록 함으로써 끈끈한 유대를 형성했다고 본다.

던바가 공저자로 참여했던 2017년의 연구는 그의 추측에 힘을 싣는다(Manninen). 연구팀은 양전자 방사 단층 촬영법 즉 PET라 불리는 영상기법을 이용해, 친구들과 함께 코미디 영화를 시청하는 어른들을 대상으로 웃음과 엔도르핀의 분비 관계를 관찰했다. 그 결과 친구들 사이의 사교적인 웃음은 뇌의 많은 영역에서 엔도르핀이 분비되도록 자극했으며, 특히 대상 피질과 안와전두피질에서 분비가 활발했는데, 이 두 피질은 정서적인 반응과 사회적인 지능과 관련이 깊다. 연구팀은 또 친구들과 드라마보다는 코미디를 보는 것이 통증을 견디는데 더 효과적이라는 점도 확인했다. 연구팀은 건강한 웃음을 통해 엔도르핀과 같은 통증 완화 물질의 신호 체계를 자극하면 관계를 강화할 수 있다고 결론지었다.

언어가 등장하면서 불가피하게 생겨난 것이 가십(험담, 수다)이었다. 지난 수십 년간 던바를 비롯한 많은 연구자는 가십이 호미닌의 진화에 엄청나게 중요한 역할을 했다고 믿어 왔다. 누군가의 등 뒤에서 속삭이는 가십은 초기의 수렵채집인 집단을 안정시키는 데 도움이 됐을 뿐 아니라 오늘날에도 여전히 공동체의 평화에 이바지하는 것으로 여겨지고 있다. 우리가 이야기하는 시간의 60%는 우리 자신과 다른 사람에 대해서이다. 다른 사람들은 무슨 일을 하는지, 어떤 옷을 입는지, 재무팀의 데이브는 왜 이상하게 구는지 등등. 가십은 공동체를 지키는 경비원이나 마찬가지다. 사기꾼과 협잡꾼을 감시하고, 정직하고 집단에 이바지하는 이들의 평판을 북돋운다. 우리가 주변 사람들에 관해서 내리는 판단은 대부분 썩 현명하지는 않지만, 중요한 용도를 띠고 있음은 확실하다(Dunbar, 1993).

영국 철학자 줄리안 바기니(Julian Baggini)는 가십을 '다른 사람에 대한 도덕적 평가로서…다른 사람들이 하는 일과 행동이 옳은지 그른지, 좋은지 나쁜지에 관한 판단이다'라고 정의했다. 다윈은 ≪인간의 유래≫에서 '언어라는 힘을 획득함으로써 공동체의 희망을 표현할 수 있게 되면, 공동체 구성원이 전체의 이익을 위해 어떻게 행동해야 하는지 통일된 견해가 형성되고 그것은 곧 구성원들의 행동 지침으로 작용하게 된다'라고 썼다.

　에드워드 윌슨이라면, 웃음과 언어, 가십을 통한 유대감은 인간이 불을 다룰 수 있게 된 150만 년 전에 모닥불 주위에 둘러앉았을 때 이미 시작되었다고 말할 것이다. 야영지에서 늦은 밤 모닥불을 둘러싸고 앉아 한갓지게 이야기하는 것은 공동체의 기반을 다지는 데 도움이 됐을 것이다. 초원에서 사냥하고 채집을 한 뒤 캠프로 돌아와, 훈훈한 불길을 받으며 둘러앉아 있으면 한낮의 시간이 저녁과 밤까지 이어지고 사회적인 상호작용도 더 활발해지게 된다. 인류학자 폴리 위스너(Polly Wiessner)는 2014년 나미비아 북동 지역과 보츠와나 북서 지역에 사는 줄호안(Ju/'hoan) 부시먼족이 낮과 밤 시간대에 나누는 대화를 분석했다. 그 결과, 낮에는 땅의 권리나 먹고 사는 문제 같은 실용적인 주제기 대부분이있다. 반면 밤에는 대화의 80% 이상이 문화생활이나 사람들, 다른 공동체에 관한 이야기였다. 잉걸불 주변에 모여 늦게까지 깨어있으면서 이야기를 나눌 때, 불과 언어, 사회적인 유대는 삼위일체를 형성했을 것이다. 거기에 춤과 노래, 종교적인 의식이 더해지면 공동체를 사회적, 정서적으로 하나로 묶는 확실한 접착제가 된다.

　우리는 언어가 정확히 언제 생겨났는지 모른다. 그러나 신경과학은 복합적인 소통을 위한 신경회로망이 다른 영장류의 뇌에도 원시적인 형태로 존재한다는 걸 확인했다. 침팬지의 경우 자신들만의 몸짓 언어를 가지며, 야생에서는 소리를 통해 100개가 넘는 의미를 전달한다. 태터솔은 아우스트랄로피테쿠스가 침팬지보다는 어휘 수가 더 많았지만, 상징 언어에 대한 감각은 별로 없었을 거라고 본다. 최초의 인간종으로 알려진 호모 하빌리스의 두개골에는 브로카 영역과 베르니케 영역에 두드러진 고랑이 있는데, 이것은 두 언어 중추가 이전보다 더 확장되었다는 걸 의미한다. 뇌의 크기와 확장된 브로카 영역을 고려할 때, 호모 에렉투스도 원형 언어의 형태로 소통했음을 추측할 수 있다. 몇몇 학자들은 호모 에렉투스가 배를 이용한 게 사실이라면, 배를 만들기 위한 재료를 구하고, 배를 건조하고 바다를 항해하기 위해서는 정교한 언어가 필요했으리라고 믿는다.

스티븐 핑커는 캘리포니아대학 산타바바라의 진화심리학센터 책임자인 존 투비(John Tooby)와 레다 코스미데스(Leda Cosmides)의 발상을 지지한다. 존 투비는 이렇게 주장한다. '나는 인간의 진화가 '인식의 틈'을 메우면서 이루어졌다고 생각한다. 다시 말해, 호모 사피엔스가 가진 비범한 문제해결 능력과 언어, 사회성 이 세 가지가 각각 서로의 장점을 극대화하면서 공진화해 온 것이다.'

태터솔은 인간이 상징적인 언어 능력을 획득한 시기가 10만 년 전쯤이라고 추측한다. 상징 언어를 사용할 수 있게 되면서 비로소 인간은 진정으로 창의적으로 되었다. 그리고 상징 언어는 활발한 커뮤니케이션으로 인간이 더욱 사회적인 존재로 되는 것과 더불어 등장했다. 또한 그 이전에 우리의 유전자와 신경회로망, (구강의) 해부학적 구조는 앞으로 다가오게 될 말과 문화를 위해 우리를 미리 준비시켰다. 즉 전적응 돼 있었던 것이다.

10장

가축화 신드롬

독수리가 쥐를 노려보고 있으면 쥐는 겁에 질려 꼼짝을 못하는데, 이때 쥐의 뇌에서는 편도체가 작동한다. 편도체는 선사포유류의 뇌인 변연계에 속하는 것으로, 양쪽 관자놀이 뒤 깊숙한 곳에 있고, 아몬드 모양을 한 물집처럼 생겼다. 크기는 작지만 거의 2억 년에 걸쳐 포유류가 생존하는 데 가장 중요한 역할을 한 기관 중 하나이다. 편도체는 감정, 특히 공포 및 불안과 관련돼 있다. 동물 세계에서 공포에 대한 반응은 아주 단순하다. 도망을 쳐서 잡아먹히지 않기를 기대하거나, 그 자리에 버티고서 맞서 싸우는 것, 둘 중 하나다. 편도체는 투쟁할지 도주할지를 결정하는, 공항 관제센터 같은 곳이다. 인간의 경우, 편도체는 죽음의 공포를 느낄 때뿐만 아니라, 불안할 때도 활성화된다. 인간은 다른 동물은 겪을 필요가 없는 것들, 예컨대 많은 사람 앞에서 연설하는 것, 일에서 오는 스트레스, 온라인 데이트 같은 사회적, 문화적인 '불안들'을 겪도록 진화해 왔다.

우리가 눈과 귀와 코로 감지하는 모든 것들은 판단을 위해 편도체로 직접 전달된다. 평가 결과 위험하다고 판단되면, 편도체는 시상하부로 신호를 보내고, 시상하부는 부신을 자극해 '스트레스를 다스리는 호르몬'인 코르티솔과 아드레날린(에피네프린)을 분비한다. 우리가 공포나 두려움을 느끼는 상황에서 에너지가 솟아나거나 평소보다 정신이 또렷해지는 건 이 때문이다. 정신이 예민해지면 위험에서 벗어날 가능성도 커진다. 스트레스 상황에서 더욱 초롱초롱해지는 것이다.

스트레스는 또한 교감 신경계를 활성화하는데, 이는 우리가 싸울지 도주할지를 결정하는 또 다른 주요한 열쇠이다. 우리가 겁에 질리면 교감 신경계는 동공을 확장하고, 상황에 대처할 수 있도록 근육을 긴장시킨다. 동시에 부교감 신경계에 의해 소화와 같은 기능들이 일시 정지되고, 위험한 상황이 해소되면 다시 기능하게 된다. 호랑이를 마주칠 때와 같은 두려운 상황이나, 많은 사람 앞에서 연설할 때처럼 스트레스를 받는 상황에서도 신경계는 위와 같은 패턴으로 작동한다. 한편 편도체는 우리의 감각 기억이 오랫동안 뇌에 새겨져 있도록 돕는다. 우리가 불현듯 이전에 보았던 어떤 장면이나, 어떤 노래나 냄새를 떠올리거나, 어린 시절을 회상하게 되는 것은 이 때문이다.

인간의 감정이란 신이 내린 추상적인 인간의 특성이라고 오랫동안 믿어져 왔다. 하지만 이런 관점을 거부하면서 감정이란 생물학적인 토대를 갖는다고 처음으로 주장한 인물이 다윈이다. 그는 1872년 출간된 ≪인간과 동물의 감정표현(Expression of the Emotions in Man and Animals)≫에서 '우리가 특정한 정신상태를 드러내는 것이라고 믿는 인간의 어떤 반응들은, 사실은 신경계의 구조가 만들어낸 직접적인 결과물에 지나지 않는다'라고 했다. '진화의 아버지'인 그는 어떤 감정들은 뇌의 구조에서 유래하는 구체적인 요소와 관련이 있다고 믿었다. 또한 인간의 다른 특성들처럼 감정도 자연선택의 결과이며 진화를 통해 형성되었다고 보았다.

다윈의 발상은 아직도 유효하다. 특정한 뇌 영역과 신경망이 특정한 감정 상태를 만들고 처리할 뿐 아니라, 감정은 흔히 그것에 어울리는 (얼굴) 표정을 수반한다. 이것은 추상적이라고 믿었던 감정이 구체적인 것과 연결돼 있다는 걸 보여주는 실례이다. 또 다른 동물에게서 인간의 감정에 대한 원시적인 형태를 발견할 수 있으며 이를 통해 진화적인 궤도를 추론할 수도 있다. 우리는 깊은 감정은 다른 동물에서는 찾아볼 수 없는 인간에게만 고유한 특성이라고 생각하기 쉽지만, 사실은 그렇지 않다. 새들은 무엇인가에 강박적으로 집착한다. 코끼리와 침팬지는 슬퍼할 줄 안다. 강아지가 창가에서 슬픔에 가득 찬 눈으로 당신이 집을 나서는 모습을 내다보는 건, 일종의 분리 불안 장애이다.

두려움의 감정은 성욕과 함께 가장 필수적이며, 원시적인 정신상태의 하나다. 두려움과 성욕은 자연선택을 떠받치는 두 개의 기둥이다. 두려움은 생존에 대한 욕구를 높이고, 성욕은 번식을 촉진하기 때문이다. 모성애-과학자들에 따르면 모성애는 후기 포유류에게서 처음 나타났다-도 생존이라는 관점으로 이해할 수 있다. 호미닌이 불가에 둘러앉아 한담을 나누고 있던 시절에는 그들 사이에 오늘날의 우리보다 훨씬 깊은 감정이 형성되었을 것이다. 우리의 감정적 자아는, 사회적 지능 및 사회적 소통과 나란히 손을 잡고서 진화했다. 인간이 된다는 것이 어떤 의미이든, 거기에는 우리가 느끼는 아름답고도 복잡하게 뒤엉킨 온갖 감정들이 포함된다. 사회생활을 하는 영장류가 점점 복잡한 뇌로 진화함에 따라 감정을 더 깊이 느끼는 능력도 더불어 발달했다. 뇌피질이 더 고등한 쪽으로 발달하고 크기가 커질수록, 감정도 더 깊어졌다. 새로운 뇌 중추는 기존의 뇌 중추와 연결되면서 원시적인 감정에 새로운 차원을 더했다. 그 결과 우리는 슬픔, 죄의식, 질투, 자부심, 사랑의 감정 등을 갖게 되었다.

우리가 겁에 질리면, 편도체가 전두엽 피질을 불러내 상의한다.

"내가 지금 겁을 먹고 있는 건 알겠는데, 일어날 수 있는 최악의 상황은 무엇일까?"

"그들이 모두 바지를 입지 않고 있다고 상상해봐."

뇌피질이 가진 추론 능력은, 우리가 연설을 위해 단상으로 다가갈 때 몰려드는 두려움에 대해 맥락을 부여한다. 이 두려움은 어디서 오는 것일지 한 번 더 생각해 보게 만드는 것이다. 마찬가지로 불안이나 육체적인 욕구가 생길 때도, 고등한 인식은 그런 감정이 왜 나타나는지 해석을 내려준다. 언어처럼 감정에도 진화의 과정이 있었으며, 이런 과정은 다른 종들에서도 찾아볼 수 있다. 하지만 우리가 아는 한, 지구상에서 인간만이 가장 고도화된 감정 체계를 가지고 있다. 우리의 감정 체계는 뒤죽박죽 엉망이긴 하지만, 어쩌면 이런 형태가 어떤 방식으로든 인간에게 유리하게 작용했을 것이다.

1970년대에 폴 에크만(Paul Ekman)은 다윈의 발상을 지지하는 연구를 이끌었다. 이를 통해 그는 문화가 다르더라도 (얼굴) 표정이 나타내는 표현은 보편적이라는 걸 보여주었다. 또 어떤 표정들은 소통의 의미를 띠기 이전에 단지 환경에 적응하기 위한 것이었다고 추측했다. 우리는 두렵거나 깜짝 놀랄 때 눈을 크게 뜨는데 그것은 가시범위를 넓히기 위해서이다. 싫거나 역겨울 때 코에 주름을 잡으면서 찡그리는 것은 몸에 해로운 독소를 들이마시는 것을 방지하는 데 도움이 된다. 이런 반응들은 나중에서야 좀 더 과장된 형태로 놀라움이나 혐오의 감정을 드러내는 수단이 되었다. 심리학자 캐럴 이자드(Carroll Izard)에 따르면, 언어 발달은 감정의 진화에 매우 중요한 역할을 했다. 인간은 언어를 통해 경험과 감정을 공유하게 되면서 부정적일 수 있는 경험은 피하고(어제 우연히 발견한 사자 굴로는 다시는 가지 않는 것), 긍정적인 감정(내일 열매가 풍성한 나무를 찾아가는 것)은 극대화하도록 집단 전체가 계획을 세울 수 있었다. 이처럼 감정은 언어와 얽히면서 사회적 관계를 유지하고 판단하는 데 도움을 주었다. 인간이-예컨대 먹을거리를 구하기 위해-공동체로 단단히 뭉침에 따라, 집단을 벗어나서 혼자 떠돌던 이가 죄책감을 느끼고 다시는 그러지 않겠다는 교훈을 배운다면 공동체로부터 따듯하게 받아들여지고 생존을 위한 기회를 다시 잡을 수 있었지만, 뻔뻔스럽게 혼자 먹이를 독차지하려는 이가 있다면 집단으로부터 배척을 당했을 것이다-그날 밤 야영지에서는 분명히 그를 어떻게 다룰지 토론을 벌였을 것이다.

우리가 왜 지금처럼 복잡하고 혼란스럽고 신비하기까지 한 감정을 느끼게 되었는지를 생물학적으로 접근해서 밝혀내기는 여간 어려운 일이 아니다. 감정을 다루는 대부분의 연구는 인간과 동물의 감정을 비교해 공통점과 차이점을 분석하는 데 치중했다. 원시적인 감정을 다룬 수많은 연구를 폄훼하려는 건 아니지만, 사실 공포나 성욕 같은 가장 근본적인 감정은 비교적 손쉽게 열매를 딸 수 있는 연구주제이다. 반면 사랑과 같은 감정은 너무나 복잡한 마음 상태여서, 그것을 다루는 생물학과 심리학-이 분야 연구자들은 자신의 연구가 과학적이기를 기대한다-이 실체적인 진실에 다가가기에는 그 앞에 너무나 큰 심연이 놓여 있다. 사랑이 가진 아름다움과 신비, 뭐라고 꼭 집어 말할 수 없는 사랑의 묘한 특성을 뉴런과 화학물질을 통해 단순하게 해명해 버린다면, 사랑이 가진 황홀함과 전율, 흥분 등은 모두 빠져나가 버리게 될 것이다.

그렇지만, 한번 시도는 해보기로 하자.

유인원과 호미닌의 뇌가 커지면서 산모의 몸에서 아기가 빠져나오기가 힘들어지자, 뇌가 많이 자라기 전에 좀 더 일찍 출산하게 되었다. 이 때문에 더 미숙하게 태어난 아기를 돌보기 위해 집단의 유대가 더 끈끈해져야 했다. 그래서 어머니와 자식뿐 아니라 가족, 공동체, 어머니와 아버지 사이의 유대감을 강화하는 유전자에 자연선택이 작용하기 시작했다. 그러한 결속의 극단적인 형태가 친구와 공동체, 국가를 위해 기꺼이 죽겠다는 의지일 것이다. 처음부터 애국자로 타고나는 사람은 없다. 끈끈한 유대를 향한 인간의 의지는 다른 어떤 동물에서도 찾을 볼 수 없을 정도로 강하다. 나는 이런 의지가 이타심에 대한 유전적 경향-설사 유리의 이기적인 유전자에 의해서 촉발되었다고 하더라도-과 우리가 도덕적인 감각을 갖도록 만든 문화적인 영향의 결과라고 생각한다.

우리가 성욕과 사랑의 감정을 느끼게 되는 신경생물학적인 작동원리는 복잡 미묘하다. 성욕은 당연히 사랑보다 더 본능적이고 원시적이며, 번식을 통해 유전자를 다음 세대로 넘기는 역할을 한다. 이것은 시상하부가 고환과 난소에 신호를 보내 테스토스테론과 에스트로겐 호르몬을 생산하도록 함으로써 이루어진다. 테스토스테론은 남자와 여자 모두의 성욕에 관여하지만, 에스트로겐은 특히 배란주기 때 여성의 리비도(성욕)를 높인다.

성관계를 가질 때 뇌의 보상 체계는 성호르몬과 협력해 우리가 쾌락을 느끼게 한다. 또한 단순한 성욕과 깊은 애착(애정) 사이를 연결하는 가교의 역할도 한다. 우리가 쾌락을 느낄 때 시상하부와 피개(被蓋)라 불리는 뇌간의 원시적인 영역에서 도파민이 분비돼, 선조체(線條體), 측좌핵(側坐核), 편도체 같은 뇌의 다른 영역으로 보내진다. 이런 일련의 네트워크가 애정과 유대를 강화하는 역할을 한다. 이것은 또한 사랑에 빠졌을 때 느끼는 희열과도 관련이 있다. 인간의 뇌에서 비교적 늦게 진화한 전두엽 피질도 보상에 관여하는데, 이것은 인간이 다른 유인원들보다 유대감이 더 깊은 것과 관련이 있다. 그래서 우리는 강력한 낭만적인 관계를 맺을 수 있고 또한 로맨스가 실패로 끝날 때는 더 깊은 고통과 상실감을 겪는다. 한 연구에 따르면, 사랑과 성욕은 둘 다 우리의 보상회로에 작용하지만, 그 방법은 조금 다르다. 성욕은 마약이나 맛있는 음식처럼 기분을 좋게 하지만 바람직하지 않은 행동과 연관이 있는 선조체의 한 영역을 활성화한다. 반면 사랑의 감정은 선조체의 다른 영역과 피질의 일부인 뇌섬(腦島)를 활성화해 기분 좋은 경험이 긍정적인 의미를 띠도록 돕는다. 사랑이란 쾌락과 유대를 더 고차적이고 더 추상적으로 인식할 때 생겨난다(Cacioppo, 2012).

보상 체계를 통해 관계를 더 끈끈하게 만드는 것으로 옥시토신도 있다. 이 '포옹 호르몬'은 엄마와 아이 사이의 유대를 강화할 뿐 아니라-엄마가 아이를 돌보고 싶게 만들고 엄마에게서 젖이 나오게 한다-모자 관계 외에도 친밀한 육체적 접촉이라면 종류를 가리지 않고 분비된다. 그것은 육체적인 사랑이든, 낭만적인 사랑이든, 정신적인 사랑이든 구분하지 않고 우리가 사람들 사이의 유대로부터 따뜻한 희열을 맛보게 한다. 쥐에게 옥시토신 유전자가 발현하지 못하도록 하면, 이전에 알고 지냈던 쥐를 알아보지 못한다. 하지만 다시 옥시토신 호르몬을 주사하면 즉시 사회생활을 되찾으면서 정상적으로 살아가게 된다(Winslos, 2002).

오, 맙소사!

사랑과 애착의 정반대는 비탄(grief, 비통함)으로서, 상실에 대한 반응이다. 어떤 이들은 애도를 애착의 진화적인 부산물이라고 생각한다. 자신에게 중요한 누군가나 뭔가를 잃어버리게 되면-낭만적인 사랑의 관계든, 사교적으로 깊은 관계든, 혹은 공동체나 이념을 위한 이타적인 헌신이든-어떻게 심리적으로 크나큰 타격을 받지 않을 수 있겠는가?

사랑이 반드시 중독은 아니지만, 집착이나 강박의 성향을 띠는 건 분명하다. 사랑하는 사람을 잃게 되면 마치 중독된 약물을 끊을 때와 비슷한 증상을 보일 수 있다. 신체적인 고통과 마찬가지로 감정적인 고통도 실재한다. 다윈은 사촌의 죽음을 애도하면서 이렇게 썼다. '나에게는 항상 강한 애정이 존재했다. 이것은 인간의 성격 가운데 가장 고귀한 부분이며, 애정이 없다는 것은 심각한 문제이다. 우리는 비탄의 감정에 빠질 때 이를 선천적으로 애정이라는 걸 갖고 태어난 데 대한 필연적인 대가로 생각하면서 자신을 위로할 수밖에 없다.'

내가 성인이 되면서 부모님 집에서 독립하자, 두 분이 버지니아의 바버스빌에 있는 목장 근처로 거처를 옮겨 몇 년간 사신 적이 있다. 휴가를 맞아 본가를 찾았을 때, 자신이 낳은 송아지가 다른 목장으로 팔려 가자 어미 소들이 내던 애처로운 울음소리를 나는 아직도 기억한다. 어미 소들이 어떤 생각을 하고 있었는지는 알 수 없지만, 그들이 슬픔과 비애, 애도와 비슷한 감정을 느꼈으리라는 걸 확신한다. 그들은 분명히 새끼들을 그리워했을 것이다.

침팬지도 애도와 비슷한 감정을 갖는다는 사실이 관찰을 통해 확인되었다. 이를 통해 우리는 인간이 느끼는 비탄의 감정을 생물학적으로 접근할 수 있을 것이다. 유명한 사례가 있는데, 잠비아의 침팬지 집단에서 아홉 살짜리 침팬지가 호흡기 감염으로 이른 죽음을 맞이하자 침팬지들이 보인 반응이었다. 연구원들은 이 어린 수컷을 '토마스'라고 불렀다. 토마스가 죽고 몇 분도 지나지 않아 전체 40마리 가운데 22마리가 그를 둘러싸고 훌쩍이면서 시체를 쓰다듬었다. 평소의 그들답지 않게 믿기지 않을 정도로 차분하고 조용했으며, 심지어 음식을 앞에 갖다 놓아도 거들떠보지 않고 어린 침팬지의 죽음을 생각하는지 그냥 가만히 앉아있었다. 한참 지나자 암컷 한 마리가 달려오더니 시체를 철썩 때렸다. 마치 "얘 정말 죽었어?" 혹은 "이봐, 얘는 이제 죽었어. 우리는 계속 살아가야지"라고 말하는 듯했다. 토마스의 양부로서 그를 여러 해 동안 돌봐 온 '팬'이라는 이름의 수컷은 정신을 잃고 미친 듯이 괴성을 지르며 뛰어다녔고, 끝까지 시체를 지켰다. '노엘'이라는 침팬지는 시체에 다가가 토마스의 이빨을 풀잎으로 닦아 주었다.

이런 반응들이 확실히 비탄의 감정인지, 죽음에 대한 집단적인 애도인지는 정확히 알 수가 없다. 하지만 침팬지가 집단의 다른 구성원보다 특별히 친구와 가족의 죽음에 더 많은 관심을 기울인다는 건 잘 알려진 사실이다.

바바라 킹은 많은 동물에게서 비탄의 감정과 상실을 안타까워하는 모습을 확인할 수 있으며, 이런 감정을 느끼는데 큰 뇌나 높은 인지 능력이 필요한 것은 아니라고 믿는다. 코끼리도 죽음을 진지하게 받아들이는데, 동족이 죽으면 여러 가족이 시체로 다가가서 토마스에 대해 침팬지 집단이 그랬던 것처럼 훌쩍이면서 시체를 쓰다듬는 의식을 치른다. 널리 알려진 J35라는 범고래에 얽힌 이야기 또한 비탄에 빠진 어머니의 행동으로 해석되었다. 어미 고래는 새끼의 시체를 수면 위로 밀어 올리면서 17일간 1,000마일을 데리고 다니다 끝내 놓아 주었다. 해양생물학자들은 이 행동을 갓 태어난 새끼가 죽자 새끼를 선뜻 떠나보내지 못한 어미의 반응이라고 확신했다. 킹은 흰담비에서 원숭이, 코끼리에 이르기까지 많은 종에게서 비탄의 감정을 확인할 수 있다고 했다. 그녀는 특히 규칙적으로 어린 새끼를 뺏기는 가축들(내 부모님 집 근처 목장에 살던 암소처럼)이 경험하는 비탄에 대해 관심이 많았다.

스위스계 미국 정신과 의사인 엘리자베스 퀴블러 로스(Elisabeth Kübler-Ross)는 비탄의 과정을 다섯 단계로 나눈 것으로 유명하다. 상실에 대한 부정-분노-타협-우울-상실을 받아들이는 인정. 이런 감정적 여정은 진화적으로 합리적인 이유가 있다. 우리는 비통할 때 실제로 통증과 불편함을 느낀다. 두렵고 불안하며, 슬픔과 스트레스를 받는 상황에서 코르티솔이 치솟는다. 강렬한 감정적 유대가 타격을 받을 때 고통을 느끼는 건 자연스러운 반응이다. 그러나 우리는 계속 살아가야 하며, 정신적으로 강해져야만 앞으로 일어날 일, 예컨대 자식들을 낳아 기르거나 이미 낳은 자식들을 양육하는 일에 대처할 수 있다. 결국 어쩔 수 없이 상실을 받아들일 수밖에 없는 것이다. 어떤 심리학자는 비탄을 느낀다는 건 정서적으로 강하고 깊이가 있는 사람이라는 뜻이며, 따라서 파트너로서도 바람직한 사람이라는 의미라고 주장한다. 비탄을 느끼는 것은 교육의 한 방법이라고 생각하는 학자들도 있다-예컨대 자식이 절벽에서 떨어져 익사했을 때 느꼈던 고통과 비탄은 다시는 다른 자식들을 아무런 보살핌 없이 절벽 근처에 방치하지 않겠다는 의지와 깨달음으로 이어질 수 있다.

비탄과 마찬가지로 다른 많은 복합적인 감정도 자연에 적응하도록 돕는 역할을 했을 것이다. 텍사스대학 오스틴의 진화심리학자 데이비드 부스(David Buss)는 죄책감, 질투, 남의 불행에 보며 느끼는 쾌감, 감사의 마음 등은 개인과 집단의 목적에 쓸모가 있었으리라고 추측한다(Al-Shawaf, 2016). 이런 감정은 사회적, 성적인 위계질서나 도덕, 집단에 기생하는 사람들에 대한 처벌, 가족을 보호하는 것과 같은 적응의 문제를 해결하는 데 도움이 됐을 것이다. 이런 감정들-그리고 그 감정들이 해결하는 문제들-은 "나는 무서우니까 도망갈래"와 같은 본능적인 감정보다 훨씬 더 복잡하다.

길들여짐이 주는 행복

사회적 진화를 추동하는 데는 감정이 중요한 역할을 하지만, 감정을 자제하는 능력도 그만큼 중요하다. 인간이 매일 보이는 걷잡을 수 없는 잔인성과 폭력성에도 불구하고 인간은 다른 동물에 비해 놀라울 정도로 우리의 기질을 잘 다스린다. 인류학자들 사이에 회자하는 유명한 개념이 있는데-최근 리처드 랭엄에 의해 널리 퍼진 개념이기도 하다-, 인간이 냉정을 유지할 수 있는 까닭은 개와 마찬가지로 가축으로 길들인 종이기 때문이라는 것이다. 다른 점이 있다면, 개는 인간이 의도적으로 가축으로 길들였다면, 우리는 진화적인 적응 과정을 통해 스스로 가축이 되었다는 점이다. 즉 인간은 자기 가축화(self-domestication)의 과정을 겪었고 그래서 공격성을 순치할 수 있었다. 랭엄은 저서 ≪한없이 사악하고 더없이 관대한(The Goodness Paradox)≫에서 인간의 공격 성향을 둘로 분류했다. 하나는 도발에 반응해서 행사하는 폭력인 '반응적 공격(reactive aggression)'이고, 다른 하나는 의도적으로 계획한 살인이나 전쟁과 같은 '주도적 공격(proactive aggression)'이다. 침팬지는 이 두 폭력성을 규칙적으로 드러내지만, 인간은 다른 유인원이나 호미닌보다 반응적 폭력성이 크게 떨어진다. 이와 관련해 랭엄은 비행기의 예를 든다. 보잉 747에 침팬지들을 태우고 하늘을 날면 폭력적인 혼돈 상태가 되고 말지만, 인간은 매일매일 평화롭게 비행기 여행을 한다. 그런데도 우리는 탑승하기 전에 몸을 샅샅이 훑는 보안 스크린을 통과해야 한다. 어떤 악당 같은 인간이 비행기를 폭발시키려는 음모를 꾸밀 수 있으니까 말이다. 사전에 계획된 파괴적인 폭력을 일으키는 데 있어 인간은 지구상에서 가장 노련한 종이다. 그렇지만 야생 유인원에 비하면 우리는 천사나 마찬가지다.

랭엄에 따르면, 가축화로 길들인다고 해서 모두가 온순해지는 것은 아니다. 인간은 늑대를 길들이려고 했지만 결국은 반항심만 키웠을 뿐이다. 적당한 말이 없어 속어를 쓰자면, 그들을 미쳐 날뛰게 했다(go ape). 침팬지도 마찬가지다. 침팬지와 오랜 시간 같이 산 사람들이 많은데, 그중에서 가장 유명한 인물인 마이클 잭슨은 자신의 네버랜드 목장에서 '버블스'라는 이름의 침팬지와 함께 살았었다. 하지만 가장 온순한 침팬지조차도 좀체 길들이지 못한다.

침팬지와의 공동생활에 관한 이야기 가운데 '트래비스'의 사례만큼 악명 높은 것은 없다. 열세 살 먹은 수컷 침팬지 '트레비스'는 코네티컷주의 한 도시에서 유명인사였다. 식물에 물을 주고, TV 리모컨을 쓸 줄 알고, 문을 열쇠로 딸 수 있는 등 재주가 많았기 때문이었다. 그러던 어느 날 트래비스는 주인 샌드라의 자동차 열쇠를 갖고 집을 나갔고, 그녀는 트래비스가 다시 집안으로 돌아오도록 설득하는 데 실패했다. 그러자 샌드라의 친구인 카를라가 트래비스가 애지중지하던 장난감인 엘모 인형을 갖고서 도와주려고 건너왔다. 하지만 그 뒤에 일어난 사건은 끔찍하기 짝이 없었다. 카를라는 트래비스의 공격을 받아 양손과 얼굴, 눈, 뇌 일부를 잃어버리고 말았다. 경찰이 도착하자 트래비스는 경찰차로 다가가 운전석의 문을 열었다가 안에 있던 경찰관의 총격을 받았다. 비틀거리며 샌드라의 집으로 돌아간 그는 자신의 침대 옆에서 숨을 거두었다.

이건 가축화된 동물의 행동 방식이 아니다. 가축은 유전적으로 그들의 야생 조상과 달리 낯선 사람을 포함해 사람을 상대하는데 능하다. 개들도 가끔 사람을 공격하지만, 대개는 주인이 주입하거나 부추긴 결과인 경우이고, 늑대(혹은 침팬지)와 같은 흉포함을 보이는 경우는 별로 없다. 마이클 토마셀로와 브라이언 헤어에 따르면, 침팬지는 개보다 더 똑똑하나

인간이 보내는 사회적 신호에 적절하게 반응하는 면에서는 개가 더 낫다(Kaminski, 2009; Hare, 2002). 또한 인간과 접촉이 거의 없는 강아지도, 태어날 때부터 인간이 키워온 어른 늑대보다 인간의 신호를 더 잘 이해한다. 개는 15만 년에 걸쳐서 사육된 결과 인간의 말을 잘 알아듣게 되었다.

헤어는 "나는 개들이 침팬지는 하지 못하는 방식으로 인간과 합력하고 소통하는 것을 발견했을 때 완전히 감동했습니다. 침팬지는 많은 부분에서 똑똑하고, 개들은 결코 풀지 못하는 문제도 풀 수 있습니다. 하지만 침팬지에게는 인간이 보내는 제스처의 의도를 이해하는 기초적인 능력이 부족합니다"라고 말했다.

인간이 다른 동물보다 더 가축화되었다는 발상은 새로운 게 아니다. 아리스토텔레스, 초기 인류학자 요한 프리드리히 블루멘바흐(Johann Friedrich Blumenbach, 1752~1840년), 다윈이 이미 제기한 아이디어였다. 다윈은 (개와 늑대에서 보듯이) 가축화된 동물은 같은 야생동물보다 더 유순할 뿐 아니라, 양쪽에 공통된 특성인데도 다르게 발현된다는 걸 깨달았다. 가축화된 동물은 같은 야생종에 비할 때 대개 몸이 더 작고, 늘어진 귀와 말린 꼬리를 갖는다. 또 얼굴은 오목한 경향이 있고, 야생종보다 턱과 이빨이 작고, 수컷의 남성성이 떨어지면서 암수 사이의 차이가 줄어들어 암수의 신체적인 특성이 수렴되는 경향이 있다.

최근 연구에 따르면 야생동물은 더 큰 편도체를 갖는데, 이것은 그들이 더 무시무시하고 공격적일 수 있다는 뜻이다(Kruska, 2014). 또 가축화된 동물의 뇌는 대체로 더 작은 경향이 있다. 랭엄은 호미닌 사이의 해부학적 차이를 토대로, 인간이 가축화의 과정을 겪었고, 그 결과 호모 사피엔스가 등장했던 20만~30만 년 전에는 훨씬 유순해졌을 것이라고 믿는다. 이것은 우리의 뇌 크기가 왜 지난 1만~3만 년 동안 줄어들었는지에 대한 설명이 될 수 있다. 우리는 '가축화 신드롬(domestication syndrome)'을 물려받은 것이다. 랭엄은 인간이 서로 협력적인 사회를 형성하면서 진화의 방향도 덜 공격적이고, 수컷의 육체가 더 작아지는 쪽으로 작용했으리라고 믿는다. 다시 말하면, 자연선택은 불한당 같은 인간은 서서히 도태시키고 친절하고 감정적으로 욱하는 성질이 덜한 인간종을 선호하는 식으로 작용했다.

헤어는 2020년에 출간된 ≪다정한 것이 살아남는다(Survival of he Friendliest)≫에서 이렇게 썼다. '적자생존이라는 개념은 자칫하면-그 개념에 대한 대중적인 상상력이 그렇듯이-상대를 제압해야만 살아남는다는 무시무시한 생존 전략으로 받아들여질 수 있다. 하지만 연구 결과, 가장 덩치가 크고, 가장 힘이 세고, 가장 심술궂은 동물이 된다는 것은 평생을 스트레스를 받으며 사는 것일 수 있다는 걸 보여준다.' 그는 이어 항상 공격적으로 되는 것은-죽임을 당할 기회가 높아지는 것 같은-대가를 치르게 돼 있다고 덧붙였다.

1950년대 후반에 소련 유전학자인 드미트리 벨랴예프(Dimitry Belyaev)는 가축화 과정을 더 자세히 이해하기 위해 시베리아의 은여우(silver fox)를 연구하기 시작했다. 여우의 털은 세계적으로 귀해서 시베리아의 가정에서는 오래전부터 은여우를 사육하고 있었다. 벨랴예프는 더 유순하고 인간을 덜 무서워하는 여우들을 선별해 사육하기 시작했고, 그 결과 3세대째[은여우의 임신기간은 50일 내외다] 태어난 새끼들은 눈에 띄게 인간을 덜 무서워하고 인간에게 덜 공격적이었다. 이어 4세대가 되자 강아지처럼 꼬리를 흔들면서 사람들에게 달려왔다. 벨랴예프는 4세대 이후에 태어난 여우들의 털에 흰색 점무늬가 생긴 것을 발견했다. 색이 있는 바탕에 흰색 점이 있는 것은 가축화의 전형적인 표시다-소나 개나 말, '양말 신은' 흰색 발의 고양이에게서 볼 수 있는 흑백 무늬를 생각해 보라. 마침내 벨랴예프의 여우들은 늘어진 귀를 갖게 되었고, 수컷들의 두개골은 크기가 줄어 암컷의 뇌 크기와 비슷해졌으며 그래서 덜 공격적으로 보였다. 몇 년 후 헤어는, 랭엄과 공동 작업을 하던 기간에 시베리아로 가서 이 이야기의 주인공인 은여우들을 연구했다. 그는 은여우들이 한 번도 인지적인 능력을 높이도록 양육되지 않았음에도 인간의 사회적 신호를 읽는 면에서는 개와 비슷한 솜씨를 보인다는 걸 발견했다. 그리고 유순함과 가축화는 수컷의 젖꼭지처럼, 이제는 별다른 기능을 하지 않는 진화적인 부산물을 만들어내는 것처럼 보인다.

드미트리 벨랴예프와 그의 여우들

가축화가 언어를 향한 길을 닦는 데 도움이 되었다고 보는 연구자도 있다. 가축화된 새들은 인간의 코르티솔과 유사한, 스트레스에 반응해서 분비되는 호르몬인 코르티코스테론이 낮은 수준을 보인다. 이 호르몬 수치가 높은 새들은 인지 능력이 떨어지고 노래를 배우는 속도가 더딘 경향이 있다. 또한 유순하고 상냥한 쪽으로 자연선택이 된 새는 더 복잡한 노래를 재잘거리는 경향이 있다. 핀치(finch, 십자매)를 포근한 환경에서 가축화로 길들이면 더 정교한 새소리를 내는데, 그렇다면 스트레스가 적고 온화한 환경은 인간에게도 같은 효과를 내게 한다고 추측할 수 있다.

신경능선세포는 가축화라는 퍼즐을 푸는 데 도움을 주는, 또 다른 흥미로운 퍼즐 조각이다. 이것은 척추동물이 배아를 형성했을 때 등을 따라서 일시적으로 만들어지는 세포로서, 배아가 발달하는 과정에서 말초 신경계, 얼굴과 두개골의 연골과 뼈, 피부의 색을 결정하는 멜라닌세포를 만들기 위해 이동한다. 또 아드레날린을 비롯한 여러 호르몬을 분비하는 부신(副腎)도 만든다. 그런데 가축화와 유순함을 선호하는 방향으로 자연선택이 일어나면, 부신의 크기가 줄고 호르몬의 생성도 줄어 공격성과 감정적 반응이 약해지게 된다. 자연선택이 신경능선세포의 성장을 억제함으로써, 신체 전반에 가축화의 특성이 드러나게 되는 것이다. 이것은 가축화에 이바지하는 것 외에는 적응에 아무런 도움이 되지 않는 특성들이 왜 존재하는지를 설명해준다. 신체의 바깥으로 갈수록 신경능선세포가 적게 도달하기 때문에 치아와 턱, 두개골도 크기가 줄어든다. 연골도 멀리 뻗어나가지 않아 귀가 늘어지게 된다. 가축화된 동물은 더 상냥하고 연약하므로 가축화 신드롬이란 결국 '유년화(juvenilization)'와 같다고 볼 수 있다. 가축들은 감정적, 신체적으로 어린아이와 같은 특성들을 갖는다. 이것은 왜 사피엔스가 덜 위협적으로 생긴 네안데르탈인과 닮았는지를 설명해준다. 랭엄은 보노보도 이런 과정을 겪었으며 그래서 침팬지와는 달리 온화한 기질을 갖게 되었다고 생각한다. 그는 "나는 여섯 살짜리 침팬지가 열여섯 살짜리 침팬지가 되는 동안에 뇌에서 어떤 변화가 일어나는지는 모르지만, 해부학적으로나 기질적인 면에서 보노보는 여섯 살짜리 침팬지에 더 가깝다고 생각합니다"라고 말했다. 하지만 그는 우리 안의 평화로운 기질이 보노보와의 공통 조상으로부터 직접 물려받았다고 보지는 않는다. 오히려 보노보와 우리 사이의 유사점은 수렴진화(convergent evolution)의 결과라고 생각한다. 수렴진화란 계통적으로 서로 다른 생물이 독립적으로 진화하는데도 같은 특성을 갖게 되는 경우를 말한다. 반응적 공격성을 적게 띠는 것은 인간이나 보노보 같은 유인원에게 유리했을 것이고, 결국 이런 방향으로 자연선택이 각각의 종에게 독립적으로 작용해 수렴진화가 이루어졌을 것이다.

   신경능선세포를 이동시키는 추동력의 일부는 *BAZIB*이라는 유전자이다. 대부분 사람은 이 유전자의 복사본을 두 개 가지고 있지만, 윌리엄스 증후군 환자들은 하나만 갖고 있다. 이 희귀한 유전적 상태를 가진 이들은 인지나 학습 장애를 겪고, 두개골(두상)이 작으며, 요정과 같은 얼굴을 하며 엄청나게 친절하다. 즉 가축화 신드롬과 매우 유사한 특성을 보이는 것이다. 2019년에 나온 논문에서 연구자들은 신경능선세포에 있는 *BAZIB* 유전자의 활동을 증가하거나 감소시켰을 때 어떤 결과가 나오는지를 관찰했다. 그 결과, *BAZIB*의 활동을 증대시키면 배아가 얼굴이나 두개골로 발달할 때 관여하는 수백 개의 유전자가 영향을 받는다는 걸 알게 되었다. 반면 *BAZIB*의 활동을 감소시키면 윌리엄스 증후군에서 볼 수 있는 얼굴 특성을 만드는 데 중요한 역할을 하는 것으로 밝혀졌다. 연구자들은 또 현생인류와 네안데르탈인, 데니소바인의 DNA에서 얼굴과 두개골의 형성에 관여하는 수백 개의 유전자를 조사, 비교했다. 그 결과 현생인류의 게놈은 넓은 범위에서 돌연변이를 겪었고, 그것은 얼굴과 두개골의 형성에 관여하는 유전자들의 기능을 통제하는 데 도움을 주었다는 걸 알아냈다. 이 유전자들의 변형체 가운데 상당수는 가축화된 다른 동물에게서도 발견되었고, 이것은 인간이 가까운 시기에 가축화 과정을 겪었다고 보는 이론이 옳음을 뒷받침해주었다(Testa).

2018년에 켄트주립대학 인류학자인 오웬 러브조이(C. Owen Lovejoy)와 메리 안 라간티(Mary Ann Raghanti)는 우리에게만 고유한 신경전달물질의 조합이 뇌에 있으며, 그런 조합이 인간의 '자기 가축화'에 이바지했을 것이라고 주장했다. 연구팀은 자연사한 인간, 침팬지, 고릴라, 개코원숭이, 원숭이의 뇌로부터 신경전달물질의 수준을 측정했는데, 특히 선조체에서의 신경전달물질에 주목했다. 알다시피 선조체는 사회적 유대와 낭만적인 행동, 보상과 관련돼 있다. 조사 결과, 인간과 고릴라, 침팬지는 선조체에서 세로토닌의 수치가 높게 나왔다. 하지만 선조체의 도파민 수치는 인간이 다른 종에 비해 월등히 높은 것으로 나타났다. 인간의 선조체에서 세로토닌과 도파민, 두 신경전달물질의 수치가 높은 것은 인지 능력과 사회적 지능이 높은 것과 연관이 있다. 또 다른 신경전달물질로 혼합제인 아세틸콜린도 있는데, 이것의 수치가 높으면 강한 공격성과 연관된다. 연구팀은 고릴라와 침팬지가 인간보다 아세틸콜린의 수준이 훨씬 높다는 걸 발견했다. 라간티는 "인간과 대형 유인원의 선조체 세로토닌 수준이 높다는 것은 복잡한 사회적 상호작용에 필요한 인지적 유연성에 도움이 됩니다. 또 인간의 아세틸콜린 수치가 낮다는 것은 대부분의 다른 유인원보다 우리의 공격성이 약하다는 사실과 일치합니다. 신경전달물질의 이런 조합은 말 그대로 너무나 조화롭다고 하지 않을 수 없습니다. 마치 콘서트처럼 말이죠"라고 말했다.

라간티와 러브조이는 인간 뇌의 신경전달물질은 번식과 생존에 유리하게 작용한 자연선택의 결과라고 본다. 이들은 (선조체의) 도파민과 세로토닌의 수준이 높은 덕분에 인간은 더 발달한 사회적 행동을 하게 되었고, 공감과 언어 능력이 증대되는 방향으로 자연선택이 이뤄지게 됐다고 믿는다. 200만 년 전에 호미닌의 뇌가 급격히 확장하기 이전에 우리의 송곳니는 이미 오늘날과 같은 크기로 작아져 있었다. 이것은 우리가 이미 공격성이 완화돼 있었다는 걸 의미하며, 우리 뇌에서 발견되는 신경전달물질의 특성과도 잘 맞아떨어진다. 인간의 자기 가축화는 부분적으로 이와 같은 독특한 신경화학 물질의 결과이며, 우리가 가진 사회적인 소통 능력과 감정을 억제하는 능력과도 잘 들어맞는다.

한편 인식의 고도화는 감정과 이성적인 사고 사이의 혼란스러운 줄다리기를 초래했다. 인간은 잘못된 것인 줄 뻔히 알면서도 나쁜 결정을 내리는 경우가 허다하다. 가족과 친구, 정치와 관련되면 무엇이 옳으냐는 건 별로 중요하지 않다. 자신이 속한 편을 무조건 지지하는 것이다. 왜 그럴까? 이런 모순적인 태도가 진화적으로 우리에게 이득을 준 것일까? 우리는 왜 이성적인 판단 대신에 직감을 따르고 가슴을 따르는 것일까?

직관적인 감정을 따르는 것이 적응에 더 유리했기 때문이라고 주장할 수도 있다. 파르르 화를 내면서 상대를 쏘아붙이면 자신만 얼간이처럼 돼버리고 좋지 않은 결과만 초래되는 게 사실이다. 하지만 이쪽에서 강하게 나가면 빼앗긴 매머드 스테이크를 되찾고 열량을 확보할 가능성이 커지는 것도 사실이다. 혹은 사실이 아닌 줄 뻔히 알면서도 태양신을 믿는 것처럼 행동함으로써 공동체의 환심을 살 수 있다면 그렇게 하는 것도 가치가 있을 것이다.

수백만 년에 걸쳐 형성돼 온 성급한 감정적 반응을 단번에 털어내기는 쉽지 않은 일이다. 우리의 직감은 원시적인 뇌피질과 새로운 신피질 둘 모두에서 나온다. 즉 우리가 내리는 결정은 동물적인 반응과 인간적인 이성 사이에 걸쳐 있다. 인간은 다른 종보다 훨씬 자제력이 뛰어남에도 불구하고, 원시적인 뇌피질이 이기는 경우가 많다. 우리의 사회적인 삶과 감정적인 삶은 인간에게서만 볼 수 있는 독특한 것이면서 동시에 다른 동물들과 공유하는 것이기도 하다. 사랑, 상실, 당황, 분노 등의 감정은 다른 동물에게서도 볼 수 있는 심리적인 기저이다. 우리가 맺는 인간관계, 우리가 사용하는 상징 언어는 짧은 꼬리 원숭이들이 하는 그루밍이나 침팬지들이 발을 굴러 소통하는 방식을 매우 깊이 있게 정교화한 결과물이다.

인간의 사회적인 삶은 다른 영장류의 사회적인 삶만큼이나 오래되었다(Almeling, 2016). 우리 인간처럼 원숭이도 나이가 들면 관계를 맺는데 까다로워진다. 별로 친하지 않거나 만나도 지루한 관계는 피하고 친숙하고 가까운 관계를 더 선호한다. 노년에 새삼스럽게 새로운 친구를 만들기 위해 외출을 하고 시시한 이야기-시시한 그루밍?-를 하면서 시간을 죽이기보다는 오래된 친구와 함께하기를 더 좋아한다. 괴짜 코미디언으로 인기가 높은 래리 데이비드(Larry David)는 어느 인터뷰에서 자신은 유당(lactose, 젖당)을 참아내듯이 사람들을 견뎌낸다고 말한 적이 있다. 말인즉슨, 그가 사람들을 잘 감내하지 않는다는 뜻이다. 나이 든 인간들처럼 원숭이도 괴팍한 늙은 원숭이가 돼, 자신이 감내할 수 있는 관계만 고집하고 정해진 일과에 따라 완고하게 살아간다.

3부

뇌의 미래

위에서 펼쳐지는 세계는 이상했다.
소나기구름 사이로 갈퀴처럼 갈라진 번개가 치고 있었다.

— 밥 딜런 BOB DYLAN

11장

기후 변화의 충격

인간은 웬만하면 거의 모든 것을 먹을 수 있다. 우리는 지구상에서 가장 잡식성이 강한 종에 속한다. 그리고 적어도 두 번은, 이러한 잡식성이 인간을 궁지로부터 구해냈다.

약 260만 년 전, 지구는 제4기(Quaternary, 우리가 지금 속해 있는 지질학 시대)에 접어들었고, 우리 행성은 주기적으로 온난화와 한랭화를 겪기 시작했다. 4만 년을 주기로, 이후에는 10만 년마다 그린란드에서 빙하가 녹아서 내려와 북미와 유럽 지역의 상당 부분을 덮었다. 그리고는 서서히 잦아들었다. 퇴적물에서 발견된 고대 식물군을 분석한 결과, 아프리카에서는 이런 불안정한 기후로 인해 초목과 풍경이 극적으로 바뀌었다는 걸 알 수 있었다. 기온이 더 낮고 건조했던 기간에는 울창한 열대우림이 있던 자리를 삼림과 광대한 초원(사바나)이 대신했다. 제4기 초입의 한랭했던 기간에 루시가 속한 아우스트랄로피테쿠스 아파렌시스가 멸종했고 우리가 속한 호모속이 등장했다. 키가 크고 큰 뇌를 가진 호모 에렉투스는 그로부터 60만 년이 지나서 나타났다. 과학자들은 호모 에렉투스는 경쟁에서 가장 뛰어났고, 변화하는 기후를 이겨내고 다양한 먹을거리를 시도했으리라고 본다. 이들은 새로운 지형에 적응하면서 두 다리를 이용해 점점 먼 거리를 이동하면서 열매를 찾고, 동물의 사체 고기를 먹다가 마침내 직접 나서서 사냥하게 되었을 것이다. 컬럼비아대학 고(古)기후학자인 피터 드메노칼(Peter B. deMenocal)은 〈사이언티픽 아메리칸〉에 기고한 글에서 '먹는 것과 거주지에 융통성을 보이는 생물들이 결국은 살아남아 번성하는 것 같다'고 썼다.

사회적 지능의 증대는 호미닌이 기후 변화를 견뎌내고 높은 열량을 섭취하는 데 도움이 됐을 것이다. 대초원에 노출된 거주지에서 생활할 때 집단을 이뤄 서로 교류하면 안전이라는 측면에서 크게 이롭다. 바바라 킹은 "사회적으로 움직인다는 건 말할 수 없이 중요합니다. 사냥은 결국 사회적인 활동입니다. 물론 열매를 채집하고 죽은 동물의 먹이를 먹는 것도 사회적인 활동이지요. 나는 인간이 진화하는 데 가장 중요했던 요인은, 자연선택이 협력을 강화하는 쪽으로 작용했던 것이라고 봅니다"라고 강조했다. 진화에는 사회화된 뇌가 필수였다.

새로운 삶의 방식은 잘 달릴 수 있는 사람을 선호했다-아우스트랄로피테쿠스는 짧고 다부진 다리에서 날씬하고 긴 다리로 서서히 변해갔다. 호모 에렉투스가 등장할 무렵이 되면 호미닌은 두 다리로 능숙하게 걸을 수 있었고, 이전보다 더 멀리까지 가서 새로운 먹을거리를 찾아내 환경의 변화를 견뎌냈다. 아프리카는 삼림지대와 초원지대가 번갈아 나타나는 변동을 겪었지만, 전체적으로 건조하고 다른 동물들에게 무방비 상태로 노출된 자연환경은 호모 에렉투스가 200만 년 전에 아프리카에서 아시아로 발길을 돌린 요인이었다.

우리의 먹을거리는 늘 대자연이 어떤 자비를 베푸느냐에 따라 풍요롭기도 하고 부족하기도 했다. 방사성 연대 측정법과 화석화된 치아를 분석한 결과, 적어도 두 번의 급격한 기후 변화가 인간의 배를 채워주기도 하고 굶게도 했다는 걸 보여준다. 그 과정에서 어떤 호미닌은 역경을 이겨내지 못하고 사라졌다. 치아 화석을 분석한 결과는, 기후 변화가 발생한 기간에 우리 조상들이 채식 위주의 식단에서 고기와 과일, 채소를 고루고루 먹는 잡식성으로 변했음을 보여준다. 하지만 우리의 사촌인 파란트로푸스-원기왕성한 아우스트랄로피테쿠스-는 그 정도로 운이 좋지는 못했다. 그들은 기후 변화가 찾아왔을 때 채식주의를 고수한 것으로 보인다. 숲에서 열매가 부족해지자 그들은 소화가 잘 안 되는 초원의 풀에 의존했고 결국 100만 년 전에 지구에서 사라졌다.[19]

진화과정에서 살아남기 위해서는 무엇보다 적절한 영양을 취하는 게 중요하다. 여러 분야의 과학자들은 화석과 방사성 연대 측정법을 활용해, 우리 조상들이 무엇을 먹었는지, 어떤 음식과 영양분이 우리의 뇌를 만드는 데 큰 역할을 했는지를 알아낼 수 있게 되었다. 유일하게 인간만이 다양한 식료를 취할 수 있었다는 사실-그리고 다른 동물에게서는 볼 수 없는, 먹을거리에 접근하는 능력이 뛰어났다는 사실-은 인간의 진화 역사에서 핵심적인 부분이다.

수상생활을 하는 원숭이는 큰 눈과 주변 환경에 대한 예민한 감각 덕분에 열매와 씨앗, 꽃 등으로부터 쉽게 영양분을 취한다. 그들은 이런 면에서는 놀라울 정도로 능숙하다. 손가락이 작고 엄지를 서로 마주 보도록 할 수 있어, 열매에서 씨를 하나하나 빼낼 수 있을 정도다. 원숭이에게 있어서 자연선택은, 집단의 질서를 잘 따르고 나무에서 열매를 잘 취할 수 있는 지능이 발달하도록 작용했을 것이다. 원숭이는 또한 생태학적으로 유연해서 환경 변화에 맞춰 식단을 조절할 줄 안다. 숲에 열매가 부족하다 싶으면 곤충이나 균류, 작은 동물들을 취해 칼로리를 보충하며 곤경을 헤쳐나간다.

열대 지방에서 진화한 유인원도 나무에 달린 열매에 의존하지만, 상황이 여의치 않을 때는 다른 먹이로 보충한다. 특히 벌레가 많이 붙어 있는 나뭇가지를 좋아한다. 또 먹을 수 있는 식물 뿌리를 캘 때 투박한 도구를 사용할 줄도 안다. 침팬지에게 도구의 발견은 너무나 큰 사건이어서 도구를 차지하기 위해 죽기 살기로 싸움을 벌이기도 한다. 가끔 원숭이를 죽여 그 고기를 먹기도 한다. 원숭이 사냥을 위해 침팬지들은 사전에 팀을 꾸리는데, 한 마리는 원숭이를 추격해 나무 위에서 내려오도록 하는 역을 맡고, 나머지 침팬지들은 나무 아래에서 기다리면서 원숭이를 궁지로 몰아넣는 역을 맡는다. 보노보도 가끔 원숭이 사냥을 하지만, 침팬지와는 달리 암컷들이 더 많이 개입한다.

"대다수 영장류와 유인원은 열대 서식지에 사는데, 먹잇감이 어디 있는지를 알려면 어느 정도의 지능이 필요합니다"라고 존 미타니가 말했다. 그는 침팬지들이 어디에 먹이가 많은지 기막히게 안다고 했다. "나는 그들이 사는 숲을 잘 알기 때문에 해마다 거르지 않고 '올해는 이 나무나 저 지역에 먹이가 가장 많을 거야'라고 예측을 해봅니다. 그런데 나중에 보면 늘 제 예측은 빗나갑니다"라며 그는 웃었다. "계절의 변화와 해의 변화를 알아채고 적응하려면 영리해야 합니다. 그런 면에서 침팬지는 매우 똑똑합니다. 그들은 어디를 가면 먹이를 많이 구할 수 있는지를 놀라울 정도로 잘 알고 있습니다."

가장 초기 호미닌의 식단은 침팬지와 굉장히 비슷했을 것이다. 그들은 한동안 사바나와 삼림지대를 오가며 기회가 닿을 때마다 영양분을 취했을 것이다. 가뭄으로 초원이 마르면 삼림지대로 가서 나무에 달린 열매와 씨앗, 그리고 원숭이 고기를 먹었다. 나무의 열매가 고갈되면 다시 초원으로 돌아가 식물의 뿌리를 캐며 버텼다. 섬유질에다 영양가가 풍부한 구근, 덩이줄기, 알줄기 식물들은 초기 인간들에게 안정적이고 믿을 만한 영양의 원천이었다. 이런 식물은 거의 모든 곳에서 볼 수 있었고 게다가 땅 밑에서 자라 별로 요령이 없는 동물들은 캐내지도 못했기 때문에, 더없이 좋은 식료였다.

고기를 먹다

호모 사피엔스는 다른 유인원에 비해 치아가 매우 작고, 턱이 축소돼 있다. 이런 변화의 부분적인 이유는 말을 할 수 있는 충분한 공간을 확보하기 위한 것으로 여겨진다. 악기가 작을수록 소리 조절을 더 잘할 수 있는 원리와 같다. 한편 우리의 입과 어금니는 식단의 변화가 초래한 결과이다. 송곳니는 초기 호미닌 즉 오로린에서 아르디피테쿠스를 거쳐 아우스트랄로피테쿠스에 이르기까지-그리고 호모속에 이르러서는 훨씬 더-유인원의 송곳니 크기에서 점점 호모 사피엔스의 송곳니 크기로 작아졌다. 이것은 호미닌이 더는 입을 무기로 사용할 필요가 없어졌기 때문이다. 아우스트랄로피테쿠스는 유인원처럼 부드러운 열매를 먹었지만, 견과류와 씨앗, 뿌리를 씹을 수 있는 어금니를 가지고 있었다. 그래서 다른 유인원보다 더 잡식성이었지만, 침팬지처럼 치아를 보호하는 에나멜 막이 얇게 입혀져 있었다. 이것은 화석화된 아우스트랄로피테쿠스의 치아가 대부분 상태가 좋지 않은 이유를 설명해준다. 당시만 해도 아우스트랄로피테쿠스는 사바나에서 구할 수 있는 딱딱한 먹을거리, 즉 뿌리, 구근, 덩이줄기, 알줄기 등에 아직 완전히 적응돼 있지 않았다. 일반적으로 말하면, 호미닌이 진화를 계속하면서 우리의 턱과 치아의 크기는 점점 줄었고, 치아에 입혀진 에나멜은 더 다양해진 식료를 처리하기 위해 더 두꺼워졌다. 호모 하빌리스와 호모 에렉투스를 거치면서 우리는 치명적인 힘을 가진 강한 송곳니는 잃는 대신, 에나멜을 입힌 치아로 가득 찬 작은 입을 갖게 되었고, 이것으로 부드러운 다육질에서부터 딱딱한 섬유질에 이르기까지 폭넓게 음식을 처리할 수 있었다. 줄어든 턱은 자기 가축화가 일어날 수 있는 조짐이었다. 다윈이 썼듯이, '처음에…인간의 조상들은…큰 송곳니를 가졌지만, 적이나 경쟁자와 싸우기 위해 돌, 몽둥이 같은 무기를 사용하는 습성을 획득하면서 턱과 치아를 점점 덜 사용하게 되었고, 그 결과 턱과 치아의 크기가 줄어들었을 것이다.'

소통과 복잡한 사회에 대해 전적응된 것이 우리 뇌가 지구를 지배하도록 만든 엔진이었다면, 거기에 연료를 공급한 것은 부드러운 다육질의 식료였다. 바로 고기다. 침팬지의 먹이 가운데 고기가 차지하는 비율은 고작 3%인데, 이것은 초기 인간에게도 비슷했을 것이다. 하지만 우리 조상들은 점점 숲에서 초원으로 나오면서 육식에 적응해야만 했다. 그리고 진화적으로는 순간과 다를 바 없는 짧은 시기 동안 우리 뇌는 마치 부풀어 오르듯이 크기가 커졌다. 단백질과 지방, 풍부한 열량에 힘입어 인간의 뇌는 그 어느 때 보다 크게 자라, 마침내 지금 우리가 이고 다니는 머리 크기에서 정점에 이르렀다. 고기 소비의 증가가 뇌 확장의 직접적인 원인인지, 아니면 다른 원인으로 인해 더 크고 똑똑한 뇌를 갖게 돼 더 많은 고기를 사냥할 수 있는 능력을 갖추게 된 것인지 결정하기는 불가능하다. 어쩌면 둘 다 조금씩 영향을 미쳤을 수 있다. 고기를 좀 더 수월하게 손에 넣게 되면 높은 열량이 필요한 뇌의 성장을 도울 수 있을 테니까 말이다.

바바라 킹은 채식주의자에 가깝지만, 과거에 스테이크가 했던 역할의 중요성을 순순히 인정한다. "나는 우리의 진화한 뇌를 이용해, 우리가 지금 먹는 고기를 제공한 동물들에 대해 동정적으로 생각해야 한다고 믿습니다. 그렇더라도, 나는 육류가 뇌의 진화에 두드러진 역할을 했다는 사실은 강조해 두고 싶습니다. 정치적인 이유로-비건주의자든, 채식주의자든, 고기를 최대한 적게 먹자는 육식 소식주의자든-인간의 진화의 역사를 마음대로 고쳐 쓸 수는 없습니다. 이것은 사실에 관한 것이니까요." 아무리 적은 양의 고기에도 비타민이 풍부하고, 뇌와 몸에 좋은 영양소가 가득하다. 비타민B, 철분, 아연과 셀레늄은 그 가운데 일부다.

처음에는 육류 섭취라고 하면 죽은 고기를 먹는 것을 의미했다. 초기 인간들은 지금처럼 먹이사슬에서 우두머리에 있지 않았다. 괜찮은 무기를 손에 넣기 전까지는, 굶주린 고양잇과 동물[호랑이, 사자, 치타, 표범 등] 앞에서 무기력하게 당할 수밖에 없었다. 초기 인간들에게 도움이 된 것은 포식자가 먹잇감을 대충 먹고는(그들은 지금도 그렇게 한다) 자리를 뜨는 경우였다. 일반적으로 사자나 늑대 같은 포식자는 희생자를 쓰러뜨리고 나면 곧장 내장부터 먹기 시작한다. 신장, 간, 비장 그리고 뇌는 영양소가 많고 단백질과 지방이 밀집돼 있기 때문이다-근육질을 먹는 것보다는 훨씬 효율적으로 영양분을 취할 수 있는 것이다. 버팔로윙[닭날개 튀김]을 먹을 때 살집 부분을 남기는, 나로서는 이해가 안 가는 사람들처럼, 사자도 많이 남기는 경향이 있다. 사자가 떠나면 초기 인간들은 시체에 다가가서 남은 고기를 취했다. 물론 같은 목적으로 호시탐탐 노리고 있던 하이에나를 물리쳐야 하는 경우가 많았을 것이다.

인류학자들은 인간이 처음에는 어느 정도나 육식주의자였는지 정확히 알지 못한다. 지금도 세계 곳곳에는 수렵채집인이 존재하는데, 그중에는 높은 육류 섭취율을 보이는 집단도 있고, 육식을 전혀 하지 않는 집단도 있다. '타웅의 아이'를 비롯한 화석 증거에 따르면, 아우스트랄로피테쿠스가 등장하는 시기의 호미닌도 투박한 형태로나마 동물을 도축해 고기를 섭취한 것으로 보인다. 호모 하빌리스와 이후의 호모 에렉투스 시대에 이르면 규칙적으로 고기를 섭취했음이 거의 확실하다. 2013년에 스미스소니언 자연사 박물관의 인류학자 브리아나 포비너(Briana Pobiner)와 동료들은 케냐에서 150만 년 전의 것으로 추정되는 3,700여 점의 동물 화석과 돌로 만들어진 도구 약 3,000개를 조사했다. 그 결과 호미닌들, 그중에서도 호모 에렉투스는 지속적으로 동물의 사체를 조각 내 먹었음을 보여주었다. 이 무렵에는, 고기가 원생 인류의 먹이 피라미드에서 필수적으로 되었고, 지금도 우리는 여전히 지구상에서 육류를 가장 많이 소비하는 유일한 유인원이다.

포니버는 몇 년 뒤, 초기 호미닌이 동물의 사체를 과연 생존의 주요한 수단으로 삼았을지 알아보기 위해 케냐에 있는 사설 동물 보호구역을 찾았다. 이곳은 사자가 지배하고 있었는데, 호모 에렉투스는 이 사자의 조상들과 함께 살았을 것이다. 포비너는 몇 달에 걸쳐 사자의 식습관을 관찰하고 동물의 사체를 분석했다. 그 결과, 사체들 가운데 절반가량은 고기가 남아있었고, 그것도 대부분 많은 양이 남아있음을 알 수 있었다. 사자나 날카로운 송곳니를 가진 고양잇과 동물들이 남긴 사체를 먹는 것은, 그들보다 사냥에 미숙한 인간들에게는 중요한 생존 수단이었으리라고 추정할 수 있다.

초기 호미닌의 메뉴판에는 골수도 있었다. 화석을 분석해보면, 초기 인간들이 돌망치로 동물의 뼈를 으깬 다음 열량이 높은 골수를 긁어냈다는 것을 알 수 있다. 물론 이것 역시 대부분 덩치가 큰 고양잇과 동물들이 남긴 것이다.

어느 시점에 이르러, 초기 인간은 버려진 사체에 대한 의존도를 낮추고 대신 질 좋은 고기에 접근하게 되었다. 포식자가 희생자를 쓰러뜨리면 무리를 지어 몰려가서 겁을 주거나 싸워서 포식자를 쫓아낸 다음 신선한 고기를 차지하게 되었다. 그러다 몸집이 작은 동물에게 돌을 던지거나 발사시키는 방식으로 본격적으로 사냥에도 나서게 되었다. 사자와 인간의 사냥 선호도를 비교하는 연구를 진행했던 위스콘신대학 인류학 교수 헨리 번(Henry Bunn)은 인간은 200만 년 전부터 사냥감에 몰래 접근하거나 매복하는 방식으로 덩치가 큰 동물을 죽일 수 있었다면서, 이 시기에는 이미 동물 사체의 고기에만 의존하지 않았다고 주장했다.[20] 번 교수의 주장이 나오기 이전에는, 인간이 사냥했다고 밝혀진 가장 빠른 시기는 40만 년 전으로, 독일의 한 지역에서 긴 창을 사용해 말을 찌른 흔적이 나왔다.

평원에 피운 불

뇌는 에너지 측면에서 보면 매우 비싼 기관이다[뇌는 전체 몸무게의 2%에 불과하지만, 전체 에너지의 20%를 소비한다]. 1990년 레슬리 아이엘로(Leslie Aiello)와 피터 휠러(Peter Wheeler)는 '비싼 조직 가설'을 내놓았다. 즉 인간의 뇌가 커짐에 따라 역시 에너지 소모가 많은 다른 내장 기관들-즉 위장관과 간-이 짧아지고 작아짐으로써 뇌의 에너지 소모를 상쇄했다는 것이다. 약 200만 년 전, 호모 에렉투스가 등장할 무렵부터 인간의 장은 줄어들기 시작했다. 장이 줄어 소화능력이 떨어지니 가뜩이나 소화가 힘든 풀과 나뭇잎을 많이 먹을 수가 없었고 결국 고기 의존도가 높아지게 되었다. 고기는 잘 소화되고 적은 양으로도 높은 열량을 얻을 수 있는, 고품질 고열량 식사여서 일거양득이었다. 아이엘로와 휠러는 이런 상황을, 인간의 뇌를 키우고 지금까지 진화시켜 온 것은 다른 동물의 근육이라고 표현했다.

고기는 중요했다. 그러나 고기를 어떻게 조리하는가도 마찬가지로 중요했다. 리처드 랭엄은 우리가 불을 활용하게 된 것이야말로 뇌의 확장을 결정적으로 밀어붙인 힘이라고 믿는다. 그는 2009년에 출간된 ≪요리 본능(Catching Fire: How Cooking Made Us Human)≫에서 '호모속이 탄생한 변화의 순간-이것은 생명의 역사에서 가장 극적인 전환의 하나이다-은 불을 통제해 고기를 익혀 요리할 수 있었기 때문에 도래했다'고 썼다.

인간이 익힌 고기를 먹게 된 최초의 경험은 산불이 났을 때 타고 남은 동물의 고기를 통해서였을 것이다. 미처 불을 피하지 못한 작은 동물의 새까맣게 탄 근육과 힘줄은 맛도 있고, 손쉽게 열량도 채울 수 있는 음식이었다. 다른 유인원으로부터 갈려져 나온 인간의 조상들은 이런 고기를 어느 정도 맛보았을 것이다. 반면 침팬지들은 산불의 잔해 속에서 불에 익은 씨앗들을 골라내 즐겼을 것이다. 랭엄과 동료들의 연구에 따르면, 대형 유인원들은 조리된 음식을 더 좋아하며, 구석기시대의 호모닌들도 마찬가지였다(Wobber, 2008). 미시간주립대학 진화생물학자인 알렉산드라 로사티(Alexandra Rosati)와 하버드대학 심리학자 펠릭스 바르네켄(Felix Warneken)은 2015년에 우리에 갇힌 침팬지들을 대상으로 일련의 연구를 진행했다. 그 결과 침팬지들이 일관되게 익힌 채소를 선호한다는 사실을 발견했다. 두 사람이 날감자를 얇게 썰어 주자, 침팬지들은 그것을 우묵한 그릇에 담고는 그릇을 들고 흔들어댔다. 그리고는 미리 그릇에 담겨 있었던 익힌 감자를 꺼내 먹었다. 침팬지에게 그릇을 흔든다는 것은 요리를 연상시키는 것이다. 그들에게 익힌 감자 조각을 주면 그대로 받아먹지만, 날 감자 조각을 줬을 때는 그릇을 먼저 찾았다. 이때 주변에 그릇이 없으면 다른 곳에 가서 찾았다. 그래도 그릇이 없으면 날감자를 먹지 않은 채 그대로 쥐고 있었다. 이를 통해 인간의 조상들이 그랬듯이, 침팬지도 익힌 음식에 관심을 발달시켜 온 것을 알 수 있다.

남아프리카공화국의 본데르베르크 동굴에서 발견된 오래된 재는 인간이 적어도 100만 년 전에 음식을 익혀 요리했다는 걸 보여준다(Berna, 2012). 요리된 음식은 씹기도 쉽고 소화에도 좋아 우리가 에너지를 덜 쓰게 만든다. 음식을 불에 익히면 독소 성분이나 해로운 미생물이 파괴된다. 식재료 가운데 날 것 상태에서는 비타민과 영양소를 배출하지 않는 것도 있다. 인간에게 일어난 식단의 극적인 변화는 신체나 신경계, 사회적 관계 등에 두루 큰 영향을 미쳤다. 치아와 씹는 근육은 음식이 부드러워질수록 기능이 위축되었다. 인류학자 피터 루카스(Peter Lucas)는 날감자 대신 익힌 감자를 계속 씹게 되면 어금니가 최대 82%까지 작아진다고 추정했다. 불을 이용한 요리 덕분에 인간은 영양분을 이전과 비교해 훨씬 수월하게 섭취할 수 있었다.

우리는 오늘날 식단이 뇌의 건강 및 기능과 밀접히 연관돼 있다는 걸 안다. 초기 인간들은 영양가가 높은 식사를 하게 되면서 인지 능력이 향상되었을 것이다. 높아진 지능은 더 창의적인 작업을 추구하고 새로운 기술을 배울 수 있도록 도와 생존에 유리하게 작용했다. 요리하는 데 능숙한 집단-그리고 불을 다루는데 숙달된 집단-은 질긴 날고기를 씹는 집단보다 경쟁에서 우위에 설 수 있었다. 요리는 또한 고기를 더 오래 보존하고, 억센 채소를 부드럽게 만들었기 때문에, 사냥도 더 멀리까지 나가게 됐고 더 다양한 식물을 먹을 수 있게 되었다. 이건 다윈식의 '닭이 먼저냐 달걀이 먼저냐' 같은 이야기다. 즉 요리된 음식은 뇌가 성장하는 데 도움이 되는 풍부한 영양분을 제공했고, 커진 뇌는 다시 더 흥미롭고 색다른 방식으로 요리하도록 돕는 것이다. 다윈은 '언어를 제외하면, 인간이 이룬 가장 큰 업적이라고 할 수 있는 불의 발견은 역사시대 이전으로까지 거슬러 간다. 인간은 불을 만드는 방법을 발견함으로써, 딱딱하고 질긴 식물의 뿌리를 수월하게 소화되도록 바꿀 수 있었고, 유독한 뿌리나 이파리를 해가 없도록 만들 수 있었다'고 했다.

어떤 경우에는 요리가 원래의 영양소를 감소시키거나, 특정한 영양소를 변형시키거나, 소화하기 힘든 단백질을 만들기도 한다. 하지만 대부분은 요리된 고기나 채소가 훨씬 효과적인 에너지원이다. 랭엄은 이렇게 말했다. "생명이란 결국 에너지입니다."

"그럼 당신은 생식을 먹자는 운동의 지지자는 아니겠군요"라고 그에게 물었다.

"그것은 지구촌 곳곳에서 일 년 내내 채소나 과일 같은 생식의 재료들을 고도화된 기술로 맛나게 키우고 있어서 가능해진 운동입니다. 하지만 생식 위주로 식사하려면 조건이 필요합니다. 순수한 생식주의는 부유한 나라나 환경에서만 지속될 수 있습니다. 그런 곳에서는 특별히 고품질의 생식을 섭취할 수 있으니까요." 생식주의자가 되려면 홀푸드(Whole Foods) [유기농 식품을 파는 미국의 슈퍼마켓 및 온라인 쇼핑몰, 2017년에 아마존이 인수했다] 같은 데를 정기적으로 들러 비싼 식품을 살 수 있을 만큼 경제적인 여유가 받쳐줘야 하고, 매번 열량과 영양가가 높은 식단을 짤 수 있는 충분한 시간과 노력이 뒷받침돼야 한다. 시금치를 생각해 보자. 이파리가 큰 시금치 한 묶음을 데치면 원래 부피의 몇 분의 1로 줄어든다. 그래서 시금치 익힌 것 한 컵은 생시금치 한 컵보다 열량이 6배나 많고 영양분도 더 풍부하다. 그리고 삼키기까지 덜 씹어도 된다. 게다가 순전히 생식 재료로만 된 식단은 비타민 B12나 우리 몸에 좋은 콜레스테롤인 HDL(고밀도 지단백질)이 더 적고, 골밀도를 낮추고 여성 배란에도 좋지 않다는 주장이 제기돼 왔다.

가장 건강한 식단은 익힌 것과 날 것을 둘 다 포함하는 조합일 것이다. 당근, 피망, 시금치 같은 채소를 익히면 페놀, 루테인, 베타-카로틴 같은 산화방지제가 나온다. 하지만 익히면 비타민 C와 B 비타민의 일부가 손실되는 채소도 많다. 역시 뇌와 몸의 건강을 위해서는 두 방식을 섞는 것이 최선이다.

태터솔은 랭엄의 자기 가축화 개념에 전적으로 동의하지 않지만, 인간의 역사에서 불이 가진 중요성은 인정한다. "랭엄은 불을 이용해 음식을 익힐 수 있게 된 것이 뇌가 확장하는 데 굉장히 중요했다고 봅니다. 에너지 측면에서 볼 때 뇌는 굉장히 비싼 장기여서 양질의 식단이 필요했을 것입니다. 그런 양질의 식단을 방법 가운데 하나가 불을 피워서 요리하는 것이었지요." 랭엄은 호모 에렉투스가 불을 활용하는 데 전념한 최초의 호미닌이라고 믿는다. "내가 '전념했다'고 말하는 까닭은 그들의 위장관은 상대적으로 짧아서, 침팬지보다는 현생인류에 가깝기 때문입니다. 치아도 호모 사피엔스처럼 작았습니다. 이것은 심지어 먹을거리를 찾기 힘든 시기에도 그들이 상대적으로 양질의 음식을 접할 수 있었다는 의미입니다."

지금도 그렇듯이, 요리는 초기 인간이 음식을 보존하고 사냥이나 채집으로 구한 성과물을 오래 유지하는 비결이었다. 랭엄은 콩고의 피그미족 수렵채집인과 보낸 9개월을 회상했다. "내가 머물렀던 첫 주에 그들이 코끼리를 잡아 죽인 뒤 고기를 썰어 불이 있는 오두막에 걸어놓는 걸 보았습니다. 그들은 내가 떠날 때까지도 그 고기를 먹고 있었습니다."

일단 불을 다룰 수 있게 되자, 불은 인간에게 음식이나 물, 거주지처럼 생존에 필수적인 것이 되었다. 불을 이용하기 전에는 인간은 자연에 묶여서 자연의 리듬에 따라 살 수밖에 없었다. 해가 지면 그날 하루는 끝났다. 불이나 몸을 데울 수 있는 수단이 없는 상태에서 야외에서 지내는 것을 상상해보라. 밤은 어둡고 위험했다. 그들은 포식자가 없는 휴식을 희망하면서 일찍 거주지로 들어갔다. 그러나 불은 인간이 늦게까지 깨어 한담을 나누고 서로 교류할 수 있도록 도왔다. 불이 인간의 사회생활을 점화시킨 것이다. 불은 동물들에게 겁을 줘 인간을 보호하기도 했다. 연기를 피워 작은 동물들이 동굴에서 나오게 만들 수도 있었다. 불 덕분에 새로운 음식과 자원을 찾아 더 춥고 낯선 곳을 향해서도 기꺼이 떠날 수 있게 되었다.

그러나 요리에는 문화적인 비용이 따랐다. 많은 인류학자는 인간이 불을 다룰 수 있기 전에는 암컷 보노보처럼 여성들이 집단 안에서 어느 정도의 영향력과 지배력을 가졌으리라고 본다. 하지만 불 덕분에 영양가가 높은 음식을 먹을 수 있고, 음식을 오래 저장할 수 있게 되자, 남자들은 사냥을 위해 바깥에서 더 많은 시간을 보낼 수 있었고 다른 기술을 배울 기회도 많아진 데 반해, 여성은 채집이나 사냥을 하는 직업에서 전점 제외되고 대신 집에 남아 요리를 하는데 더 많은 시간을 보내야 했다. 이런 새로운 생활방식은 사회적인 진화라는 면에서도, 인지 능력의 진화라는 면에서도 크나큰 방해 요소로 작용했다. 바바라 킹은 "요리는 우리에게 많은 영양분을 가져다주었지만, 동시에 사회적인 역학 관계도 변화시켰습니다"라고 말했다. 여성들은 출산의 딜레마[아기의 뇌가 커지면서 출산 시기가 더 빨라졌고 그래서 아기를 돌보는 시간도 더 길어진 것] 탓에 이미 집에서 보내는 시간이 늘어나 있었는데, 여기에 불과 요리라는 요소가 더해지면서 성별 차이에 따른 분업-이것은 지금도 여전히 널리 퍼져있다-이 가속화된 것이다. 랭엄이 ≪요리 본능≫에서 지적했듯이 '요리로 인해 여성은 남성 지배 문화가 강제하는 부차적이고 복종하는 역할을 새로이 떠맡게 되었다.…요리는 남성 우월주의 문화체계를 영속시켰다.…이건 결코 좋은 그림이 아니다.'

남자는 바깥으로 나돌고, 여자는 집안에 묶였다.

12장

뇌를 살리는 음식

"그는 처음으로 굴을 먹은 용감한 인간이었다."

– 조너선 스위프트 Jonathan Swift

그 남자, 혹은 그 여자는 필시 달리 어쩔 수가 없어 그랬을 것이다. 짜고 물 컹거리고 번들거리는 이 둥근 회색 물질을 먹거나, 아니면 굶어 죽느냐의 선택이었으니까. 약 19만 년 전, 우리가 지금 '해양 동위원소 단계 6(Marine Isotope Stage 6)' 즉 MIS6라고 부르는 빙하기가 시작되었다.[21] 지구는 대부분 지역이 차고 건조해졌다. 가뭄이 널리 퍼졌고, 특히 아프리카 평원은 생물이 살아가기에는 너무나 혹독하고 황량한 곳으로 변했다. 인간을 비롯한 많은 종에게 그곳은 치열한 경쟁과 필사적인 투쟁, 굶주림이 기다리는 땅이 되었다. MIS6 시기에 호포 사피엔스의 수가 몇백 명 수준까지 떨어졌다고 추정하는 연구도 있다. 지금의 다른 유인원처럼, 우리는 멸종 위기에 처해 있었다. 그러나 상대적으로 높은 지능, 생태계의 이용, 거기다 운도 따른 덕에 우리는 절체절명의 위기에서 헤쳐나올 수 있었다. 인류학자들은 상대적으로 덜 황폐했던 아프리카 일부 지역이 호모 사피엔스를 멸종의 위기에서 구해낸 역할을 했다고 주장한다. 애리조나주립대학 고고학자 커티스 마린(Curtis Marean)은 아프리카 대륙의 남쪽 해안지대를 그런 후보지로 꼽는다.

마린은 20년간 남아공 해안에 있는 피나클 포인트라는 현장에서 발굴을 지휘했다. 이 지역에는 9,000종이 넘는 식물이 있으며, 특히 세계에서 가장 다양한 지중(地中) 식물-구근, 알줄기, 덩이줄기처럼 에너지를 저장하는 기관이 땅 아래 있는 식물-서식지가 있다. 지중 식물의 땅속 에너지 저장소는 칼로리와 탄수화물이 풍부한 데다, 땅속에 묻혀 있어 눈에 잘 띄지 않아 (가끔 도구를 휘두르는 침팬지는 제외하고) 대부분 종으로부터 보호되었고, 추운 기후에도 잘 살아남았다. 요리하면 소화하기도 쉬웠다. 수렵 채집인에게 더 할 수 없이 좋은 먹을거리였다.

한편 바다 쪽으로 몇 걸음 다가간 호모 사피엔스는 거기서 피나클 포인트의 또 다른 매력을 발견했다. 바로 연체동물이었다. MIS6 시기의 지질 표본을 분석해보면, 당시 남아공 해안이 홍합, 굴, 조개, 다양한 종류의 바다 달팽이로 가득했다는 걸 알 수 있다. 호모 사피엔스는 분명히 그것들로부터 영양을 취했을 것이다.

마린의 연구에 따르면, 약 16만 년 전 호모 사피엔스 중 한 무리가 그 지역의 풍부한 조개류와 갑각류를 식용으로 취해서, 부족한 식량을 보충하기 시작했다. 이것은 인간이 해산물을 주요 식단으로 취하기 시작한 시기와 관련해, 지금까지 나온 증거 중 가장 오래된 것이다. 홍합, 굴, 조개, 바다 달팽이 같은 해산물은 먹기 쉽고 구하기 쉽고, 빠르게 움직이지 못해 굳이 사냥할 필요도 없었다. 아프리카 내륙이 건조해지면서, 홍합과 굴 껍질 벗기는 법을 배우는 것은 해안 생활에 적응하기 위해서는 필수였다. 이것은 나중에 사피엔스가 아프리카 대륙을 떠나는 데도 큰 도움이 되었다.

마린은 이런 행동의 변화는 사피엔스에게 이미 예리한 뇌가 갖춰져 있었기 때문에 가능했다고 본다. 발달한 뇌는 밀물과 썰물의 변화, 특히 사리(spring tide)를 파악하는 데 도움이 되었다. 사리는 한 달에 두 번, 초승달과 보름달이 뜨는 시기에 나타나는데, 이때 밀물과 썰물의 차이가 가장 크다. 피나클 포인트에 거주하던 이들은 이 주기를 활용하는 법을 배웠다. 마린은 "이들은 2주에 한 번씩, 바닷물이 크게 물러날 때마다 조개 등에 접근해 양질의 단백질과 지방을 섭취할 수 있었을 것입니다. 육상동물과는 달리 조개는 늘 같은 시간에 같은 장소에 있으니 접근하기가 너무나 수월했을 것입니다"라고 말했다. 남아공에 있는 넬슨 만델라 메트로폴리탄대학 교수인 얀 드 빈크(Jan De Vynck)는 밀물, 썰물의 차이를 적절히 활용해 조개를 채취할 경우, 조개로부터 얻을 수 있는 열량이 1시간에 무려 3,500칼로리나 되는 걸 보여줌으로써 마린의 주장이 옳음을 뒷받침했다.

태터솔이 말했다. "우리가 이렇게 존재하게 된 것이 해산물에 크게 빚지고 있는지는 잘 모르겠습니다. 하지만 커티스 마린이 연구하는 대상인, 아프리카 남쪽 해안에 거주했던 집단에게는 확실히 해산물이 중요한 역할을 했을 것입니다. 지금도 거기는 홍합이 엄청나게 많습니다. 무엇보다 나는 호모 사피엔스가 개체군 병목현상(population bottleneck)[질병, 자연재해 등으로 개체군 크기가 급격히 감소한 이후, 적은 수의 개체로부터 개체군이 다시 형성되면서 유전자의 빈도와 다양성에 큰 변화가 생기는 현상]을 겪는 동안 창의력을 발휘해 해산물을 이용하는 법을 터득했다는 발상이 아주 마음에 듭니다." 그는 혁신은 원래 규모가 작고, 고정된 집단에서 일어난다고 덧붙였다. 개체 수가 많은 집단은 유전적으로 관성이 너무 커서 혁명적인 변화를 지지하지 않는다. 현상을 유지해도 생존하기에 충분하다고 느끼기 때문이다. "혁명적인 변화가 일어나는 것을 보고 싶다면 보다 작은 집단에 주목해야 합니다."

호모 사피엔스가 거의 멸종 직전까지 간 것은 MIS6 시기만이 아니었다. 약 250만 년 전에서 1만2,000년 전 사이인 플라이스토세 시대에도 사피엔스의 인구는 많지 않아서, 대체로 약 100만 명을 맴돌다가 나중에야 최대 800만 명까지 늘어났다. 기후 변화나 자연재해, 식량부족 현상이 주기적으로 일어난 탓에 거의 멸종 직전까지 가는 위험스러운 상황을 맞기가 일쑤였다. 현생인류는 이 같은 인구의 병목 상태를 이겨내고 살아남은 원기 왕성한 생존자들의 후손이다. 특별히 주목할 만한 심각한 시기는 약 100만 년 전쯤 일어났다. 유효 집단-번식 능력을 가진 개인의 수-이 약 18,000명까지 줄었는데 이것은 당시의 다른 유인원들보다 더 작은 수였다. 더 나쁜 것은, 우리의 유전적 다양성-이것은 진화적인 성공과 적응 능력을 보증한다-이 크게 떨어진 것이었다(Huff, 2010). 마찬가지로 약 7만 5,000년 전에 수마트라에서 어마어마한 화산 분출이 일어났을 때도 사피엔스는 멸종 직전까지 몰렸다. 하지만 우리의 지능과 적응 능력은 이런 시련기를 견뎌 내는 데 큰 도움이 되었고, 더불어 잡식주의는 기후 변화가 초래한 식량부족을 잘 이겨내도록 도왔다.

오메가3 지방산

마린과 태터솔은 아프리카 남쪽에 거주한 호모 사피엔스가 오로지 조개류에만 의지해서 살았던 것은 아니라고 본다. 그들은 내륙에서 사냥하거나 뿌리식물을 찾아다니다 사리 때가 되면 바다로 갔을 것이다. 마린은 바다에서 나는 먹을거리들이 다시 기후 변화가 일어나 살 만한 지형으로 바뀌기까지 소규모 집단이 버틸 수 있게 해줬다고 믿는다. 그는 해양생물이 인간의 뇌 진화를 추동한 필수적인 요인이었다는 발상에 대해 전적으로 동의하지는 않는다. 인간이 해산물을 식단에 포함했을 시점에는 우리는 이미 똑똑했고 우리의 뇌는 수백만 년에 걸친 자연선택을 통해 웬만한 수준의 지능에 도달해 있었기 때문이다. 그는 "조개류를 채취할 수 있으려면 어느 정도 머리가 영리해야 합니다"라고 말했다. 그런 작업을 하려면 달의 주기를 파악해 언제쯤 해안으로 갈지 예측하고 계획할 수 있어야 한다. 그런 점에서, 조개류는 단지 열량을 보충할 수 있는 또 다른 원천에 불과했다는 것이다.

하지만 마이클 크로퍼드(Michael Crawford)는 다르게 본다. 런던 임페리얼 칼리지 교수인 그는 우리 뇌가 해양생물의 산물이라고 단호하게 믿는다. 그는 1972년 뇌가 구조나 기능 면에서 도코사헥사엔산, 줄여서 DHA로 불리는 오메가3 지방산에 의존한다는 논문을 공저로 발표했다. 인간의 뇌는 약 60%가 지방으로 구성돼 있어, 특정한 지방이 뇌 건강에 중요하다는 주장은 사실 그다지 놀라운 건 아니다. 크로퍼드의 발표로부터 50년이 지난 현재 오메가3 이름을 단 건강보충제는 수십억 달러 규모의 시장이 돼 있다.

오메가3의 공식 명칭은 오메가3 고도불포화지방산으로 필수 지방산이다. 즉 몸에서는 생산되지 않고 음식을 통해서만 얻을 수 있는 지방이라는 말이다. 식물성 기름이나 견과류, 씨앗 등을 통해서 얻을 수 있고, 혹은 이런 것들을 먹는 동물을 통해 취할 수도 있다. 하지만 보통 사람들은 오메가 지방산 하면 생선이나 다른 해산물을 먼저 떠올리는 것 같다.

1970년대와 1980년대에 과학자들은 에스키모인들의 심장병 발생률이 매우 낮은 것에 주목했다. 연구 결과 과학자들은 에스키모인들의 심혈관이 건강한 까닭은 식단에서 어류가 차지하는 비중이 높기 때문일 것이라고 보고(생선 자체는 오메가3을 생산하지 못하지만, 물속에 사는 하

12장. 뇌를 살리는 음식 227

등 식물인 조류(藻類)를 먹이로 취하므로 간접적으로 오메가3를 함유하게 된다), 지방에 대해 재고하기 시작했다. 과학계와 의학계가 연구를 거듭한 결과 내놓은 결론은, 오메가3 지방이 건강에 도움이 된다는 것이었다. 심장병 위험을 낮출 뿐 아니라 전체적으로 사망률도 낮춰준다는 것이었다. 그동안 수십 년에 걸쳐 부모들이 먹기 싫다고 얼굴을 찡그리는 아이들에게 억지로 어유(魚油)를 먹여온 데는 다 과학적인 이유가 있었던 셈이다(Kromhout, 1985). 지방에도 몸에 좋은 지방과 나쁜 지방이 있는 것이다.

최근의 연구 결과는 오메가3의 효과 중 일부는 지나치게 과장됐다는 걸 보여주지만, DHA와 에이코사펜타엔산(EPA)은 뇌에 유익한 것으로 보인다. 오메가 지방은 신경세포 막이 구조를 형성하는 데 도움을 주고, 신경과 신경이 커뮤니케이션하는 데 결정적인 역할을 한다. DHA와 EPA는 신경의 발달과 생존을 돕는 BDNF(뇌 유래 신경 영양 인사)라는 단백질의 양을 늘리는 역할도 한다. 또한 오메가3이 알츠하이머병이나 치매를 유발하는 뇌 기능의 점진적인 악화-신경 퇴행 현상-를 늦춘다는 연구 결과도 많이 나오고 있다(Külzow, 2016). 오메가3 보충제를 매일 먹으면-더 좋은 건 해산물이 풍부한 식사를 하는 것이다-뇌로 향하는 혈류를 증가시킬 수 있다(Amen, 2017). 2019년에는 국제영양정신의학연구회에서 오메가3을 중증 우울증의 보조 치료제로 추천하기도 했다(Guu, 2019). 오메가3은 우울증 같은 감정적인 장애의 위험성과 심각성을 낮출 뿐 아니라 주의력 결핍 및 과잉 행동 장애가 있는 아이들에게는 치료 약만큼 효율적으로 주의력을 높이는 것으로 보인다(Chang, 2019; Dyall, 2015; Derbyshire, 2018).

많은 연구자는 육지에도 초기 인간들이 취할 수 있는 풍부한 DHA가 있었으며, 해산물은 DHA의 여러 원천 가운데 하나였을 뿐이라고 주장하지만, 크로퍼드는 동의하지 않는다. 그는 뇌의 발달과 기능은 오직 DHA

에 의존할 뿐만 아니라, 바다에서 공급된 DHA가 포유류의 뇌 진화에 결정적이었다고 믿는다. 그는 "동물의 뇌는 6억 년 전에 바다에서 진화했고, 육지에서는 공급이 부족한 요오드 같은 화합물과 DHA에 의존했습니다. 뇌를 만들기 위해서는 이런 기본요소들이 필요한데, 이것들은 바다와 바위가 많은 해안가에 풍부하게 존재했던 것입니다"라고 말했다. 그는 자신이 초기에 썼던 생화학 논문을 인용하면서, 육상동물의 근육을 먹어서는 DHA를 거의 섭취할 수 없다고 주장했다. 크로퍼드와 동료들은 1970년대에 방사성 동위원소로 연대를 확인한 DHA를 이용해, 조개류에서 발견되는 '바로 준비된' DHA가, 식물이나 육상동물에서 공급되는 DHA-식물이나 동물에서는 DHA가 신진대사의 모체가 되는 알파 리놀렌산으로 존재한다-보다 쥐의 뇌가 발달하는데 10배 높게 효율적으로 작용한다는 사실을 보여주었다. 그는 "유감스럽지만, 사바나에 살던 동물의 지방에서 충분한 DHA가 공급되었다는 주장은 틀렸습니다"라고 단언했다. 크로퍼드의 주장이 맞다면, 작고, 벌레처럼 생긴 생명의 먼 조상들은 바다에서 살면서 조류를 먹이로 삼아 건강한 지방산을 마음껏 섭취한 덕분에 원시적인 신경계를 형성하면서 돌아다닐 수 있었던 셈이다.

크로퍼드는 현대인에게 정신병이 늘고 있는 까닭은, 제2차 세계 대전 이후의 변화된 식단 탓이라고 40년 넘게 주장해 오고 있다. 특히 식탁이 육지에서 나는 음식 위주로 꾸려지고, 의학계에서 저지방 식단을 권장하는 분위기가 형성된 탓이 크다고 지적했다. 그는 해산물에서 나오는 오메가3이 신경계를 급격히 발달시켜 인간의 뇌를 한 단계 높은 차원으로 올려놓았기 때문에 오메가3이 뇌 건강에 너무나 중요하다고 강조했다. "정신병의 지속적인 증가는 인류와 사회에 매우 중대한 위협인데, 거기에 가장 크게 일조한 것이 해산물 섭취로부터 멀어진 것이었습니다."

셔브룩대학 생리학 교수 스티븐 컨네인(Stephen Cunnane)은 물에서 공급된 영양분이 인간의 진화에 결정적이었다는 점에 동의한다. 다만 해안가 생활의 중요성에 대해서는 확신이 없다. 그는 호미닌이 수백만 년에 걸쳐 호수와 강에서 나는 물고기를 식단에 포함했을 것으로 생각한다. 그는 또 오메가3뿐만 아니라 어류에서 찾을 수 있는 영양분들, 즉 요오드, 철분, 아연, 구리, 셀레늄 등이 모두 인간의 큰 뇌에 이바지했다고 본다. "DHA가 인간의 진화와 뇌 건강에 굉장히 중요했다는 건 인정하지만, 그것만이 마법의 해결책이었다고 보지 않습니다. 생선과 조개류에서 발견되는 수많은 다른 영양소도 그만큼 중요했을 것이고, 이런 영양소들은 지금도 우리 뇌에 좋다고 알려져 있습니다."

마린도 동의한다. "인간이 해양의 먹이사슬과 접촉하게 된 것은 번식력과 생존, 뇌를 포함해 전체적인 신체 건강에 매우 큰 영향을 미쳤을 것입니다. 해산물에 오메가3이나 다른 영양소들의 함량이 높은 것도 부분적으로 영향을 미쳤을 것입니다." 하지만 그는 MIS 6 이전의 호미닌은 육지에서 나오는 먹을거리에서도 뇌에 좋은 영양분을 섭취했으리라고 본다. 예컨대, 오메가3이 많이 들어있는 식물과 곡물을 섭취한 동물의 고기를 통해서 말이다.

컨네인도 어느 정도는 마린의 생각에 동조한다. 그는 인간의 지능은 수백만 년에 걸쳐-돌연변이들이 지능과 관련된 신경들을 조금씩 발달시켜 생존과 번식에 유리하게 작용하도록 함으로써-점진적으로 진화해왔다고 믿는다. 하지만 굴의 껍질을 까는 장점 같은 건, 이미 똑똑해져 있던 뇌가 더 성장하도록 돕는 역할을 했을 뿐이라고 본다. 아프리카에서 해양 생물들을 섭취할 수 있었던 것은 우리 조상들 가운데 일부가 살아가는 데 중요한 역할을 했고 이후에 잇따라 일어나게 되는, 아프리카를 벗어나 다른 지역으로 이주하는 데도 도움을 주었다. 이 무렵에는 이미 인간의 뇌는 사물을 인식하고 계산할 수 있을 정도로 경이로운 수준으로 올라섰고, 우리의 현재 뇌와 크게 다르지 않았다고까지 말할 수 있다. 인간이 위태로웠던 시기를 견뎌낼 수 있었던 데는 그러한 뇌 덕분이라고 가정하는 것은 합리적이다. "인간은 일단 아프리카 연안-내륙에 있는 민물보다 생선이 훨씬 더 많고 잡기도 손쉬운-의 먹이사슬에 접근하게 되자, 그 경험을 살려 전 세계의 다른 지역으로 폭발적으로 퍼져나가게 됩니다. 수백만 년간 아프리카에서 생활해 온 인간이, 단 8만 년 만에 오스트리아로 이주하게 되는 것입니다!" 컨네인의 말이다.

20만~7만 년 전 사이에 아프리카를 떠난 이주자들 가운데는 해안을 따라서 간 이들이 있었다. 그들은 인도와 동남아시아의 가장자리를 따라서 나아갔고, 육교(陸橋)와 투박한 래피팅 기술을 이용해 마침내 오스트리아대륙에 닿았다. 이들에게는 바다가 주요한 먹을거리의 원천이었을 것이다. "나는 어떤 하나의 특정한 성분이 인간의 뇌 진화에 비중 있는 역할을 맡았다고 생각하지 않습니다. 이것은 특정한 서식지에 살던 일군의 집단에게도 마찬가지였으리라고 생각합니다. 해산물은 해안에 모여 살던 집단에게는 중요했겠지요. 하지만 내륙에서도 생선은 얼마든지 구할 수 있었습니다." 딘 포크의 설명이다.

오메가3과 같은 몇몇 영양소들이 호미닌의 뇌 건강에 특별한 영향을 끼쳤을 수는 있다. 하지만 지구상의 여러 지역으로 이주할 수 있을 정도로 우리 조상들의 뇌가 진화했을 무렵에는, 몇몇 영양소보다는 전체 열량이 뇌의 기능과 생존에 훨씬 더 중요했다는 점에 많은 과학자가 동의한다. 생존에 필요했던 것은 단지 에너지 총량이었다.

이것은 왜 현대인이 단맛을 좋아하고 건강에 좋지 않은 음식에 끌리는

지를 설명해준다. 잘 익은 과일은 자연에서 당(에너지를 만드는 원천)을 얻을 수 있는 원천 중 하나이다. 허기진 수렵채집인이 우연히 자두나무를 발견하면 그 자리에서 먹을 수 있을 만큼 최대한 자두 열매를 따 먹을 것이다(물론 다른 가족을 위해 몇 개를 빼놓기도 할 것이다). 당분은 곧 생존을 의미했다. 구석기시대 인간의 수명은 길어야 삼십 년이었다. 나중에 나이 들어 당뇨에 걸릴 걱정 따위는 할 필요가 없었다.

랭엄은 "솔직히 나는 인간에게 가장 중요했던 건 전체적인 열량이라고 생각합니다. 다른 동물들 가운데도 크고 영리한 뇌를 가진 이들이 있지만, 예컨대 고릴라가 오메가3을 섭취하기 위해 특별히 애쓰고 있다는 기미는 어디에도 없습니다. 물론 오메가3을 어류에서 얻을 수 있다면 훨씬 효율적이겠지요. 하지만 인간은 식물에서도 많은 양의 지방을 얻었습니다. 중요한 것은 얼마나 많은 열량을 취하느냐는 것이있습니다"라고 말했다.

다른 호미닌도 해산물을 먹었다는 증거들이 있다. 유라시아에서 발견된 네안데르탈인 화석은 그들이 높은 비율로 수영자 외이도염(swimmer's ear)에 걸렸다는 것을 보여주는데, 이것은 그들이 바다에서 먹을거리를 구하다가 생긴 병일 수 있다. 또 호모 하빌리스의 뼈가 메기의 뼈 부근에서 발견되기도 했다. 하지만 나는 호미닌이 필요한 영양분과 열량을 가능한 모든 곳에서 구했다고 보는 딘 포크와 랭엄의 생각에 더 끌린다. 내륙에서 지낼 때는 사냥을 했을 것이고, 가끔은 작살로 메기를 잡기도 했을 것이고, 열매나 잎사귀, 견과류에서도 영양소를 취했을 것이다. 그리고 해변 근처에서 지냈던 이들은 한 달에 두어 번씩 조개류를 포식했을 것이다.

무엇을 먹을 것인가

우리가 오늘 아침에 먹은 것이든, 조상들이 20만 년 전에 섭취했던 것이든, 식단을 연구한 결과를 해석하는 건 쉬운 일이 아니다.[22] 영양학 연구는 인체의 상태와 상호연관시켜서 설계되는 경우가 많다. 예를 들어, 아침마다 한 잔의 녹차를 마시거나, 강황 보충제로 먹는 사람은 알츠하이머병에 걸릴 위험이 낮다고 해보자(실제로 그렇다는 연구 결과가 있기도 하다). 그렇다면 이것은 녹차와 강황 보충제가 뇌 질환을 예방한다는 뜻일까? 그럴 수도 있지만, 반드시 그런 것도 아니다. 상호관계가 있다고 해서 인과관계가 증명되는 것은 아니기 때문이다. 아마도 녹차를 마시는 사람들이 전반적으로 더 건강한 생활을 유지할 가능성이 있다. 그들은 대체로 모범적인 식생활을 하고, 담배도 피우지 않고, 운동도 꾸준히 할 것이다. 명상 앱에서 레벨 5까지 도달했을 수도 있다.

단 한 가지 영양소만 연구하는 것에는 결과를 혼란 시키는 많은 변수가 따라 올 수 있다. 현대 의학이 이랬다, 저랬다 다른 주장을 펼치는 경우가 많은 것은 부분적으로 이런 이유 때문이다. 의사와 영양학자들은 지방이 몸에 안 좋다며 10년 동안 비난하다가 어느 순간 지방은 몸에 좋다며 방향을 튼다. 적당한 양의 적포도주는 건강에 좋은가. 그럴 수도 있고 아닐 수도 있다. 우리가 취하는 식사와 생활방식에는 수많은 변수가 개입돼 있어 단 하나의 영양소만을 가지고 그것이 건강에 좋은지 아닌지를 파악하는 것은 엄청나게 어려운 작업이다.

비타민과 건강보조식품은 400억 달러 규모의 시장이다. 그리고 이 가운데 대부분은 허풍이다. 적어도 믿을만한 과학을 기반으로 하지 않는다. 미국식품의약국(FDA)은 건강보조식품을 일반식품으로 규제한다. 따라서 약품과는 달리 효과나 안정성을 엄격하게 심사하지 않는다. 그 결과 건강보조식품 제조자는 어느 정도 자신들이 원하는 방향으로 효과를 선전할 수 있다-당연히 이런 보조식품은 사람을 쓰러지게 하거나 죽게 하지는 않으니까 마음 놓고 과장을 해도 된다고 뻔뻔스럽게 생각한다. 2019년에 277건의 실험연구 기록과 100만 명에 달하는 환자들의 자료를 대상으로 한 메타분석[특정 연구주제에 대해 이루어진 여러 연구 결과들을 하나로 통합해 통계적으로 재분석하는 방법] 결과는, 심지어 오랫동안 널리 인정받아온 비타민 보충제조차-B6, 비타민 A, 종합비타민, 산화방지제, 철분-사망률을 낮추거나, 심장마비나 뇌졸중 같은 심혈관 질병을 예방하는 데 아무런 효과가 없다는 것을 보여주었다. 그러나 아직도 대형 브랜드에서 시판하는 종합비타민병 겉면에는 '심장병을 낮춘다'와 같은 주장들을 떳떳이 내세우고 있다. 이 메타분석에 따르면, 뇌 건강에 좋다는 오메가3도 사망률을 낮추고 심혈관 질병을 예방한다는 걸 뒷받침하는 증거가 충분하지 않았다. 이것은 특정 비타민이 우리 몸에 좋지 않다는 이야기는 아니다. 특히 한두 가지 비타민이 부족한 일부 집단의 사람들에게는 비타민 보충제가 효과적일 수 있다. 내가 겨냥하는 것은, 증거가 없거나 부족한 데도 마치 효과가 있는 것처럼 펼치는 주장이나 설명들이다. 오메가3은 뇌에 유익한 게 분명한 것처럼 보이지만, 뇌졸중을 예방하는지에 대해서는 증거가 없다. 한마디로 마케팅은 과학과는 아무 관련이 없다.

건강보조식품과 사망률 사이의 관계를 조사한 또 다른 2019년의 연구 결과도 비슷한 결론을 얻었다(Khan). 보조식품과 낮은 사망률 사이에는 아무런 상관관계가 없었다-그렇지만 비타민 A, 비타민 K, 마그네슘, 아연, 구리를 보조식품을 통해서가 아니라 음식을 통해서 얻은 경우에는 낮은 사망률, 낮은 심혈관 질환 발병률과 상관관계가 있었다. 이에 대해 미국국립보건원의 책임자 프랜시스 콜린스(Francis Collins)는 블로그에 올린 글에서 이렇게 썼다. '이 결과는 건강보조식품은, 증거에 기반한 다른 건강 유지법이나 영양가가 높은 음식을 먹는 것을 결코 대체할 수 없다는 걸 보여준다.' 그는 사람들에게 미국질병예방특별위원회에서 펴낸 객관적인 조언을 참고하라고 권하면서, '사실 이 조언들은 우리 부모님들이 늘 말해왔던 것들이다; 균형 잡힌 식사를 하라. 과일과 채소를 많이 먹고, 칼슘과 단백질을 공급하는 음식을 먹어라. 담배를 피우지 마라. 술을 적당히 마셔라. 기분을 풀어주는 약제를 피하라. 운동을 꾸준히 하라.'

과거부터 많은 가정에서 오랫동안 해왔던 익숙하면서도 직관적인 조언들이 아직도 옳은 것 같다. 건강하고 균형 잡힌 식단에는, 아무리 과학적으로 분석해서 영양가 높게 만든 건강보조식품이라도 결코 줄 수 없는 본질적인 무엇인가가 있다. 적어도 현재까지는 그렇다. 이것은 많은 영양학자가 결론을 낼 수 없는 증거들과 반론들 속에서 허우적대다가 마침내-하나의 개별적인 영양소가 아니라-전체적인 식단 패턴에 초점을 맞추는 쪽으로 연구 방향을 옮겨간 이유이기도 하다. 세계적으로 볼 때, 장수를 누리며 치매 발생률이 낮은 지역은 식단이 비슷하다는 걸 알 수 있다-주로 채소, 통곡물, 해산물을 섭취하면서 가끔 고기를 먹는 식이다. (사망률을 기존으로 놓고 봤을 때) 보편적으로 가장 건강한 식단은 당분이 적고 가공을 덜 한 재료이다(Chen, 2019).

뇌 건강을 위해 식단에 주목하자는 아이디어는 2000년대 초반부터 시작되었다. 당시 댄 뷔트너(Dan Buettner)가 〈내셔널 지오그래픽〉에 '블루존(Blue Zone)'에 관해 표지 기사를 실었는데, 거기서 다룬 곳은 코스타리카, 오키나와, 이탈리아 서쪽에 있는 섬 사르데냐, 그리스였다. '블루존'은 뷔트너 팀이 전 세계에 걸쳐 이례적으로 장수를 누리는 지역을 가리키려고 지은 이름이다.

특히 오키나와의 식단은 매우 흥미롭다. 오키나와는 섬인데도 현지인들은 대부분 해산물을 삼가고 대신 주로 채소를 먹으며, 오렌지와 자주색 고구마에 크게 의지한다. 이런 식단은 영양소와 섬유질이 풍부해 참마(열대 뿌리채소)나 흰 감자처럼 혈당 수준을 높이지 않는다. 오키나와 사람들은 또한 식사를 절제한다. 식사하기 전에 가족들은 '하라 하치 부(腹八分)'라고 읊는데, 배가 80% 찼을 때 그만 수저를 놓으라는 뜻이다. 저열량 식사는 염증과 알츠하이머병의 위험성을 낮추고 기분과 정신건강에도 좋은 것으로 알려져 있다. 무엇보다 저열량 식단은 살이 빠지는 것을 돕기 때문에, 정신적인 면과 신체적인 면 모두에서 이득이 된다.

캘리포니아주의 로마 린다에 있는 제칠일 안식일 예수 재림교의 공동체도 블루존이다. 이곳 거주자들은 성경의 식단을 고수하는데, 건강한 다른 식단들이 흔히 그렇듯이, 견과류, 곡식, 채소가 위주이고, 엄격한 채식주의자가 아닌 이들을 위해서 생선이 추가된다. 스칸디나비아식 식단-스웨덴 미트볼은 제외하고-도 뇌를 비롯한 신체 건강을 증진하는 것으로 알려져 있다. 어류, 과일, 견과류, 채소 비율이 높은 이 식단은 '새로운 북유럽 다이어트'라 불리기도 하는데, 심혈관 질환과 뇌졸중의 위험을 줄이는 것과 상관관계가 있는 것으로 알려졌다. 애트킨스 다이어트[고단백질 식품만 먹고 고탄수화물은 피하는 다이어트. '황제 다이어트'라 불리기도 했다]든, 키토 다이어트[인슐린을 분비하는 탄수화물 섭취를 제한함으로써 체내 지방을 이용해서 케톤체를 생성하게 하는 고지방 식이요법]든, 팔레오 다이어트[농업혁명 이전의 선사시대 식단을 따르는 것으로 유제품, 곡류, 콩류, 가공유, 정제된 설탕과 소금을 멀리한다]든, 유행하는 다이어트는 나타났다가 사라지곤 한다. 하지만 널리 받아들여지는 식이 철학과 지역마다 내려오는 전통에 기반한 식단이야말로 한결같이 뇌를 건강하게 해주는 것 같다.

최근까지도 건강을 지켜주면서도 서양식 미각과 어울리는, 가장 균형 잡힌 식단으로는 지중해를 둘러싼 나라들의 식단이 꼽혀 왔다. 이 지중해 식단은 스페인, 이태리, 그리스, 중동 지역의 전통적인 식단을 일반화한 것이다. 이 지역의 식사는 통곡물, 오메가3 같은 건강한 지방산, 산화방지제가 풍부한 과일과 채소를 지향한다. 지중해 식단에는 잎채소가 많고 화려한 색-주황, 보라, 빨강-의 음식을 선호한다. 자연에서 이런 색은 영양가가 좋은 (빛의) 스펙트럼에 속하며, 대개 비타민과 산화방지제가 많다.

더 나은 뇌 건강을 위해 식단을 활용하자고 가장 앞장서 주창하는 이들 중에 호주 디킨대학과 멜버른대학 교수이며 국제영양정신의학회의 창립자인 펠리스 잭카(Felice Jacka)가 있다. 그녀는 식단과 관련해 수많은 재료를 연구하고 조사해 왔다. 그녀는 가공식품과 질 낮은 육류를 과다 섭취하는 서양식 식단을 우울증과 불안, 그리고 줄어든 뇌용량과 연관시킨 최초의 연구자들 가운데 한 명이다. 2015년 9월에 그녀가 동료들과 함께 발표한 논문에 따르면, 4년 이상 서양식 식단을 해온 사람들은 MRI 스캔 결과 뇌의 좌측 해마 영역이 눈에 띄게 작아졌다. 잭카 팀의 또 다른 연구는 2만 명의 산모를 대상으로 임신기간의 식단을 평가한 것이었다. 그 결과 출산 전후에 건강하지 못한 식습관을 유지한 산모가 낳은 아이들이 가장 높은 비율로 행동 및 정서 장애를 겪는 것으로 나타났다(Redman, 2018).

그녀의 연구는 당도가 높은 식단이 염증을 일으킬 수 있고, 신진대사의 연쇄효과로 뇌 기능 손상과 알츠하이머병과 같은 장애를 초래할 수 있다는 다른 연구 결과들과 궤를 같이한다. 잭카 팀의 연구 결과들은 전통적인 식단이 뇌 건강을 위해 가장 좋다는 걸 시사한다. 전통적인 식단에는 지중해식 식단은 물론이고 일본이나 북유럽처럼 어류 중심으로 꾸려지는 식단도 포함된다. "스트레스를 비롯해 불편한(uncomfortable) 감정들은 우리가 비스킷 통으로 손을 뻗게 만듭니다. 사람들이 비스킷을 '편안한(comfortable) 음식'이라고 부르는 데는 다 이유가 있습니다! 하지만 연구 결과들은 일관되게, 뇌 건강을 위해서는 과일, 채소, 콩과 식물, 견과류, 생선, 살코기, 올리브유와 같은 건강한 지방 위주로 식단을 꾸려야 함을 보여줍니다." 그녀가 다시 한번 강조했다.

지중해식 식단을 꾸준히 유지하면 우울증에 걸릴 위험이 줄어든다는 결과를 보여주는 연구도 여럿 있다. 한 연구는 MIND식단-지중해 식단과 영양소는 높고 염도는 낮은 대쉬(DASH) 식단을 합친 것-을 유지하는 사람들이 그렇지 않은 사람들보다 인지 능력에서 평균 7.5년 더 젊다는 걸 보여주었다.

최근 유행하는 팔레오 다이어트는-구석기시대 조상들이 먹었다고 추정되는 육류, 과일, 채소, 견과류, 씨앗을 권한다-인류학적인 관섬에서 보면 엉터리다. 몸집이 크고 무거운 현대의 가축 소들은 호리호리하고 군살이 없던 구석기시대의 야생 소를 대체하기엔 영양분이 훨씬 부족하다. 또 당연하지만, 구석기시대는 250만 년에 걸쳐 이어졌고, 그 사이에 인간의 식단에는 변화가 많았다. 요리하는 법을 알게 되었고 새로운 먹을거리를 찾아내기도 했다. 무엇보다도 구석기시대인들은 올리브를 짜는 법을 몰랐다. 그런데도 팔레오 다이어트 옹호자들은 올리브 오일과 식물성 지방을 권한다. 다만, 팔레오 식단이 대부분 당분이 낮고 가공된 식품을 배제한다는 점에서는 칭찬할 만하다. 대사증후군-고혈압, 체지방 과다, 고혈당, 높은 콜레스테롤 수치, 심장과 뇌 기능 저하로 이어질 수 있는 염증 등이 한꺼번에 나타나는 상태-을 막을 수 있는 모범적인 식단이다.

잭카는 상관 연구가 갖는 한계를 인정한다. 그녀는 "원인과 결과를 딱 부러지게 파악하기가 쉽지는 않습니다"라고 말했다. 하지만 지금까지 모인 식단과 뇌 건강에 대한 많은 자료는 이 둘이 밀접한 관련이 있다는 걸 보여준다.

과학자들도 상호관계에 의존한 연구로부터 가능하면 벗어나려고 한다. 이런 점에서 더 효과적인 방법론으로 거론되는 것이 무작위대조시험이다. 즉 두 그룹으로 사람들을 나눈 다음, 그들에게 무작위로 의료처치를 받게 한다. 무작위대조시험에는 플라세보[약으로 보이지만 실제는 약리 효과가 없는 것. 진짜 약제를 투여한 그룹과 비교하기 위해 사용된다] 치료를 받는 대조군이 포함된다. 이 책을 쓰는 시점에서, 식단의 변화와 정신건강의 관계를 살펴보는 네 건의 무작위대조시험이 완료되었다. 잭카는 이 가운데 SMILES 시험에 참여했다. 이 연구는 건강한 지중해식 식단을 권장하는 식이상담이 우울증의 위험성을 낮춘다는 사실을 보여주었다. 어쩌면 가깝지 않은 미래에 식단이 처방전이 될 수도 있다. 음식이 약이 된다!

초기 인간들에게 먹을거리가 부족했던 시기에는 높은 열량을 섭취하는 것이 무엇보다 큰 관심사였다. 열량은 생존의 열쇠였다. 하지만 특정한 식단 패턴이 다른 식단보다 현대 인간의 뇌 건강에 좋다는 사실은, 우리 조상들에게도 마찬가지였으리라고 추측하게 만든다. 단지 생존하기 위한 목적으로만 신선한 굴과 색이 밝고 영양소가 많은 열매를 필요로 하지 않았다. 그건 지금도 마찬가지다. 이런 음식을 먹은 이들에게는 그렇지 않은 이들에 비해 어떤 이점이 있었을 것이다. 이 책의 서문에서 소개한, 미국정신의학회 총회에서 의사들이 먹었던 생굴은 그 자체만으로는 치매나 우울증을 예방하기에 충분하지 않다. 그러나 영양분이 높고 당분은 낮은 건강한 식단에 이 굴도 포함된다면, 치매나 우울증 예방에 도움이 될 수도 있다.

우리의 뇌는 바다로부터 진화해왔다. 우리 뇌는 다른 동물과 같은 영양분을 흡수하면서 발달해왔다. 하지만 시간이 흐르면서 처음에는 유인원, 나중에는 호미닌에게, 자연선택은 지능이 발달하는 쪽으로 작용했고, 그 결과 우리는 변화무쌍한 자연환경에 적응하고 새로운 땅을 찾아나설 수 있었다. 우리는 더 많은 고기를 먹기 시작했고, 불을 다룰 수 있게 되었고, 음식을 요리하게 되었다. 우리는 땅과 숲과 바다를 개척했다. 그리고 잡식성 덕분에, 엄청나게 큰 뇌가 형성되기에 충분한 영양분을 제공할 수 있었다.

13장

창의성은 어디서 오는가

일본에 사는 어떤 까마귀들은 자동차를 이용해 호두를 까는 방법을 터득했다.

이들은 나무에서 호두나 견과를 구한 뒤 빨간 신호에 차들이 멈춘 사이 횡단보도에 호두를 놓아두고는 다시 원래 자리로 날아간다. 그리고는 신호등이 초록색으로 바뀔 때까지 기다렸다가 자동차 바퀴에 깔려 호두가 깨지면 날아가, 길을 건너는 보행자들 사이에서 깨진 호두를 물고 다시 돌아와 맛있게 먹는다. 연구자들은 까마귀들이 이런 방법을 깨치게 된 것은, 자동차들이 지나가면서 도로변 나무에서 떨어져 있던 견과를 깨뜨리는 것을 본 경험이 있기 때문이라고 추측한다. 까마귀들의 이런 행동은 이전에는 볼 수 없던 새로운 것으로, 1990년 무렵 대학교 캠퍼스에서 처음 관찰되었다.

창의성을 상상하는 능력 혹은 독창적인 아이디어를 개발하는 능력이라고 정의한다면, 인간만이 창의성을 가지고 있는 것은 아니다. 다른 종들에서도 인간의 독창성과 유사한 온갖 종류의 영리한 행동을 찾아볼 수 있다. 일본에 서식하는 짧은 꼬리 원숭이는 눈을 굴려 눈덩이를 만들 줄 안다. 돌고래는 바다수세미 조각을 입에 물고 다니는데 먹이를 찾을 때 끝이 날카로운 산호로부터 코나 주둥이를 보호하기 위해서이다. 침팬지와 보노보는 막대기나 돌망치, 모루 등을 이용할 줄 아는 진정한 도구 제작자이다. 제인 구달은 '마이크'라는 이름의 침팬지가 석유 깡통 두 개를 맞부딪쳐 쾅, 쾅 소리를 내 경쟁자들을 겁을 줘서 몰아내고 우두머리가 된 모습을 전했다. 바바라 킹은 침팬지가 도구를 만들어 일련의 복잡한 문제를 해결할 수 있다고 말한다. 콩고에서는 '도로시'라 불리는 야생 침팬지가 곤봉을 이용해 벌집을 친 다음, 더 작은 곤봉으로 벌집 문을 열고 다시 가느다란 가지로 꿀을 뽑아내는 모습이 목격되었다. 코트디부아르의 침팬지들은 10~20년에 걸쳐 창의적인 훈련 방법을 통해 사냥 기술을 익힌다. 2002년에 영장류학자인 크리스토프 보쉬(Christophe Boesch)가 목격한 바에 따르면, 그들은 여섯 살 무렵이 되면 일부러 어른 콜로부스 원숭이에게 접근하곤 하는데, 그 이유는 어른 원숭이가 자신을 쫓아오면 소리를 지르면서 도망을 가는 연습을 하기 위해서이다. 몇 년이 지나 두려움을 떨쳐내게 된 젊은 수컷들은 더 공격적으로 어린 콜로부스 원숭이를 쫓는 연습을 시작한다. 열 살이 되면 그들은 대부분 능숙한 사냥꾼이 돼 있어 어린 원숭이들에게는 이들을 벗어날 가망이 별로 없다. 이 침팬지들은 일단 경험이 쌓이고 숙련이 되고 나면, 먹잇감의 움직임을 예측할 수 있을 뿐 아니라 같이 사냥에 나선 다른 침팬지들의 움직임이 원숭이들의 움직임에 어떤 영향을 미치는지까지 예측할 수 있다.

이런 능력은 직관적으로 터득된다-창의적인 동물이 더 오래 살아남을 수 있기 때문이다. 한 연구에 따르면, 변화가 심한 환경에서 사는 새들이 더 안정적인 생태계에서 사는 새들보다 신체 크기 대비 더 큰 뇌를 가지고 있다. 필요한 자원을 손쉽게 구할 수 없다는 것은, 먹이나 둥지를 짓는데 필요한 재료를 찾기 위해 창의력을 발휘해야 한다는 뜻이다. 이동하는 철새는 일년내내 한 곳에 있는 새보다 창의력에서 떨어진다. 쌀쌀한 겨울 날씨를 견딜 방법을 찾지 못해 따뜻한 남쪽으로 날아가는 수밖에 없는 것이다. 상대적으로 작은 뇌를 가진 새들은 환경의 위험에서 배우고 적응하는 능력이 떨어지며 차에 치일 가능성도 크다(Laland, 2017; Sayol, 2016; Moller, 2017). 반면 앞에서 소개한 일본 까마귀들은 신체 대비 큰 뇌를 가져 교통 상황을 스스로 잘 인식한다.

다른 유인원들이 영리하다는 걸 고려하면, 우리가 교향곡을 작곡할 수 있기 훨씬 전부터 초기 호미닌의 뇌 신경이 복잡하게 연결돼 있었다는 걸 알 수 있다. 창의적인 혁신을 위해 이미 전적응 돼 있었던 거다. 어떤 인류학자들은 창의적 지능을 선호한 자연선택이 인간의 뇌 진화에 가장 강력한 추동력이었으며, 이 덕분에 불을 다스리는 것과 같은 혁명적인 변화를 이끌 수 있었다고 주장한다. 창의적인 것을 추구하도록 격려하는 자연선택의 압력으로 우리는 환경에 더 잘 적응할 수 있었다. 또한 직립자세를 취함으로써 손이 자유로워져 머리에서 나온 아이디어를 구체적으로 실현할 수 있게 되었다. 도구의 발명은 우리의 생존을 돕고 잠재적인 짝들을 유혹하는 데도 도움이 되었다.

침팬지들은 곤충을 잡기 위해 고작 나뭇가지를 사용하는 수준에 머물고 있을 때-물론 대부분의 다른 종들을 기준으로 보면 이 정도도 믿기 어려울 정도로 영리한 행위다-인간은 어느 순간 매우 본능적인 동물로부터 고도의 인지력과 상징적인 창의성을 가진 인간으로 도약했다. 그 둘을 나누는 높은 문턱을 훌쩍 뛰어 넘어버린 것이다. 인간은 이제 공예가가 되었고 건축가가 되었으며 예술가가 되었다. 창의력이 생기니 도끼, 도축 도구, 무기 같은 것들을 만들 수 있었다. 또 우리의 큰 뇌는 자유로운 연상도 가능해져, 새로운 발상이 빠르게 쏟아져 나왔고 추상적인 사고를 하고 상징(기호) 언어도 고안했다. 우리는 무언가를 새기고, 벌레에 잘 견디는 잠자리를 만들고, 바느질도 하기 시작했다. 우리는 북을 치고, 동굴 벽에 그림을 그리고, 우리 자신을 그리기 시작했다.

노트르담대학 인류학자 아우구스틴 푸엔테스(Augustín Fuentes)는 2017년에 출판된 저서 ≪창의적인 불꽃(The Creative Spark)≫에서 '우리가 진화를 통해 지금의 모습에 이르기까지에는 그 근저에 창의성이 놓여 있다. 창의성은 '지금 이루어져 있는 것'과 '앞으로 이룰 수 있는 것'의 영역을 오가는 능력으로서, 우리가 하나의 성공적인 종이 되는 것을 넘어서 하나의 예외적인 종이 되도록 했다'고 썼다.

아쉽게도 인간의 창의성을 보여주는 초기의 증거들은 오랜 시간의 풍화로 인해 거의 소실되고 분해돼 버렸다. 동물 사냥에 쓰였을 찌르는 막대기와 창들은 부식돼 모두 사라졌다. 하지만 케냐와 에티오피아에서 발견된 돌로 된 도구와 부서진 동물 뼈들은 호모속이 나타나기 훨씬 이전인, 300만여 년 전에 루시와 같은 아우스트랄로피테쿠스가 먹잇감의 뼈를 부러뜨리거나 고기를 도축하기 위해 도구를 사용했다는 걸 보여준다. 즉 석기시대가 시작되어-우리가 금속을 사용하게 되는 청동기시대의 입구인-약 7,000년 전까지 계속 이어졌다. 인간이 사용한 것으로 알려진 첫 도구는 1930년대에 탄자니아의 올두바이 협곡에서 영국 인류학자 루이스 리키(Louis Leakey)에 의해 발굴되었다. 그의 작업은 아프리카에서의 인간의 진화를 입증하는 데 도움이 되었다. 리키의 발굴은 260만 년 전부터 호모 하빌리스-'손재주꾼'이라는 뜻-와 호모 에렉투스가 돌을 깎아 투박한 손도끼를 만들고, 돌을 다듬어 처음으로 칼과 검을 만들었다는 걸 보여준다. 이것은 이후에 올두바이에서 계속 일어나게 될 대량의 도구 생산을 향한 인간의 첫 시도였다. 이로부터 아프리카, 중동, 유럽과 아시아를 거쳐서 수천 개의 올두바이 도구들과 도구 조각들이 발견되었다(Harmand, 2015).

구석기시대에 인간이 생존하기 위해 필수적이었던 두 요소는 사냥과 요리를 할 수 있는 능력이었다. 유전적 돌연변이로 우리 뇌가 더 고등하고 복잡한 것으로 나아감에 따라-또한 고기를 먹고 싶다는 욕구가 점점 커짐에 따라-도구를 만드는 것은 자신을 보호하고, 사냥과 동물의 사체를 해체하기 위해서도 중요성이 높아졌다. 이런 도구의 기술에 잘 적응한 초기의 호미닌은 분명히 더 안전하고, 영양도 좋은 생활을 즐겼을 것이다. 거의 200만 년에 걸쳐 도구 제작자로서 지내는 동안 인간의 뇌가 세 배나 커진 것은 결코 우연이 아니다. 그러나 인류학자들 사이의 논쟁은-육류 섭취를 둘러싸고 닭이 먼저냐 달걀이 먼저냐는 식의 문제가 있었던 것처럼-도구 제작이 인간의 뇌 진화를 촉진한 것인지, 아니면 크고 똑똑한 뇌가 낳은 많은 부산물 중 하나인가, 라는 점이다.

에모리대학의 구석기 기술연구소에 소속된 인류학자 디트리히 스타우트(Dietrich Stout)와 그의 학생들은, 고대의 도구들을 그대로 재현하면서 이 과정에서 뇌가 어떤 반응을 보이는지를 알기 위해 촬영을 한다. 스타우트는 도구 제작이 우리 뇌를 굉장히 창의적인 진화의 길로 이끈 초기의 불꽃이라고 믿는다. 그는 2016년 〈사이언티픽 아메리칸〉에 기고한 글에서, 자연선택은 '새로운 도구 제작의 기술을, 쉽고 효율적이고 확실하게 배우는 데 도움이 되는 방향으로 모든 (유전적) 돌연변이가 일어나도록 작용했을

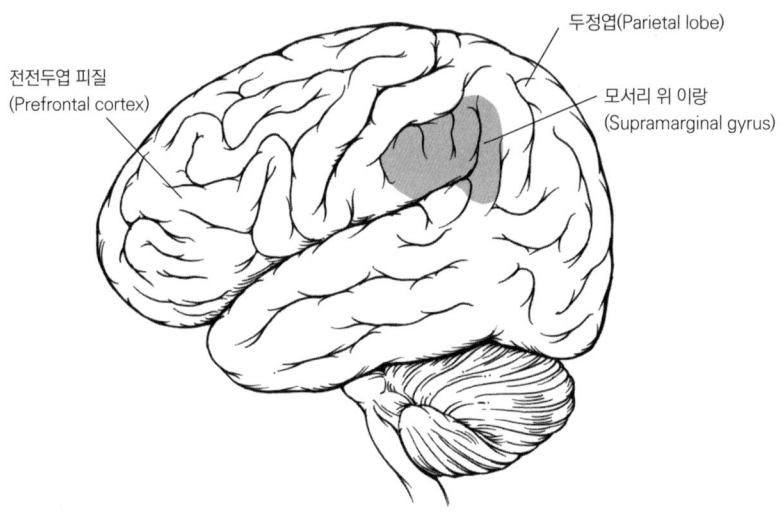

것'이라고 썼다. 더 유능한 석공은 자신과 집단을 보호하는 면에서뿐 아니라, 자신들이 생존하고 짝을 찾는 데도 유리했을 것이다. 더 혁신적인 도구를 만들고 더 예민한 운동신경을 권장하는 유전자가 인간 게놈의 표준이 되었을 것이고, 도구와 무기를 제작하는 능력이 없는 이들은 빠르게 도태되면서 자신들의 유전자를 영원히 잃어버리게 되었을 것이다.

스타우트의 연구소는 올두바이 협곡에서 발견된 도끼와 그로부터 100만 년 이후에 등장한 더 수준 높은 아슐리안 석기를 만들 수 있는 학교다. 처음 발견된 프랑스 지역인 세인트-아슐(Saint-Acheul)[프랑스식 이름은 생따슐. 아슐리안 석기는 전기 구석기시대의 대표적인 유물이다]의 이름을 딴 아슐리안 도구들은 더 날렵하고 섬세하게 다듬어져 날이 날카롭다. 스타우트는 학생들에게 구석기시대의 조상들처럼 돌을 내리치거나 돌망치로 깎아내는 등의 방법으로 도구를 만들도록 한 다음, 신경학자들의 도움을 받아 작업을 하는 동안 학생들의 뇌 영역이 어떻게 활동하는지를 분석했다. FDG-PET(양전자 방사 단층 촬영법)라는 뇌 영상 기술로 분석한 결과, 올두바이와 아슐리안의 도구들을 만들 때 학생들의 뇌에서 '모서리 위 이랑' 영역이 활성화되는 것을 확인했다. 이것은 뇌의 두정엽에 있는 주름으로, 몸통과 팔다리가 공간을 지각하는 것에 관여한다. 아슐리안 도구들을 깎아 나갈 때는 반응 제어와 의사결정에 관여하는 전전두엽 피질의 일부가 작동했다. 스타우트는 확산텐서영상[대뇌피질의 특성을 측정하는 자기공명영상 기법의 하나] 즉 DTI라고 불리는 또 다른 영상 기술을 이용해 뇌 백질[뉴런들 사이의 신호를 연결해주는 수초로 감긴 축삭돌기]의 지도를 만들었다. 스타우트의 DTI 연구 결과는 망치질이 전두부와 두정부의 연결을 증대시킨다는 것을 보여준다. 연결의 정도는 학생들이 얼마나 많은 시간을 망치질로 보내느냐에 달려 있었다. 스타우트는 도구 제작의 기술은 손의 움직임과 같은 움직임을 통제하는 능력과 함께 미리 계획하는 능력이 필요하며, 자연선택은 이런 능력이 원활하게 발휘될 수 있는 쪽으로 작용했으리라고 믿는다. 유인원에 관한 연구들은 이런 그의 주장을 뒷받침하고 있다. DTI 영상은 도구 제작에 관련된 신경회로가 침팬지보다 인간에게서 더 발달했다는 걸 보여준다. 제인 구달이 관찰했듯이, 침팬지는 깡통을 맞부딪혀 경쟁자에게 겁을 줄 수 있고, 효율적으로 곤충을 모으기 위해 잔가지에서 나뭇잎을 벗겨낼 수도 있지만, 손도끼를 면도칼처럼 날카롭게 갈 수 있는 능력은 없다. 이런 것은 앞을 내다보면서 미리 계획을 세우는 능력과 작업을 지속해서 해낼 수 있는 인내심이 필요한데, 오직 호미닌만이 가진 자질이었다.

영국의 인류학자 케네스 페이지 오클리(Kenneth Page Oakley)는 1950년에 출간된 ≪도구 제작자로서의 인간(Man the Tool-Maker)≫에서 도구 제작이 인간의 진화를 추동한 '주된 생물학적 특성'이라고 주장했다. 그는 다른 유인원들도 '당장 눈앞에 맞닥뜨린 문제들에 대해서는 해결책을 알 수 있고, 가끔은 상황을 헤쳐가기 위해 그 자리에서 필요한 도구를 만들기도 한다. 하지만 앞으로 닥칠 상황을 예견하면서 거기에 맞는 도구를-돌이나 막대기를 이용해-만들려고 구상할 수 있는 능력은 다른 유인원들에게서는 전혀 찾아볼 수 없다'고 결론지었다. 그러나 스타우트는 이런 주장은 과거 한때는 환영을 받았지만, 침팬지나 까마귀, 문어 같은 다른 동물들이 도구를 활용하는 걸 알게 된 지금은 지지받기가 힘들다고 강조한다. 제인 구달이 처음으로 침팬지가 도구를 사용한다는 사실을 발표했을 때, 루이스 리키는 '이제 우리는 도구가 무엇인지, 인간이 무엇인지를 재정의해야만 하고, 나아가 침팬지를 인간으로 받아들여야 한다'고 했다.

사회적 뇌 가설도 '도구 제작자'로서의 인간이 가진 진화적 탁월함을 깎아내리는 데 부분적으로 책임이 있다. 로빈 던바 같은 이들이 내놓은 최근의 주장은, 사회화된 종들이 더 큰 뇌를 가지는 경향이 있으며, 호미닌의 사회적 행동과 사회적 지능이 뇌를 급속히 확장했다는 주장이 옳다는 걸 보여준다. 어떤 면에서는 스타우트와 비슷한 연구들은 두 개념[사회적 뇌가 진화의 주요한 추동력이라고 보는 관점과 도구 제작 능력이 진화의 주된 추동력이라고 보는 관점]을 통합시킨다. '사회적 뇌 가설'이 인간이 주변 환경과 어떻게 상호작용하느냐와 얽혀있듯이, 초기의 도구 제작도 사회화의 한 과정이었을 것이다. 스타우트를 비롯한 여러 학자는 다른 사람의 행동을 모방하는 능력과 제작 방법을 가르치고 배우는 능력이 도구를 만드는 데 있어서 필수적이었다고 본다. 나아가 도구 제작은 제스처를 통해 소통하는 인간의 능력과 관련이 있으므로, (모방의 주요한 매개체인) 언어가 태어나기 위한 진화적인 전조였다고 주장하는 학자들도 있다. 개인들끼리 제작에 대한 정보를 서로 나누게 됨으로써 창의성은 자연에 적응하는 강력한 수단으로 자리 잡았다. 그것은 홈 디포(Home Depot)[건축 자재, 도구, 원예 등을 유통하는 세계 최대의 소매 체인

업체]에서 여러 가지 무선 드릴을 비교하는 아빠들과 흡사하다.

푸엔테스는 '가장 초기의 조상 때부터 창의적인 협력이라는 탁월한 능력 덕분에 우리는 생존을 유지하고 더욱 번성할 수 있었다'고 썼다. 그는 인간 발전의 역사에서 가장 중요했던 순간들-긴밀하게 연결된 사회의 형성, 불의 활용, 돌로 된 도구의 제작-은 모두 우리의 조상인 호미닌의 창조적인 협력과 관련돼 있다고 생각한다. 창의력은 머릿속의 아이디어가 현실에서 구체화되도록 했다. 사회화가 진전되고 언어가 발달할수록 아이디어와 재능은 더 수월하게 공유되었고 다음 세대로 전달되었다. 푸엔테스가 지적하듯이 '200만 년 전 우리의 조상들은 몸집이 작고, 벌거벗고, 강력한 송곳니도 없고 뿔도 없고, 발톱도 없었지만, 오직 몇 개의 막대기와 돌에 의존에 헤쳐나가기가 거의 불가능해 보이는 역경들을 이겨냈다. 그건 그들이 서로 모여 사회를 만들고 창조성의 불꽃을 가지고 있었기 때문에 가능한 일이었다. 그리고 지금의 우리도 그렇다.'

세인트앤드루스대학 진화생물학자 케빈 랠런드(Kevin Laland)도 이런 관점에 전적으로 동의한다. 그는 초기 인간의 창조성에 관해 기술하면서, '창조성 덕분에 인간은 삶 앞에 놓인 도전에 맞서 새로운 해결책을 도출할 수 있었고, 다른 사람이 가진 혁신적인 능력을 모방할 수 있었다. 나아가 창조성은 뇌를 가속적으로 확장했고 인지 능력의 진화에서 그 절정을 이루었다'고 했다.

사실 모든 영장류는 불균형적으로 큰 뇌피질을 가지고 있고 그 결과 창조성을 발휘하기 쉬운 조건을 갖추고 있다. 하지만 원숭이와 침팬지는 자신들만의 도구 산업을 이루지 못했다. 이에 대해 랠런드는 그렇게 된 유일한 이유는, 그들에게는 자신들이 가진 정보를 공유하는 능력이 없기 때문이라고 분석했다. 서로 소통하고 서로의 아이디어를 비교하는 능력은 다른 모든 종으로부터 인간을 구별하며, 아이디어가 집단에 널리 퍼져나가게 만든다. 랠런드는 "다른 동물들에게 복잡한 문화가 없는 건 창의성이 부족하기 때문이 아닙니다. 문화적인 지식을 충분하고도 정확하게 전달할 수 있는 능력이 없기 때문입니다. 이것이 왜 원숭이가 소나타를 작곡하지 못하는지를 설명하는 이유입니다"라고 말했다.

예술가의 초상

도구와 무기는 사냥하고, 자신을 보호하고, 먹을거리를 찾을 때 분명히 이득이 된다. 특히 인간이 점점 말을 할 수 있게 되고 사회화가 진전되고 지식을 공유하고 물려주는 능력이 생김에 따라 도구와 무기는 우리 조상들에게 어마어마하게 유리하게 작용했다. 하지만 인간의 창의력이 발전한 속도는 사실 고통스러울 정도로 몹시 느렸다. 올두바이식의 손도끼가 만들어진 것이 최소한 300만 년 전이라고 하면, 이 도끼날을 면도날처럼 날카롭게 다듬기까지는 다시 100만 년이 필요했고, 호미닌이 끝이 뾰족한 돌을 막대기에 달아 창을 만들 생각을 하기까지는 또 다른 100만 년이 필요했다.

인간이 과거와는 다르게 급격한 속도로 변하게 된 계기는, 진정으로 상징적(추상적)으로 생각할 수 있게 되었을 때였다. 태터솔은 언어를 통해 창의적으로 소통하고, (기호 같은) 상징적인 형식을 구사하게 되면서 인간은 창의성의 길에 들어설 수 있게 되었으며, 그 이후에는 변화의 속도가 더 느려지지 않았다고 본다. "혁명적인 변화는 아주 드물게만 일어났습니다. 하지만 일단 상징을 이용할 줄 아는 호모 사피엔스가 등장하자, 아주 빠른 속도로 세대를 달리하면서 새로운 기술을 만들 수 있게 되었습니다"라고 태터솔은 말했다. "옛날 호미닌은 이미 존재하고 있던 도구를 이용해 환경의 변화에 맞춰 그때마다 응용했습니다. 하지만 어느 순간 새로운 도구를 발명해 변화에 맞서기 시작했습니다. 이것은 우리 뇌가 정보를 처리하는 데 있어 이전과는 전혀 다른 방식을 사용해야만 가능한 일이었습니다. 그럼으로써 정보는 교환할 수 있는 것이 되었고 다음 세대로 전달할 수 있는 것이 되었습니다."

미국 언어학자 대니얼 에버렛(Daniel Everett)은 이미 35만 년 전에 호모 에렉투스는 도구를 어느 정도 상징적인 의미로 인식했다고 본다. 예컨대 단순한 손도끼도 여러 가지 용도로 사용되었을 뿐 아니라, 함께 사냥하고 함께 식사했던 문화적인 기억이 담긴 대상으로 바라보게 되었다. 그는 '호모 에렉투스에게 도구란 바로 눈앞에 존재하는[사냥이나 도축에 사용되는] 물질적인 대상일 뿐 아니라, 그것을 벗어난 다른 활동과 의미를 띠는 존재이기도 했다. 이런 것이 바로 상징이 갖는 특성이다'라고 썼다. 도구를 만들고 도구를 인식하는 것은, 도구가 초래한 직접적인 결과 외에도 (추상적이거나 상징적인) 다른 대상을 깨닫는 것이기도 했다. 예컨대, 인간이 도구를 이용해 가젤의 뼈를 열어 골수를 얻게 되었을 때, 처음에는 골수를 음미하는 데 집중했으나, 시간이 지나면서 뼈를 깨뜨린 도구 자체가 가진 기능과 의미를 음미하게 되었다는 말이다.

상징에 처음으로 눈뜬 인간들은 사물을 가리키기 위해 사물마다 상징을 부여했을 뿐 아니라 자신과 타인의 의도나 사람과 장소, 다른 동물들을 지칭하기 위해서도 상징을 활용했다. 예를 들어 검지를 펼치면 '내 손가락을 봐'가 아니라 '저기를 봐'라는 뜻으로 받아들이게 되었고, 또 서로 다른 소리를 내 '얼룩말'과 '매머드'를 구별했다. 반면 가젤을 그린 그림은 반드시 가젤이 아니라 뿔 달린 짐승을 두루 표현하는 것일 수도 있었다.

인간의 인지력이 크게 향상되었음을 보여주는 또 다른 중요한 징후는 오커[산화철을 함유한 황토]라는 가루 상태의 점토를 이용한 방식에서 찾을 수 있다. 오커는 철이 풍부하게 함유된 암석에서 얻어지며 노란, 주황, 빨간색 색소로 사용된다. 인류학자들은 오커가 처음부터 자외선 차단용이나, 벌레나 곤충이 집안에 들어오지 못하게 막는 용도로 사용되었다고 추측한다. 오커를 얼굴이나 돌벽에 바르는 것이 너무나 흥미로워서 다른 실제적인 목적으로는 사용할 수가 없었던 것 같다. 플라이스토세 중기에는 위의 세 가지 색 외의 다른 색을 얻을 수 있는 잘 바스러지는 바위들이 많았다. 그런데도 화석을 분석한 결과에 따르면, 우리 조상들은 유독 빨간 색조에 가장 이끌렸다. 그런 성향은 오늘날 우리가 쓰는 언어에도 잘 나타나 있다.

많은 언어에서 파랑과 초록은 같은 그룹에 넣지만, 빨강에 대해서는 그것만을 지칭하는 특정한 단어가 있다. 어떤 언어의 경우에는 빨강과 빨강이 아닌 것으로 색을 구별하기도 할 정도다. 오커를 물감이나 화장용으로 사용한 것은 상징적인 소통의 초기 형태 중 하나인 것처럼 보이며, 이것은 진화적으로도 잘 들어맞는다. 앞서 4장에서 설명했듯이 약 230만 년 전에 영장류의 망막에서 색을 담당하는 원추세포가 세 번째 유형을 발달시킨 걸 상기해보자. 그 덕분에 우리는 빨간색을 볼 수 있게 되었다. 세 가지 색(빨강, 녹색, 파랑)을 볼 수 있는 시각을 갖춤으로써, 수상생활이 더 능숙해졌고, 밝은색을 띤 무른 익은 열매를 알아차리는 데도 도움이 되었다. 원숭이나 유인원, 인간들은 유난히 빨간색을 잘 구별하며, 특히 사바나 삼림지대의 황갈색과 초록색에 대비된 빨간색을 잘 인식한다. 어쩌면 피와 죽음의 상징색인 빨강은 상징을 다루기 시작한 뇌에 강렬하게 작용했을 수도 있다.

우리 조상들이 상징적인 목적으로 오커를 이용하면서 어떤 의도를 전달하려고 했는지 파악하기는 불가능하다. 어쨌든 오커는 바위와 동굴을 장식한 최초의 매체였다. 오커를 얼굴에 바르는 것은 같은 부족끼리는 자신들의 정체성을 세우고 다른 집단에 대해서는 겁을 주어 쫓아버리는 역할을 했을 수 있다. 인간이 어떤 의도를 가지고서 오커를 이용한 시기는 30만 년 전까지 거슬러 간다. 하지만 커티스 마린에 따르면, 오커가 분명하게 상징적인 의미를 띠고 사용된 것은 약 16만 년 전으로 피나클 포인트에서 확인할 수 있다. 피나클 포인트에서 인간의 해산물 섭취와 관련된 탐사를 진행하던 마린 연구팀은 그 과정에서 이전보다 새롭고 더 광범위하게 가공된 오커 표본들을 발견했다. 오커는 반죽으로 빚어져 물감 형태를 하고 있었는데, 분명히 어떤 목적을 가진 것으로 볼 수밖에 없었다. 이와 관련해 마린은 약 20만 년 전 현생인류가 호미닌에서 갈라져 나올 무렵, 남아프리카에는 이미 상징적인 인식이 존재하고 있었다고 본다. 피나클 포인트에 거주하던 이들은 해안에서 먹을거리를 찾았던 최초의 인간일 뿐 아니라, 최초의 예술가였을지도 모른다.

  6,500만 년 전의 영장류는 게놈에 좌우되었다. 우리의 뇌를 만든 진화적인 힘들 가운데 많은 것은-대부분은 아니더라도-(생태적인 영향과 단순한 우연과 더불어) 우리의 유전자를 통해서 발휘되었다. 여기저기서 일어난 유전자의 돌연변이는 생존에 필요한 인지 능력과 창조적인 적응력을 더해 주었다. 사냥 기술의 향상이든, 창조적인 사고의 발달이든, 단순히 과일 열매를 잘 벗기는 재주든, 인간의 거의 모든 자질과 창의성은 유전자의 돌연변이가 우리 조상 중 어떤 개인들에게 생존과 번식에 유리한 특성을 주었기 때문이다. 물론 전적으로 유전자의 영향이라고 할 순 없지만, 대부분은 그랬다. 그러다 9만 년 전쯤부터 유전자들이 다소 뒤처지게 된다. 인간은 더 큰 것들에 전적응 돼 있었다. 즉 인지 능력이 폭발적으로 발달하면서 '문화'라고 부를 수 있는 현상을 만들게 되었다. 유전적인 변화(돌연변이)

에 거의 의존하지 않고서도, 상징적인 사고, 언어, 사회를 이루는 기술에 힘입어 문화적 변화와 혁신을 일궈냈고 그 속도와 영향력은 게놈의 영향력을 크게 앞질렀다. 인간은 이전보다 더 많은 양의 지식을 공유하기 시작했고, 다른 공동체들과 교류하면서 점점 더 큰 집단으로 뭉쳤다. 이제 인간은 에디슨과 테슬라[Nikola Tesla, 1856~1943. 세르비아계 미국인 전기공학자이자 발명가]를 배출하는 종이 되었다. 그러고도 계속 멈추지 않았다. 유발 하라리-예루살렘의 히브리대학 역사학 교수이며, 세계적인 베스트셀러 ≪사피엔스≫의 저자-는 이를 인간의 '인지 혁명'이라고 불렀다.

현재까지 알려진 가장 오래된 예술 작품 중에 십자 무늬가 새겨진 오커가 있다. 피나클 포인트에서 서쪽으로 60마일 떨어진 남아공의 블룸보스 동굴에서 발견된 이 작품은 적어도 7만 년 전의 것으로 추정되며, 상징적인 목적을 띤 것이 분명해 보인다. 오커에 선을 긋는 것은 그 작업을 하는 당사자(예술가)나 같이 거주하는 야영지 동료들을 즐겁게 하지 않았을까. 어쩌면 요리된 음식들을 앞에 두고서 불가에 둘러앉아 있던 그들은 그저 지루해진 나머지 킬링타임용으로 뭔가를 끼적거렸을 수도 있다. 어쨌든 오커로 그려진 이 디자인은 다른 실용적인 용도는 없었던 것으로 여겨진다.

기원전 4만 년 무렵 혹은 그보다 더 이른 시기부터, 인간은 화살촉과 날카로운 송곳, 낚싯바늘 등을 발명하면서 기술의 장인이 되었다. 조개로 만든 목걸이는 액세서리(장신구)가 되었고, 동굴의 벽은 캔버스가 되었다. 후기 구석기시대에 그려진 그림들은 유럽과 아시아에 걸쳐 수백 곳에 존재하며 앞으로도 계속 발견될 것이다. 현재까지 알려진 가장 오래된 그림들 가운데 몇몇은 스페인의 세 곳에서 발견되었는데 모두 네안데르탈인의 작품이었다-이것은 호모 사피엔스만이 '예술가'는 아니었다는 것을 뜻한다.

이야기(story)가 담긴 그림으로 가장 오래된 것은 인도네시아의 동굴에서 발견된 4만4,000년 된 작품이다. 이 그림은 꼬리와 부리를 가진, 그러면서도 인간을 닮은 한 생물이 창을 휘두르면서 물소를 사냥하는 모습을 묘사하고 있다. 가장 오래된 조각상으로서 인간을 (3차원의) 입체적인 모습으로 나타낸 작품은 2008년 독일의 셰클링겐 인근 동굴에서 발굴된, 매머드의 상아로 조각된 '펠스 동굴의 비너스(혹은 홀레펠스 비너스)'이다. 이 작은 '비너스 조각상'은 여성을 풍만하고 육감적인 모습으로 묘사하고 있는데, 여성을 이런 몸매로 표현하는 것은 후기 구석기시대 유럽에서 매우 유행했던 방식이다[이 시기에 나온 '비너스 조각상'은 로마 신화의 비너스와는 무관하며, 발굴자들이 그렇게 이름을 붙였을 뿐이다]. 여성을 이렇게 표현한 것은 상징적인 의식(儀式)의 일부로 보기도 하지만, '여성 신체의 특정 부분[복부나 엉덩이, 넓적다리, 음부 등]만 과장되게 묘사된 것을 고려하면 최초의 포르노물로 보는 게 더 타당하다는 주장도 있다(Hoffman, 2018. Henshilwood, 2018).

언어적인 기능으로서 목소리를 내는 것(발성)은 처음에는 정보를 나누고 소통하는 역할을 했지만, 시간이 지나면서 발성에 담긴 음색과 멜로디를 즐기게 되면서, 인간의 목소리는 최초의 악기로서 기능하게 되었다.

다람쥐원숭이는 인간이 멜로디를 구분하듯이 소리의 패턴을 구분할 수 있는데, 이것은 영장류의 뇌가 이미 음색(톤)의 패턴에 반응할 수 있는 준비가 돼 있었음을 보여준다. 인류학자들은 타악기 같은 두드리는 리듬을 인식하는 능력도 일찍이 유인원의 진화과정에서 갖춰져 있었다고 본다. 2019년 일본 교토대학 연구팀은 침팬지가 리듬에 반응한다는 증거를 보여주었다. 그들은 피아노 소리에 맞춰 손바닥을 치고 발을 흔들고, 발로 바닥을 굴렸다. 초기 인간들도 전염성이 강한 장단에 맞춰 비슷하게 반응했을 것이고, 그러다 마침내 야생 소나 엘크, 물소의 가죽을 벗겨서 팽팽히 잡아당기면 소리가 뛰어난 북을 만들 수 있다는 걸 알게 되었을 것이다. 또 홀레펠스 동굴에서는 3만5,000년 전으로 추정되는 뼈로 만든 피리(플루트)도 여러 개 발견되었다. 이것은 프랑스와 오스트리아에서 발견된 혹고니의 날개뼈로 만들어진 피리들과 더불어 현재까지 알려진 가장 오래된 악기이다(Hattori, 2019).

초기 인간들이 만든 '예술품'이 소장된 동굴은 현재까지 프랑스와 스페인에서 발견된 것만 해도 300곳이 넘는다. 여기에는 오커와 다른 색소를 사용해 사람, 말, 야생 소, 야생 돼지 등이 그려진, 유명한 라스코 동굴과 알타미라 동굴도 포함돼 있다. 프랑스 남부에 있는 쇼베 동굴에는 사자, 야생 돼지, 하이에나 등이 그려져 있는데, 특이하게도 들소의 머리 아랫부분에 여성의 몸에서 떨어져 나온 음부가 덩그러니 그려져 있다. 뭔가 점점 기이해지고 있었다.

믿음의 미학

지난 10만 년에 걸쳐서 인간이 창의성을 추구한 것이 생물학적으로 자연선택이 된 결과인지는 단정하기 어렵다. 아마 어느 정도는 자연선택의 결과일 것이다. 하지만 사회를 통해서 전파된 행동과 정보가 우리의 삶을 지배하게 된 건 분명하다. 리처드 랭엄이 지적하듯이, '문화는 인간이 환경에 적응하도록 만드는 최상의 카드이며, 200만 년에 이르는 인간의 역사에서 대부분의 문화적 혁신은 최근에서야 집중적으로 일어난 현상이다.'

스티븐 핑커는 인간의 정신(마음)은 생존의 문제를 해결하기 위해 '모듈'이라는 독특한 시스템들을 발전시켜왔다고 주장한다. 이 시스템을 수학과 언어, 자신의 정체성을 이해하는 능력과 관련된 뇌 영역들을 연결하는 회로들이라고 생각해 보자. 인간 역사에서 지식과 지능은 우리가 사는 세계를 더 잘 다루기 위한 하나의 적응 수단이었지만, 그렇다고 해서 굳이 창조성이 자연선택 될 필연성이 있었던 건 아니었다. 말하자면, 우리는 소설을 쓰고 풍경을 그릴 수 있도록 (자연선택에 의해) 진화되지는 않았다. 오히려 적응이라는 측면에서 보면, 문학이나 예술은 적응과는 관련이 없는 능력이다. 단지 언어나 커뮤니케이션 같은 실용적인 기술의 발전이 낳은 부산물에 불과하다. 그림이나 조각 같은 시각예술은 뇌가 색을 예민하게 지각하고, 자두와 배의 붉은 색과 보라색 같은 것에 민감하게 반응할 수 있게 되면서 나온 결과물이다. 핑커의 유명한 말이 있다. '음악은 귀로 듣는 치즈케이크이고…우리 정신에서…감각적인 부분을 간지럽히려고 매우 정교하게 구워진, 단맛이 나는 과자이다.' 우리가 단것을 좋아하는 까닭은 당과(糖菓) 제품에 대한 입맛을 발달시켜 왔기 때문이 아니라, 잘 익은 과일의 단맛이나 견과류와 해산물, 고기의 풍부한 지방에 대한 입맛을 발달시켜 왔기 때문이다. 예술도 마약이나 디저트처럼 쾌락이다. 핑크는 '치즈케이크는 자연에 있는 어떤 것보다도 미각을 강하게 자극한다. 왜냐하면 우리 뇌에 있는 쾌락 버튼을 누르겠다는 분명한 목적을 갖고서, 기분을 좋게 만드는 자극적인 맛을 가진 재료들을 잔뜩 넣어 만들기 때문이다'라고 썼다. 그는 디저트를 포르노 같은 말초신경을 자극하는 영상물을 봤을 때 보상중추 신경계가 도파민을 과다 분비하는 것과 비슷하다고 보는 것이다.

반면 어떤 이들은 시각예술과 음악은 오래전부터 등장했기 때문에, 사회적인 유대를 강화하고 집단의 정체성을 뒷받침하는 방식으로 인간의 진화에 영향력을 행사했다고 주장한다. 던바는 웃음이나 언어처럼 노래는 엔도르핀을 분비해 우리의 사회적 관계를 돈독하게 하는 역할을 했다고 믿는다. 딘 포크는 언어가 가진 음색과 경쾌한 리듬을 강조하면서, 음악성이 구어(口語)와 더불어 발달했다고 본다. 그녀는 "언어에는 음악이 있습니다. 목소리에 담긴 감정과 음색에는 노래가 들어 있습니다"라고 말했다.

어쩌면 어떤 창의적인 행위들은, 생존과 직접 관련이 있는 적응 과정에서 파생한 달콤한 사치일 수 있다. 그렇다고 해도 창조성이 인간이라는 종을 규정하는 것만은 분명하다. 우리는 시를 짓고 산문을 쓰고 양자역학을 만들 수 있는 80억 마리의 유인원이다. 생물학적인 영향과 문화적인 영향의 결합을 통해, 우리의 창의력은 문화와 문명을 일궈냈다. 그것은 건설적인 방법으로도, 파괴적인 방식으로도 이루어졌다. 우리는 대의를 위해 힘을 합치기도 하지만, 동시에 전쟁을 일으킬 수도 있는 것이다. 푸엔테스는 "우리의 집단적인 창의성은 종교적인 믿음과 윤리체계, 뛰어난 예술 작품들을 발달시켜 왔습니다. 물론 다른 한편으로는 비극적이게도, 사람을 죽이는 치명적인 방식으로 경쟁하는 능력도 동시에 발전시켜 왔지요"라고 말했다.

10만 년 전, 사피엔스와 네안데르탈인에게는 의식(儀式)과 제식(祭式)이라는 개념이 싹텄는데, 그것은 이후에 태동하게 될 심령주의(spiritualism)와 종교의 뿌리였다. 이스라엘의 카프제 동굴과 에스 스쿨 동굴에서는 이 시기에 살았던 호미닌의 뼈와 함께 조개나 사슴의 뿔, 야생 돼지 턱뼈로 만들어진 목걸이 같은 인공적으로 가공된 유물이 묻혀 있었다. 기원전 1만 3,000년 무렵에는 동굴이 우리가 지금 묘지라고 부르는 용도로 사용되고 있었다. 이제 인간은 죽으면 정해진 장소에서 안식을 취하게 되었고, 흔히 조개나 상아로 만든 장식품이 함께 묻혔다. 이런 행위들이 무엇을 의미하는지, 그리고 초기 인간의 뇌피질에 어떤 일이 일어났기에 사슴의 뿔을 오커로 빨갛게 물들인 뒤 막대에 걸어 묘지 입구에 세워두게 되었는지를 정확히 알 수는 없다. 상징적인 의미도 있을 테고, 망자에 대한 애도의 뜻도 있을 것이다. 혹은 단순히 표지판일 수도 있다.

인간의 역사에서 가장 오래된 것으로 알려진 교회, 즉 예배를 바친 장소는 적어도 1만 년 전의 것으로 추정되는 터키의 괴벨리키 테페이다. 이곳과 주변에서 발견된 유적과 찰흙으로 된 조각상은, 이 무렵에 인간이 형식을 갖춘 제식과 종교를 고안해 냈음을 보여준다. 이 밖에 남근을 묘사한 그림이나 부조, 이전보다 여성의 몸을 더 굴곡지게 표현한 '비너스 조각상'도 많이 발견되었다.

인류학자들은 최초에 등장한 심령주의는 애니미즘(animism)에 대한 서로 다른 관점들이 혼재된 것이라고 본다. 애니미즘은 영혼이나 생명을 뜻하는 라틴어 아니마(anima)에서 온 것으로, 유발 하라리도 지적했듯이, 동물과 땅, 그리고 사물에도 영적인 의미와 영적인 본질이 있다고 믿는 개념이다. 심령주의는 처음에는-사회적인 관계에 점점 더 많은 의미가 부여되고, 주변의 물리적인 환경과 볼수록 당혹스러운 우주가 기이하면서도 환상적인 생각들을 촉진함에 따라-수많은 형태를 띠었을 것이다. 반면 애니미즘은 유신론의 서곡과 같은 것으로, 신에 대한 믿음, 특히 다신론과 관계가 있다. 유한한 삶을 사는 인간과는 구별되는 전지전능한 존재를 믿게 될 것이다. 약 5,000년 전 뉴그레인지[아일랜드 동부에 있는 신석기시대 말기의 돌로 구축된 거대한 무덤], 스톤헨지[잉글랜드 솔즈베리 평원에 있는 석기시대의 원형 유적], 이집트의 피라미드와 같은 기념물과 무덤이 세워졌을 즈음에는 우리는 어둠의 신, 황혼의 신, 태양의 신, 달의 신, 별들의 신, 복수의 신, 지식의 신 등등을 갖게 된다-인간은 모든 것들에 대한 신을 지어내게 된 것이다! 또한 이 무렵부터 죽은 자를 정교한 형식에 따라 매장하기 시작했고, 얼마 지나지 않아 우루크기(Uruk period)(기원전 약 4,000년부터 기원전 3,100년까지)에 이르자 수메르인들은 점토판에 뭔가를 새겨 자국을 남기기 시작했다. 이것이 바로 여태까지 알려진 최초의 표기 체계인 설형문자이고, 그들은 이 문자를 이용해 자신들의 종교적인 믿음을 기록했다.

하라리는 우리가 집단적인 의식(儀式)과 집단적인 생각을 받아들임에 따라 인간 사회가 성장하게 되었다고 본다. 문명. 족장. 족장사회. 이념. 도덕률. 이런 것들은 모두 다 인간이 만든 발명품이고, 우리 중 대다수가 동의하므로 존재한다. 《사피엔스》에서 하라리는 현대 문명의 기초는 우리가 공통의 신화를 받아들인 데서 찾을 수 있다고 했다. 우리는 개인적으로는 의미 있는 관계를 150개 정도밖에 맺지 못하지만, 문명과 공동체 전체가 공유하는 믿음은 우리 각자를 훨씬 규모가 큰 집단-이전에는 한 번도 만나보지 못한 사람들, 그리고 앞으로도 만나지 않을 사람들까지 포함한-에 연결한다. 서로의 협력이 증가하고 창조성이 증대되면서 우리는 추상적인 존재인 사회, 종교체계, 군대 등을 발달시키게 되었다. 하라리는 '원숭이에게 죽은 뒤에 원숭이의 천국에서 바나나를 실컷 먹도록 하겠으니 대신 지금 바나나 하나만 달라고 설득하는 건 불가능하다'고 했다. 하지만 인간은 성경의 천지창조 이야기와 같은 허구를 받아들이면서 '엄청나게 많은 사람이 서로 열린 마음으로 하나로 뭉치는 전례가 없는 능력'을 보여주었다. 그는 현대의 비즈니스도 신화를 공유하는 또 다른 예라고 지적한다. 프랑스 자동차 회사인 푸조는 20여만 명을 고용하고 1년에 150만대 가량의 차를 생산한다. 하지만 푸조가 존재하는 까닭은 많은 사람과 하나의 법률체계-이 체계 자체도 인간이 만든 추상적인 실체이다-가 그것이 존재하는 데 동의하기 때문이다. '만약 어떤 판사가 회사의 해체를 지시하면 공장들은 그 자리에 계속 남아있고 직원들, 회계원들, 매니저들, 주주들도 계속 살아가겠지만, 푸조는 즉시 사라질 것이다. 푸조는 우리의 구체적인 세계와 본질상 아무런 연결고리가 없고 아무런 상관이 없는 것처럼 보인다.…그것은 우리의 집단적인 상상력이 만들어낸 허구에 지나지 않는다.'

그렇다면 왜 인간들은 존재하지도 않는 가상적인 존재를 믿는 것일까? 그런 믿음은 왜 우리의 문화적 전통과 종교적 전통들에 내재하고 있는 것일까?

우리는 사회적 동물이자 창의적인 동물이고, 우리들 대부분은 어딘가에 소속되기를 원한다. 우리는 생각이 비슷한 무리에 이끌리고, 동료들 사이에서 인기를 얻길 원한다. 옛날부터 어떤 집단에 속하면 집단으로부터 지원과 보호를 받게 되므로 변화에 적응하는 데 도움이 되었을 것이다. 강한 카리스마를 지닌 한 집단의 우두머리가 이렇게 말했다고 해보자. '어젯밤에 불의 눈을 가진 노란 태양신이 분노에 차서 나타나 당신들은 태양신을 섬겨야 한다고 말하고는 사라졌다. 자신을 섬기지 않으면 엄청난 결과가 초래될 것이라고 했다. 당신들은 그의 말대로 하는 게 좋을 것이다. 그렇지 않으면 우리 집단에서 받아들여지지 않을 각오를 해야 한다(어쩌면 그의 손에 당신 목숨을 맡겨야 하는 상황이 될 수도 있다).' 우두머리의 이야기가 사실인지 아닌지 미심쩍지만, 그의 말을 따르는 열의를 보이는 게 당신에게 좋을 것이다. 그래야 집단으로부터 보호받을 수 있다. 이처럼 기이한 이야기인데도 어쩔 수 없이 따르는 건 인간의 문화에 내재해 있고 인간에게 많은 도움이 돼 온 것도 사실이다.

하이에나와 늑대는 죽은 동물의 사체를 먹거나 사냥을 위해 뭉치고, 침팬지도 이웃 침팬지 집단을 습격하기 위해 뭉치지만, 공유된 신념을 바탕으로 장기간에 걸쳐 대규모로 협동하고 결속하는 종은 인간밖에 없다. 인간은 스스로 지어낸 거대한 신화를 믿음으로써, 도시와 국가와 왕국에서 수천 수백만의 낯선 사람들과도 서로 도우면서 살아갈 수 있었다. 사회를 만들고 문화를 만든 인간의 창의성은 오늘날에도 여전히 사회를 묶는 힘으로 작용하고 있다.

14장

본성 vs 양육

우리 인간은 지구에 등장한 이후 대부분의 시간을 작은 규모로 모여서 사냥을 하거나 채집을 하며 떠돌았고, 이후에는 짧은 기간이지만 야영지 생활을 하기도 했다. 우리 중 일부는 아프리카에 남았고 또다른 일부는 유럽과 아시아로 퍼져나갔다. 거의 1만8,000년 전 빙하기가 끝나갈 무렵, 용감무쌍한 인간 집단이 당시 러시아와 알래스카를 연결하고 있던 육교-지금은 베링해협 아래 잠겨 있다-를 건넜다. 이들이 바로 북미 원주민의 조상인 고대 인디언이었다. 이후 수천 년도 안 돼 아메리카의 남단 칠레까지 나아감으로써 호모 사피엔스는 진정으로 세계적인 종이 되었다.

그사이 기후 변화도 있었고 인구가 크게 늘기도 했을 것이다. 그러다 약 1만 년 전, 어떤 이유로 인간은 씨앗을 심어야겠다고 생각하게 되었다. 구세계와 신세계 전체에 걸쳐 농업혁명은 서로 다른 시기에 모두 여덟 차례 일어났고, 우리의 생활방식을 급격히 바꾸어 놓았다. 많은 이들은 농업이 우리에게 나쁜 영향을 가져왔다고 생각하지만 가축을 울타리 안으로 몰아넣고 농산물을 재배하는 것은 식량을 더 안정적으로 확보하는 데 도움이 되었고, 어려울 때를 대비해 식량을 비축해 놓을 수도 있었다. 중국에서는 콩과 쌀을 키웠고, 비옥한 초승달 지대[티그리스·유프라테스강 유역의 메소포타미아에서 지중해 동부 연안과 나일강 유역에 이르는 초승달 모양의 땅. 땅이 비옥해 인류 문명의 발상지였다]의 일부인 레반트[그리스, 시리아, 이집트를 포함하는 지중해 동부 연안 지역]에서는 보리, 아마, 렌즈콩과 병아리콩을 주로 심었다. 돼지는 아시아 여러 지역에서 사육됐고, 이후 유럽에서 야생 돼지와의 잡종 돼지가 만들어졌다. 멕시코 원주민인 올멕족과 마야족은 가축과 함께 옥수수를 키웠다. 인간은 마침내 농업인이 되었다. 그 결과 인구 밀도가 점점 높아지면서 문화를 공유하는 속도가 그 어느 때보다 빨라지게 됨으로써 오늘날 우리가 현대 문명이라고 부르는 현상이 나타나기 시작했다.

마이클 토마셀로는 '문화 학습'이라는 개념을 제안했는데, 이것은 사회와 사회생활을 통해서 배워나가는, 인간에게만 고유한 특성을 가리킨다. 문명이 성장함에 따라, 사람들은 같은 문화를 공유하는 사람들과 비슷한 행동과 생각을 하고 동질감을 느끼게 되었다. 이것은 결국 사람들이 집단의 문화 자체에 순응하는 결과로 이어졌다. 아이는 부모로부터 자신이 (부모와 자신 등이 속한 집단) 문화의 한 부분이라는 가르침을 받았다. 토마셀로는 '이 특별한 형태의 문화 학습 덕분에 문화는 축적될 수 있었고, 강력하면서도 인간에게만 고유한 방식으로 진화할 수 있었다'고 했다. 농업혁명을 통해 우리는 기술과 정보를 배우는 법을 터득했고, 그렇게 배운 기술과 정보를 자신이 동일시하는 문화에 속한 다른 사람들과 기꺼이 나누었다. 그런데 어떻게 보면 그것은 하나의 재앙이기도 했다.

가축과 농업에 의지하는 건 위험 요소가 있는 선택이었다. 평원과 삼림 지대는 잡식성의 인간에게는 먹잇감의 보고였지만, 농업사회는 종류가 몇 가지밖에 되지 않는 식물과 가축 동물에만 의존해야 했다. 가뭄과 병충해는 종이 다양하게 서식하는 야생에서보다 논과 밭에 더 많은 피해를 입힐 수 있었고 실제로도 그랬다. 유전자 연구에 따르면 우리가 유럽 중부와 북서부로 이동했던 시기에 두 번에 걸쳐 인구가 급감했다. 하지만 그런 위험 요소에도 불구하고 전체적으로 보면 농업은 사냥이나 채집보다는 확실히 생산성이 더 높았던 것이 사실이고 그 결과 인구도 급증했다.

한곳에 정착하는 농업 생활은 사회에 많은 해악을 들여오기도 했다. 인구가 늘면서 밀집도가 높아짐에 따라 질병의 전파 속도도 더 빨라졌다. 또 농업은 소유의 개념을 강화했다. 자원을 통제하고 배분할 수 있게 되면서 사람들은 땅, 생산, 거래, 그리고 현대 경제의 기반인 자본에 집착하게 되었다. 이것은 필연적으로 권력과 영향력을 독점한 이들을 만들어냈고, 계급분화가 촉진되는 결과를 낳았다. 독재자와 폭군, 세금이 등장하게 된 것이다.

미국 인류학자 제레드 다이아몬드(Jared Diamond)의 지적처럼, 집에 머물면서 살림을 하는 책임을 여성이 떠맡으면서 농경 생활은 성역할 면에서는 재앙이나 다름없었다. 농업사회에서 여성들은 수렵채집 시절보다 자식을 더 많이 낳았고 힘든 일도 더 많이 감당했다. 학자들은 인간이 농업을 하기 전까지는 인간이 만든 집단 중 다수가 모계사회였다고 본다. 친족관계가 여성의 혈통을 통해 이루어졌다는 뜻이다. 그러나 땅과 소유권이 중요해지면서 사회는 권력과 재산의 상속이 부계로 옮겨갔다(유대교 같이 주목할 만한 예외들도 있었지만). 신체적으로 우세한 성은 작물과 땅을 지배했고, 애석하게도, 여자도 지배했다. 출애굽기 20장 17절에는 '네 이웃의 아내'를 탐하지 말라는 유명한 경고문이 나온다. 크리스토퍼 라이언은 ≪문명의 역습≫에서 이 구절을 전체 맥락에서 다시 읽어보라고 권한다. '네 이웃의 아내를 탐하지 말고, 그의 남자 종도 여자 종도, 그의 소도 그의 나귀도 탐하지 말라. 무릇 네 이웃 소유의 어떤 것들도 탐하지 말라.' 아내는 소유물이 돼 버렸다.

사회 계층의 분화라는, 인간이 오랫동안 지속하고 있는 전통도 농업에서부터 시작되었다. 특히 가장 악랄한 건 사람들을 노예로 부린 것이었다. 〈사이언스〉에 발표된 2019년의 연구는 약 4,000년 전 청동기시대에는 서로 다른 계급의 사람들이 함께 어울려 살았다는 걸 보여준다. 연구자들은 100여 개의 고대인 유골에서 채취한 DNA를 분석해, 현재 독일지역인 고대 농장에서 거주했던 사람들의 관계를 조사했다. 그 결과 농장과 직접 관련이 있는 이들은 여러 세대를 거치면서 후대에 전달된 것으로 보이는 물건과 소지품과 함께 무덤에 묻혔던 반면 아무런 관계가 없는 이들은 함께 묻힌 물건이 없는 것으로 나타났다. 아마도 이들은 같은 농장에서 살았지만, 더 낮은 계층에 속하고 장례 의식도 받지 못한 것으로 보인다.

연구팀은 또 유골의 치아를 방사능 반응으로 조사해 이들이 각각 어디에서 성장했는지를 밝혔다. 그 결과 조사 대상이 된 거의 모든 가정에 다른 지역 출신의 여성이 포함된 사실이 밝혀졌다. 남성은 여러 세대에 걸쳐 같은 농장에서 살았던 반면 여성은 단 한 세대 동안만 자기가 태어난 공동체에 머물 수 있었다. 한마디로 시집살이 제도가 자리 잡고 있었다. 즉 남자는 자기가 자란 곳에서 계속 살아갈 수 있으나, 여자는 남편의 가족과 살기 위해 자신이 속했던 공동체를 떠나야 했다. 이런 문화는 그 이전 구석기시대부터 존재했지만, 농업사회가 체계적으로 자리 잡으면서 더욱 흔하고, 보편화된 관습이 되었다.

이런 사회구조는 남성이 한곳에 계속 머물려고 자신의 자존심과 자기 소유물을 적극적으로 이용했기 때문에 일어난 자연스러운 결과였다. 시집살이 제도에 대해 다른 주장을 펴는 이들도 있다. 자기 공동체를 떠나 결혼하는 여성은 집단의 다양성을 증가시켜 근친 번식에서 오는 유전적인 결함을 막는 역할을 했다는 것이다. 또 정보 교환과 집단 사이의 거래를 촉진하고, 다른 공동체와의 상호작용을 늘림으로써 기술과 물품, 농사와 관련된 지식이 더 많은 사람에게 더 효율적으로 전달될 수 있었다는 것이다.

크리스토퍼 라이언과 카실다 제타(Cacilda Jethá)는 공저로 출간한 ≪왜 결혼과 섹스는 충돌할까(Sex at Dawn)≫에서 농업혁명 이전, 사유 재산 개념이 생기기 전에는 인간 사회는 일부다처제였다고 주장한다. 보노보처럼 인간은 자유롭게 성적인 상대를 함께 공유했다. 이것은 보쉬가 ≪세속적 쾌락의 동산(Garden of Earthly Delights)≫에서 묘사한 것 같은 신나서 섹스에만 몰두하는 사회이기보다는, 난교를 통해 자식의 아버지가 누군지 애매하게 함으로써 평화를 유지하는 사회에 더 가까웠을 것이다. 잦은 성관계를 통해 서로 결속됨으로써, 모두가 아이를 키우는 데 참여했다. 하지만 농업 사회가 들어서면서 부계의 질투는 자기 자식에게만 직접 상속하겠다는 욕구로 나타났다. 이제 여성은 남성에게 묶였고, 남성은 땅과 재산을 자신의 생물학적 자식에게 물려주는 데 집착했다-"난 절대 아마섬유 농장을 딴 놈의 자식에게는 물려주지 않겠어!" 일부일처제 사회로 바뀌게 된 데는 우리의 뇌가 커지면서 유아 시절이 길어진 결과라고 주장하는 이들도 있다-두 명의 헌신적인 부모를 둔 아이가 더 잘 자라지 않겠는가. 또 일부일처제는 성적인 질투를 회피하는 데도 도움이 되므로 집단 내에서의 갈등도 줄일 수 있다는 것이다.

농업혁명이 불러온 사회적인 삶, 성적인 삶, 정치, 경제에서의 급속한 변화는 많은 부분 생물학적인 진화의 결과가 아니라 문화적인 변화로 인간의 행동과 태도가 달라짐으로써 생긴 결과였다. 유발 하라리는 문화가 생물학을 압도한 증거로 신부, 교황, 승려를 거론했다. 수컷 우두머리 침팬지들은 자신의 이기적인 유전자를 퍼뜨리기 위해 가능한 많은 암컷과 짝짓기를 하려고 한다. 하지만 (하라리의 표현에 따르면) '가톨릭의 우두머리 수컷들'인 신부를 비롯해 현대의 많은 종교인은 자신들의 종교적 전통에 따라 금욕을 지키겠다고 서약한다. 생물학적으로는 말이 안 되지만, 가톨릭교회는 2,000년 넘게 살아남았다.

농업 생활은 생물의 다양성, 여성의 권리, 평등주의에는 재앙이었지만 겨우 수천 년 사이에 우리 삶의 표준으로 자리잡았다. 인간을 규정하는 조건은 손쉽게 취할 수 있는 열량, 권력, 그리고 정치로 옮겨 갔다. 에드워드 윌슨은 '(농업혁명) 초기의 성공이 가져올 결과가 어떨지 미리 예견할 방법은 전혀 없었다. 우리는 단지 우리에게 주어진 것을 받아들여 계속 증식시켰고, (우리보다 더 초라하고, 더 제약된 삶을 살 수밖에 없었던 구석기시대의 조상에게서 물려받은) 본능에 따라 맹목적으로 소비할 따름이었다'라고 쓴 바 있다.

재능을 어떻게 키울까

문화적인 혁명을 잠시 옆으로 제쳐두면, 우리 뇌를 형성한 진화적인 힘은 대부분 유전자로부터 나왔다. 여기저기서 적절하게 일어난 돌연변이는 뇌의 크기를 늘리고 뉴런의 수를 증가시켰고, 인간을 다른 종들과 차별화시켰다. DNA는 우리가 말하고, 사고하고, 느끼고, 행동하는 모든 측면에 관여한다. 사냥의 기술이든 창의적인 사고든, 혹은 열매를 까는 간단한 요령이든, 우리가 가진 거의 모든 특성은 환경적인 영향이나 일종의 운(運)과 함께 돌연변이의 작용에 크게 의지한다. 어떤 개인들이 다른 이들보다 생존과 번식에서 더 유리하게 되는 데는 돌연변이가 어느 정도 개입한다. 하지만 이런 관점은 위험해질 수도 있다. 특히 지능과 창의력 같은 특성에 적용하게 되면 우생학적인 관념론으로 빠질 수가 있다. 우리 안에서 본성(우리의 유전자)과 양육(우리의 환경과 문화)의 영향력은 각각 어느 정도나 되는 것일까. 재능은 타고나는 것일까, 연습이나 훈련을 통해 습득되는 것일까? 우리가 가진 재능이나 기술이 어디서 오는지에 관한 논쟁은 역사가 길다.

빅토리아 시대의 박식가 프랜시스 골턴(Francis Galton)은-그는 '본성 대 양육(nature versus nurture)'이라는 말을 처음으로 사용했다-19세기의 우생학 운동을 주도했다. 그는 특정한 기술이나 자질이 가족에 따라 다르게 나타난다는 점에 주목해, 선택적인 번식을 통해 인류가 '개선' 될 수 있다고 믿었다. 하지만 역사가 증언하듯이 이런 사고는 인간 사회에 독이 된다. 최근 몇 년간-심리학자 앤더스 에릭슨(K. Anders Ericsson)과 작가 말콤 글래드웰(Malcolm Gladwell)을 비롯한-몇몇 사상가들은 골턴과 반대되는 관점을 적극적으로 펼쳐왔다. 그들은 유전자가 특정한 기술에 영향을 준다는 사실을 인정하면서도-글래드웰이 '1만 시간의 법칙'이라고 부른 것 같은-반복된 연습이 거의 모든 분야에서 성공에 이르게 한다고 믿었다.

심리학자 데이비드 햄브릭(David Hambrick)과 엘리엇 터커-드롭(Elliot Tucker-Drob)이 쌍둥이들의 음악 실력을 비교한 연구는 본성과 양육을 분리하는 게 어렵다는 걸 보여준다. 어떤 분야에서의 성공은 우리의 게놈이 환경과 어떻게 상호작용하느냐에 따라 달라질 수 있다. 음악 분야의 경우에는 유전이 반복된 연습보다 영향력이 훨씬 크다. 반복된 연습은 생물학적으로 타고난 음악적인 소질을 기하급수적으로 드높이는 것으로 보인다. 연습을 많이 하면 할수록, 유전자의 영향력이 점점 더 커진다. 유명한 재즈피아니스트 텔로니어스 멍크(Thelonious Monk)는 어릴 때부터 음악 수업을 한 번도 받지 않고도 스스로 악보 보는 법을 배웠다. 그가 하도 많은 상을 독식한 탓에, 열세 살 때는 아폴로 시어터에서 열린 아마추어 콩쿠르에 참가를 거부당할 정도였다. 이것은 아마도 그의 천부적인 재능이 열정적인 연습을 통해 발현된 결과일 것이다.

"'본성 대 양육'의 논쟁은 끝났습니다-아니면 반드시 끝내야 합니다"라고 햄브릭은 말했다. "어떤 전문지식이나 기술에 대해 '타고 난' 것이냐 '만들어진' 것이냐고 묻는 것은 생산적이지 않습니다. 우리는 둘 다 중요하다는 걸 받아들여야 합니다. 연습과 훈련이 유전적인 요인들을 활성화하는 방식으로 둘의 영향력은 서로 얽혀있습니다." 그는 어떤 것에 숙달되기 위해서는 최저한의 훈련이 꼭 필요하지만, 그 최저한이 어느 정도인지는 아무도 모른다고 덧붙였다. "아기는 자궁에서 어떻게 하면 완벽한 점프 슛을 할 수 있는지 알고서 나오는 게 아닙니다.…특정한 기술 단계에 도달하기 위해서 어느 정도의 훈련이 필요한지는 사람마다 엄청나게 큰 차이가 있습니다."

나는 이 정도에서 뇌 진화의 역사를 마무리할 수도 있었다. 호모 사피엔스가 자신들이 재배한 렌즈콩으로 식사를 하고, 권력을 쥔 자들이 힘없는 이들에게 렌즈콩을 수확하도록 강요하는 단계에 이르렀을 때, 오늘날의 우리의 뇌가 탄생했기 때문이다. 오랜 진화의 시간을 거쳐 여기까지 온 것이다. 아무 드물게 나타나는 천재를 제외하면, 사람들의 지능은 대부분 다 비슷하다. 가난이나 교육 같은 환경적인 요인들만 잘 조절한다면 말이다. 사람들 사이에서의 똑똑함(영리함)의 차이는, 침팬지나 보노보처럼 인간 다음으로 지능이 높은 종들과 인간 사이의 차이에 비하면 거의 무시해도 될 정도이다.

그러나 유전학자들은 내가 계속 나아가게 만든다. 몇몇 유전학 연구자들은 유인원의 지능과 인간의 지능을 구별시키는 유전자를 발견했을 뿐 아니라, 농업혁명이 일어나고 얼마 지나지 않은 시점에서 우리 뇌에 의미 있는 변화를 일으킨 유전자들을 찾아냈다고 주장했다. 하지만 이 발견들에 대해 논란이 없는 것은 아니다.

이 유전자들 가운데 특히 두 개의 유전자, 즉 *마이크로세팔린*과 *ASPM* (비정상적인 방추형 소두증과 연관된 유전자)은 뇌의 크기와 직접 관련이 있다고 여겨진다. 이 두 유전자의 돌연변이를 가진 아기는 초기 호미닌과 비슷한 크기의 대뇌피질을 갖고 태어난다(소두증). 유전학자 브루스 란(Bruce Lahn)은 이 두 유전자가 인간이 침팬지에서 갈라져 나온 이후, 인간에게서 매우 빠르게 진화했다는 사실을 발견했다(Gilbert, 2005). 이것은 우리 조상들의 DNA 염기서열에 무작위로 어떤 변형이 일어나 생존에 매우 유리하게 작용했다는 뜻이다. 하지만 란과 동료들이 *ASPM*의 변형체가 약 6,000년 전에-농업과 문명이 번창하기 시작했을 때-나타났고, 지금의 유럽, 중동, 북아프리카, 아시아의 일부 지역에 살던 사람들에게 더 흔했다고 보고하자, 그가 인종차별적인 과학을 한다며 비난하는 이들이 나타났고, 이들은 그의 연구 방법에서 허점을 찾아 주장의 신빙성을 떨어뜨리려고 했다. 하지만 란의 발견이 타당하든 아니든, 자연선택은 현생인류의 뇌 발전 과정에서 어떤 시점에 매우 중요한 역할을 했을 거라고 보는 건 온당하다. 비록 인간이 만든 문화와 환경과 강하게 얽혀있는 방법일지라도 말이다.

2017년에 미국과 유럽 연구자들은 인간의 지능과 관련된 52개의 유전자를 추가로 발견했다. 연구자들은 이 유전자들이 우리가 논리적인 판단을 내리거나 문제를 해결하는 능력에 연관된 유전자들 가운데 작은 일부분일 거라고 보았다. 예측대로 1년 후 그들은 939개의 유전자를 더 발견해 목록에 추가했다. 유전자가 지능에 미치는 영향은 유아기 때는 20% 정도였다가 성인기에는 60%까지 늘어난다. 이것은 음악적인 재능처럼, 우리의 경험(연습이나 훈련)이 유전적인 소질에 의존하기도 하면서, 동시에 타고난 소질을 증폭시키기도 한다는 걸 의미한다(Sniekers).

물론 유전자가 우리 뇌에 좋게만 작용하는 것은 아니다. 유전자가 방해를 할 수도 있다. 셀 수 없이 많은 유전자 변형체들은 우울증, 알츠하이머병, 조울증, 자폐증을 비롯해 생각할 수 있는 모든 뇌 장애나 질환과 관련돼 있다. 2016년에 *C4*라는 유전자가 조현병의 주요 위험인자라는 사실이 발견되었다(Seker). *C4*는 보통 때는 시냅스 가지치기(쓸모없거나 사용되지 않는 신경 연결을 제거하는 것. 보통 10대 때 일어난다)라는 작업을 제어한다. 태어나서 유년기 중후반까지의 아이들 뇌에는 조에 조를 곱한 수만큼(이 수는 우리가 사는 은하수 은하에 있는 별의 개수보다 많다!)의 시냅스가 있다. 하지만 이 가운데 절반은 성인기로 접어들면 사라진다. 미세아교세포라는 면역세포가 필요가 없는 신경 연결을 말 그대로 갉아먹어서 없애버리기 때문이다. 그런데 *C4*에 돌연변이가 생기면, 사라져야 할 시냅스가 그대로 머물면서 뇌 활동을 산만하게 만들어, 환각이나 망상, 사고의 혼란을 일으킨다. 이런 증상들은 결국 정신병으로 이어지는 경우가 많다. 조현병과 관련이 있는 유전자는 현재까지 100개가 넘는 것으로 알려져 있다.

얼핏 생각하면, 자연선택은 정신질환을 없애는 방향으로 작용했을 것 같은데 왜 진화과정에서 계속 그런 유전자들이 보존되었을까. 이에 대한 설명으로, 어떤 정신병적인 상태는 인간에게 유익한 특성이 병적으로 과하게 나타난 결과라는 주장이 있다. 진화적인 면에서 보면, 어느 정도의

시냅스 가지치기

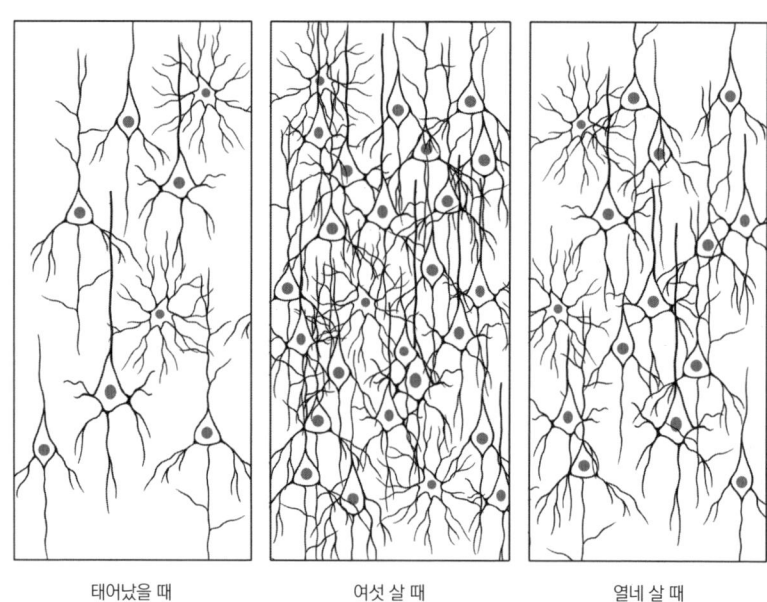

태어났을 때   여섯 살 때   열네 살 때

불안은 위험을 피하는 데 도움이 되므로 유익하다. 하지만 불안이 너무 과하면 해롭다. 조울증도-빈센트 반 고흐, 버지니아 울프, 커트 코베인, 그 밖에도 많은 예술가가 이 질환에 시달렸다-조증기에는 어마어마한 의욕과 창의성을 느끼게 된다. 정신과 의사 나시르 가에미(Nassir Ghaemi)는 뛰어난 지도력은 정신질환의 결과인 경우가 많다고 주장한다. 우울증은 공감과 현실주의를 심어주고, 조증은 유연성과 창의력을 높여준다. 그는 링컨, 마틴 루터 킹, 간디가 공감 능력이 뛰어났던 것은 우울증 덕분이고, 남북전쟁 당시 북군의 윌리엄 셔먼 장군이 조지아를 향해 진군할 수 있었던 것은 그의 조증 덕분이라고 주장한다.

인간의 뇌는 너무나 창의적으로 진화해 온 나머지, 창의적으로 오작동할 정도가 되었다. 조현병을 보자. 지금까지 알려진바 우리는 정신병을 앓는 유일한 동물이다. 그리고 정신병의 원인은 대개 유전자의 영향이 크다. 2015년에 유전학자 조엘 더들리(Joel Dudley)는 조현병에 관여하는 특정한 유전자 변형체들이 고차원의 사고-전전두엽 피질에서 일어난다-에도 관여한다는 사실을 밝혔다(Xu). 인간의 인지 능력 뒤에는 유전자의 영향과 신경들 사이의 상호작용이 어마어마하게 복잡하게 얽힌 네트워크가 있다. 그 네트워크의 일부분이라도 헝클어지거나 혹은 신경전달물질의 균형이 맞지 않으면 잘못될 수 있는 것들이 많다-복잡한 기능은 복잡한 오작동을 부른다.

뇌가 커지면서 위험도 커진 것이다.

15장

미래의 사피엔스

아리스토텔레스는 심장은 영혼의 자리이고, 뇌는 단지 열을 발산하는 방열기라고 보았다.

하지만 500년 후 그리스의 의사이자 철학자인 갈레노스는 우리의 느낌, 생각, 기억은 뇌의 결과물이며, 심장과 간이 우리의 성격과 감정을 다룬다며 아리스토텔레스의 주장을 바로 잡았다. 그는 우리에게는 세 개의 영혼이 있으며 이 가운데 하나가 뇌라고 했다. 또 뇌는 정자로부터 만들어진다고 믿었다. 그렇게 보면 의학은 참으로 더디게 발전했다.

2,000년이 지난 지금 우리는 두피에 전극을 붙이고서 뇌파를 읽을 수 있는 수준에 이르렀다. 이제 신경외과 의사는 드릴로 두개골에 구멍을 뚫어 발작이나 경련의 원인이 되는 뇌종양을 절제하거나, 잘못된 뇌 조직을 떼 낼 수도 있다(그것도 우리가 깨어있는 상태에서!). 그렇지만 아직도 뇌는 다른 장기에 비해서 과학적인 미스터리이다. 한 신경학 교수는 나에게, 우

리가 현재 뇌에 대해 알고 있는 것은 1950년대에 심장에 대해 알고 있던 정도의 수준이라고 했다. 나는 이것도 매우 관대한 추정이라고 생각한다.

지금 과학자들의 가장 큰 관심사는 인간의 뇌가 어디를 향해 가고 있느냐는 점이다. 뇌는 아직도 엄청나게 진화 중인가? 유전공학이 계속 발달하면 인간은 뇌를 인공적으로 진화시킬 수 있게 되는가? 새로운 디지털 세상은 신경계의 기능을 지속적이면서도 의미 있는 방식으로 변화시키게 될까?

위의 질문 중 두 가지에 대한 답은 '그렇다'이다.

우리 문화가 진격을 계속하는 와중에도 인간종에 대해 자연선택은 계속 일어나고 있다-단지 문화적인 변화보다는 훨씬 늘린 속도로 작용할 뿐이다. 약 4만 년 전에는 자연선택이 급격히 시작되어 농업혁명 기간 내내 지속되었고, 그 기간에 인간은 지구 전체에 걸쳐 퍼져나갔고 새로운 기후와 질병, 인지적인 면에서의 도전에도 직면했다. 어떤 인간 집단이 햇빛이 적게 비치는 북쪽 지역으로 이동했을 때, 피부색과 추운 날씨에 대한 적응이 있었다. 또 공동체의 크기가 커지고 인구 밀도도 높아지고 가축도 늘면서 병원균에 대한 저항력과 면역기능과 관련한 자연선택이 있었다. 식탁에 유제품이 올라오면서 유당(젖당)을 소화할 수 있는 분해 효소를 몸에서 생산하는 자연선택이 있었다. 1만 년 전만 해도 신경전달물질의 기능을 조절하는 유전자에 대해 진화적으로 변화가 있었다. 우리 문화가 게놈의 변화 속도를 크게 앞질러 갔을 때도, 우리가 더욱 복잡해진 농경 생활에 적응하는 것에 맞춰 유전자 빈도(gene frequency)[한 집단 안에 특정한 유전자를 가진 생물이 얼마나 존재하는지를 나타내는 정도]도 계속해서 변화했다(Wang, 2006; Hawks, 2007).

랭엄은 "자연선택은 매우 다양한 방법으로 계속 일어나고 있습니다"라고 강조했다.

우리의 집단적인 게놈이 가장 뚜렷하게 변하는 경우는 사상자가 대량으로 발생할 때이다. 내가 이 책을 마무리하고 있는 현재, 전 세계는 코로나19 팬데믹과 싸우고 있다. 특정인들이나 특정 집단을 상대적으로 바이러스에 더 취약하게 만드는 유전적인 요인에 사회경제적이고 환경적인 요인이 더해지면, 세계적으로 집단적인 게놈에 분명히 영향을 미칠 것이다. 집단 감염, 집단 학살, 홀로코스트 같은 사태는 인류의 DNA 가운데 상당한 양을 없애고 인간의 유전적인 특성을 변화시킨다.

이러한 현대의 사례들은 신석기시대에 한 집단의 남성들이 다른 집단의 남성들을 무차별적으로 살상하는 것과 같은 효과가 있다. 2015년에 진행된 연구에 따르면, 5,000~7,000년 전에 아프리카, 유럽, 아시아 남성의 유효 집단의 크기가 17대1로 여성에 비해 매우 작았다는 사실을 발견했다. 연구자들은 이 수치를 보고 적이 당황했다. 110곳의 서로 다른 집단과 남성 300명의 Y염색체 유전자 염기서열을 분석하자, 당시 남성의 유전적 다양성이 급락했다는 게 밝혀졌다. 오직 남성에게만 나쁜 영향을 미치는 기후 변화나, 전염병 혹은 다른 생태학적인 요인이 있었을까? 어쩌면 그랬을 수도 있지만 17배나 작다는 건 어마어마한 감소이다.

어떻게 이런 일이 가능했을지를 따져본 스탠퍼드대학 유전학자 마르커스 펠트만(Marcus Feldman)은 대부분 남성이 죽은 것이 아니라 남성 계통의 유전자가 전부 사라질 정도로, 승리한 집단이 상대편 집단의 남성들 게놈을 존재 밖으로 밀어낸 탓이라고 설명했다. 오직 승리한 남성들의 Y염색체만 살아남았다. 소수의 남성이 모든 권력을 휘두르면서 남성의 유전적 다양성이 사라진 것이다.[23]

나는 문명은 부분적으로 모성적이고 평화로운 측면-우리 내면의 보노보라고 부르자-으로 이루어졌다는 프란스 드 발의 시적인 관점을 믿고 싶다. 하지만 유전학도 이에 동의할지는 의문이다. 만약 펠트만의 자료 해석이 맞으면, 폭력적인 우두머리 수컷과 성적으로 문란한 독재자들이 인류의 미래에 가장 큰 영향력을 행사했다는 뜻이 된다. 한때 몽골 제국이었던 곳에서 지금 살아가는 남성의 8%는 칭기즈칸까지 거슬러 가는 Y염색체를 공유한다.

랭엄은 자기 가축화의 개념으로 돌아온다. 현대에 들어와 처벌과 감옥 같은 조치들은 사회에서의 폭력을 통제하는데 널리 쓰인 수단이었고, 이것은 공격성에 이바지하는 이들의 증식률과 유전자 빈도를 변화시켰다. 현대 의학은 구석기나 신석기시대 같았으면 병으로 사라졌을 생명을 구하면서 어느 정도 진화를 이끌어 간다.

시애틀에 있는 앨런 뇌과학 연구소의 소장인 크리스토프 코흐(Christof Koch)는 지능은 항상 자연선택의 압력을 받는다고 말했다. "다윈 어워즈(Darwin Awards)만 봐도 알 수 있습니다!"

다윈 어워즈는 1985년쯤 생겼는데, '유별나게 멍청한 방법으로 자기 자신을 제거함으로써 인간종이 장기적으로 생존할 기회를 높여준' 이들에게 수여한다는, 말하자면 조롱 조의 상이다. 코끼리에게 죽임을 당한 코뿔소 밀렵꾼. 다이너마이트를 없애겠다며 다이너마이트를 엽총으로 쏜 유타주(州)의 남자. 보스턴에서 여객선을 타고 가던 중 난간에서 물구나무서기를 했다가 사라진 청년. 그들의 죽음을 희화화하는 건 문제가 아닐까? 물론 문제가 된다(코뿔소 밀렵꾼은 해당이 되지 않겠지만). 그렇더라도 지능과 사망률 사이에 명확한 관계가 있음을 보여주는 연구 결과가 있다. 1947년에 스코틀랜드에서 6만5,000명이 넘는 아이들을 대상으로 지시를 이행하고, 추리하고, 계산하고, 속담을 이해하는 지능에 대한 조사가 이뤄졌다. 연구자들은 이들 가운데 2015년 시점에서 누가 아직 살아있는지, 죽었다면 사인이 무엇인지를 조사해, 2017년에 결과를 발표했다. 그 결과 IQ가 더 높은 이들이 심장병, 뇌졸중, 특정 암과 폐병으로 죽을 가능성이 훨씬 작았다는 사실을 발견했다. 지능과 장수 사이에는 거의 비례 관계가 있었다. 대단히 지능이 높은 사람들은 웬만큼 지능이 높은 사람들보다 더 오래 살았고, 웬만큼 지능이 높은 사람들은 보통 수준의 지능을 가진 사람들보다 더 오래 살았다(Calvin).

이 결과를 두고 당연히 다음과 같이 비판할 수 있다. 즉 더 부유하고 더 많은 교육을 받는 가족 출신일수록 담배를 안 피우고, 양질의 의료서비스에 쉽게 접근할 수 있으며, 최신 정보에 기반한 생활방식을 택하기 때문에 더 오래 살 확률이 높은 것이지, 사회경제적인 요인을 제쳐놓고 단순히 지능과 수명이 직접적인 관계가 있는 것처럼 주장하면 안 된다는 것이다. 실제로 정기적으로 시행되는 연구 결과들도, 사회경제적인 지위와 지능검사의 점수 사이에는 연관성이 있다는 걸 보여준다. 하지만 앞에서 소개한 스코틀랜드에서의 연구처럼 사회경제적인 요인을 감안한 상태에서 실시한 다른 연구들도 지능과 수명 사이에는 강한 연관성이 있다는 걸 밝혔다.

쌍둥이들을 대상으로 한 연구는 IQ가 어느 정도 유전적이지만 유전의 영향력이 어느 정도인지는 지금으로서는 말하기가 불가능하다는 걸 보여준다. 지능의 많은 부분은 경험, 가족, 주변의 지원과 격려 등에 의존한다. 지능은 유전자와 환경의 산물이다. 특히 두드러진 특성을 보이는 유전자에 작용하는 환경의 산물이다.

세계 각지로의 이주나, 누구와 짝을 맺어 자식을 가질지 같은 문화적인 힘은 우리의 유전적인 특성을 영구히 바꾸어 놓게 될 것이다. 사람들이 어떤 이유로든-새로운 일자리를 찾아서든, 어떤 나라에서 특정 산업이 붐을 이룬 결과든, 정치적인 박해를 피해서 떠나든-세계 곳곳으로 이주하게 되면 게놈은 새로운 번식 패턴으로 진화하게 될 것이다. 물론 이런 변화들은 대개 너무나 미미해 몇 세대를 거치기 전까지는 알아채기가 어렵다. 하지만 항상 그렇지는 않다.

케임브리지대학 심리학자 사이먼 바론-코헨(Simon Baron-Cohen)에 따르면, 실리콘밸리처럼 컴퓨터 전문가들이 모인 곳에서는 상당히 급속한 유전자의 변화를 볼 수도 있다. 배우 사챠 바론-코헨의 형인 그는 동생과 비슷하게 자신감에 차 있다. 그는 컴퓨터공학, 기계공학, 수학과 같은 기술 분야에 이끌리는 사람은 자폐 성향이 상대적으로 더 높다고 주장한다. 특정 지역이 기술의 중심지가 되면, 생각이나 성향이 비슷한 사람들끼리 짝을 짓고 자식을 갖게 되면서 그 지역의 유전체들은 자폐성이 강해지고 다음 세대로 계속 이어지게 된다는 것이다. 이것은 한정된 지역에서 일어나는 미시적인 진화라고 할 수 있다.

자폐증에 관한 과거의 연구는 그들이 어떤 사회적인 결손 행동을 보이는지에 초점을 맞춰왔다. 하지만 최근에는 그들이 세부적인 것에 대해서 보이는 놀라울 정도의 집중력과 그런 집중력 덕분에 생기는 기술적인 능력에 주목하면서, 그런 성향을 질병으로 보지 말자는 흐름이 일어나고 있다. 오늘날의 사회에서 기술은 굉장히 중요한 역할을 맡는다. 바론-코헨의 말이 옳다면, 앞으로 실리콘밸리가 있는 북부 캘리포니아에는 진화적인 변화의 결과로 이전에는 결코 볼 수 없었던 숙련된 기술로 무장한, 컴퓨터 엔지니어들로 이루어진 세대가 등장할 것이다(Baron-Cohen, 2006).

그러나 여전히 생물학적인 진화는 느리게 진행되므로 짧은 기간에 그것을 확인하기는 어렵다. 특히 구성원의 수가 많은 큰 집단이면 더욱 그렇다. 크리스토프 코흐는 "지금은 문화적인 진화가 너무나 빨리 이뤄지고 있습니다. 만약 우리 시대에 태어난 아기를 시간여행을 통해 2,000년 전의 사회로 데려가거나, 혹은 거꾸로 그 시대의 아기를 우리 시대로 데리고 오더라도, 양쪽 시대 모두 두 아기에게서 외관에서는 큰 차이를 느끼지 못할 것입니다"라고 말했다. 그 정도로 생물학적인 진화는 속도가 느리다. 2,000년은 인간으로 치면 100세대에도 못 미치는 시간이다. 진화 전체의 역사로 보자면 눈 깜빡할 정도로 짧다. 스티븐 핑커는 자연선택은 늘 작동하고 있지만, 인간종이 이루는 집단이 너무 크고, 너무 다양하고, 너무나 많은 방향을 향해 문화가 움직이고 있어, 인간의 뇌가 어디를 향해 움직이고 있는지 알 수가 없다고 했다.

영향을 주는 자와 받는 자

어떤 과학자들은 우리 뇌가 앞으로 어떻게 될지는 많은 부분 '후생 유전학'에 달려있다고 주장한다. 후생 유전학이란 살아가면서 획득된 DNA의 변화가 자식 세대에게 물려질 수 있다는 개념이다. 어떤 면에서 이 개념은 한 세기에 걸쳐 일어났던 과학적인 논쟁을 다시 끄집어낸 것과 같다.

약 200년 전, 프랑스 출신의 초기 진화론자이자 박물학자였던 장 바티스트 라마르크(Jean-Baptiste Lamarck)는 생명체에서 일어나는 변화는 평생에 걸쳐 계속 일어날 수 있으며, 그렇게 획득된 변화는 다음 세대로 이어질 수 있다고 주장했다. 예컨대, 기린이 아카시아 잎사귀에 닿기 위해 목을 길게 늘이면, 목이 계속 성장하게 되고 자식은 더 긴 목을 이어받는다는 것이다. 그러자 다윈이 등장해, 지금 우리가 진화론이라고 부르는 주장으로 반론을 제기했다. 기린은 여러 세대에 걸쳐 환경에 적응함으로써 더 긴 목을 가지도록 발달(진화)했다는 것이다. 다윈은 DNA가 무엇인지 전혀 몰랐다. 당시에는 아무도 몰랐다. 하지만 현대 유전학은 다윈의 주장이 우리가 어떻게 지금, 여기까지 이르게 되었는지에 대한 가장 그럴듯한 설명이라는 것을 확고히 하는 데 도움을 주었다. 기린이 긴 목을 갖는 것은 그들의 행동 때문이 아니라 그들의 게놈 덕분이다. 더 긴 목을 코드화하는 무작위적인 돌연변이를 갖게 된 기린은 목이 짧은 동료보다 높은 곳에 달린 잎사귀를 따 먹는 경쟁에서 앞설 수 있었기 때문에 생존할 가능성도 더 컸다.

후생 유전학은 결코 라마르크의 이론을 부활시키는 건 아니다. 하지만 DNA에 의해 코드화되지 않는 생물학적인 변화가 다음 세대에 물려질 수 있다는 발상에는 라마르크주의의 에토스가 흐른다고 할 수 있다. 후생 유전학적인 변화는 히스톤(histone)이라는 단백질과-DNA가 이 단백질을 감싸고 있다-, DNA 메틸화(methylation)-특정한 유전자가 발현하지 못하도록 막는 분자의 결합-에 작용함으로써 일어난다. 후생 유전학적인 변화가 일어나는 데 영향을 주는 생활방식은 매우 많다. 다이어트를 비롯해 독성 물질, 유아기의 불안, 음주, 비만, 수면 장애 등등. 일생에 걸쳐 이런 요소들에 노출되면 정자와 난자 세포의 DNA에 변화가 일어나고 그 변화된 상태가 계속 유지된다는 것이 후생 유전학 지지자들의 주장이다.

널리 알려진 스웨덴에서 진행된 일련의 연구가 있다. 1900년대 초에 '외베르칼릭스'라는 작은 공동체에서 태어난 한 세대를 대상으로 그들이 주로 어떤 음식을 먹었느냐가 자식 세대와 손자 세대의 건강에 미친 영향을 조사하는 것이었다. 연구 결과, 할아버지 세대가 아홉~열두 살이었을 때 농사 수확이 좋았던 경우, 그 손자들은 심장병과 당뇨, 암에 의한 사망률이 높은 것으로 나타났다. 이것은 성장기에 잘 먹는 것과 관련된 어떤 요인이 할아버지의 생물학(DNA)에 변화를 일으켰고 그것이 후손에 전해졌다고 해석할 수 있다.[24]

여기서 주의할 점이 있다. 후생 유전학을 내세우는 자기 계발의 선정주의는 과학과는 아무런 관련이 없다. 명상과 스트레스 해소는 몸과 건강에 좋은 영향을 미치는 게 사실이지만, 이것이 후생 유전적으로 DNA를 변화시킬 수 있다는 일부의 주장은 과학적으로 확인되지 않은 사실이다. 그것과는 별개로, 후생 유전학적인 변화와 관련이 있는 요인들은 장기적으로 볼 때 우리 뇌를 영구히 변화시킬 수 있다고 많은 과학자는 믿고 있다. 컨네인은 현대 세계는 오래지 않아 후생 유전학적인 효과들이 우리 뇌를 바꾸게 되는 걸 목격하게 되리라고 믿는다. 가공식품은 넘쳐나는 대신 영양분이 많은 음식이나 해산물은 점점 줄어드는 우리의 식단은 "인간의 인지 능력에 엄청난 후생 유전적인 효과를 가할 것입니다." 그는 또한 초연결사회가 되었지만, 스마트폰만 바라보고 직접 대면보다 가상공간에서 소통하는 경우가 늘고 있는 현재의 내부지향적인 문화도 우리 뇌를 점점 바꾸게 될 것이라고 우려한다. "우리는 서로 사귀면서 사회화되는 경우가 줄고 대화도 별로 하지 않습니다. 서로를 쳐다보거나 바라보지도 않습니다. 이것은 분명히 어떤 효과로 나타날 것입니다. 아마도 후생 유전학적인 변화를 통해서이겠지요.'

코흐는 다소 망설이면서, 소셜미디어와 현대의 기술이 젊은 세대의 뇌에 어떤 식으로든-예컨대 이전 세대보다 좀 더 불안을 많이 느낀다든지-영향을 미치리라는 건 인정했다. 딘 포크는 이보다 한 걸음 더 나가, 기술이 뇌의 진화 속도를 급격히 높이리라고 확신한다. 그녀는 인간이 5,000년 전에 문자를 읽기 시작했을 때, 최근에는 1980년대에 개인용 컴퓨터 혁명이 일어났을 때도 뇌가 급격히 진화했다고 말했다.

사회적인 상호작용은 우리의 뇌 진화에 가장 핵심적인 요인이었다. 그런데 지금 소셜미디어와 같은 가상공간을 통해 이루어지는 소통은 우리가 사회화하고 있다는 인상을 주지만, 실제로는 사람들 사이의 상호작용은 사라져 가고 있다. 인스타그램에서 '좋아요'를 주고 받는 관계가 충분하면 우리는 혼자가 아니라고 볼 수도 있다. 어딘가에 속한다는 느낌이 들기 때문이다.

어쩌면 그런 건 문제가 아닐 수도 있다. 인스타그램과 스냅챗은 우리가 수백만 년 동안 정보와 가십을 주고받았던 방식과 본질상 다를 바가 없다. 하지만 사회학자들은 이 새로운 소통 방식이 한편으로는 자신이 누군가에게 받아들여진다는 믿음을 주긴 하지만, 다른 한편으로는 불안과 외로움의 문화를 배양하고 있다고 우려한다. 우리는 갈수록 자기 자신에게 집착하지만, 자신을 깊이 들여다보면서 사색하는 시간은 줄고 인지적으로도 이전보다 더 고립되고 있다. 우리는 진정한 자아로부터 멀어지고 있는 게 아닐까. 이런 현상이 후생 유전적으로 어떤 영향을 미칠지는 좀 더 두고 봐야 알게 되겠지만, 이 새로운 디지털 행동들이 문화적으로 다음 세대까지 전달된다면,-앞으로 우리의 삶이 얼마나 더 가상적으로 될지는 오직 상상만 할 수 있을 뿐이다-과연 우리 인간종에게 심각한 악영향을 미치게 될까?

크리스토퍼 라이언은 심리학 연구에 기반해 '행복에 대해 가장 신뢰할 수 있는 유일한 변수는, 자신이 공동체에 안정적으로 정착하고 있다고 느끼는 것'이라고 했다. 인구통계 자료에 따르면 1920년에는 전체 미국인 가운데 5%만이 스스로 외롭다고 느낀다고 답했다. 반면 지금은 전체의 25% 이상이 그렇게 느끼고 있다. 이것은 역대 통계 기록 중 가장 높은 수치이다. 인간 사회는 항상 공동체에 기반을 두어왔다. 우리의 친척인 원숭이나 유인원들이 그런 것처럼 말이다. 하지만 지금은 기술 발전에 힘입어 각자가 초소형 이어폰에 가두어져 있는 것 같다. 이런 현상은 정신병을 앓는 비율이 치솟고 있는 이유일 수도 있다. 우리는 사회적인 종임에도 불구하고,

지금은 고립 속에서 우울증을 겪고 있다.

데이트를 주선하는 앱(데이팅 앱)도 진화적인 힘이 될 수 있다. 온라인에서 악의적인 댓글이나 독설을 퍼붓는 사람들을 흔히 볼 수 있듯이, 사람들은 디지털이라는 벽 뒤에 숨어 다른 행동양식을 보인다. 수줍음을 많이 타서 술집 같은 곳에서는 관계를 맺기 어려운 사람도 틴더[유명한 데이팅 앱]에서는 과감하게 행동하면서 데이트를 할 수 있는 기회를 잡을 수 있다. 반대로 오프라인 공간에서는 매력을 자랑하는 사람일지라도 그 매력을 500자의 짧은 문장이나 자신에 대한 소개, 문자 메시지만으로는 자기 매력을 온전히 전달할 수 없어 손해를 보기도 한다. 새로운 방식의 소통 덕분에 이전 같으면 맺어질 가능성이 작았던 커플 관계가 만들어질 수 있고, 반대로 이전에는 쉽게 매력을 끌었던 사람이 가상공간에서는 기회를 잡지 못할 수도 있게 되었다.

"음, 어쩌면 그럴지도 모르겠네요."

태터솔은 내 주장에 전적으로 동의하는 것 같지 않다.

"당신이 말한 것들은 대부분 추측에 불과합니다. 당신은 요즘 아이들을 바라보면서 이전과는 다른 변화가 분명히 뇌에서 일어날 거라고 믿는 것 같아요. 하지만 난 앞으로 어떤 변화가 일어날지에 대해 아는 게 전혀 없습니다." 태터솔은 최근의 인간 역사를 출렁거리는 물 양동이로 비유하면서, 유전자 빈도가 이쪽저쪽으로 움직이다가 결국엔 안정을 찾게 된다고 본다. "나는 균형으로의 복귀를 강하게 믿는 편입니다. 나는 세상일이 우리가 생각하는 것만큼 급격히 변한다고는 생각하지 않습니다. 주변을 둘러보면서 '와우, 이제 일어날 게 일어났네'라고 말하기는 쉽지만, 앞으로의 일을 예상하는 건 매우 어렵죠."

"우리는 점점 더 멍청해지는 걸까요?"

"그럴 리가 있나요. 우리는 더 멍청해지지 않습니다! 나는 기후 변화가 더 걱정됩니다."

인간으로 남아있기

신경학계의 타이탄이자, 1906년 노벨상 수상자인 산티아고 라몬 이 카할(Santiago Ramón y Cajal, 1852~1934년)은 '모든 인간은, 자신이 원하기만 하면, 자기 뇌의 조각가가 될 수 있다'고 말한 바 있다. 하지만 오늘날 그것은 하나의 큰 걱정거리이다. 인간이 자기 뇌의 진화를 스스로 조종할 수 있을 만큼 과학이 발전했기 때문이다.

유전공학의 기술 덕분에 과학자들은 인간의 게놈을 그야말로 마음먹은 대로 편집할 수 있게 되었다. 원하지 않는 유전자는 없애고 그 자리에 선호하는 유전자를 넣을 수 있게 된 것이다. 이것은 유전질환을 치료할 수 있는 기꺼이 환영할 만한 시대의 서막일 수 있지만, 불가피하게 우생학적인 목적을 위한 길이 열리는 것이기도 하다. 원하는 특성을 얻기 위해 배아 유전체를 편집하는 방식으로 맞춤형 아기가―더불어 맞춤형 뇌가―가능한 시기가 머지않다는 건 쉽게 상상할 수 있다.

최근 몇 년 사이에 가장 크게 논란이 된 유전자 편집기술은 크리스퍼-캐스9(Crisper-Cas9)라고 불린다. 이것은 길고 복잡한 이름인 'clustered regularly interspaced short palindromic repeats and CRISPR-associated protein 9'를 줄인 것이다. 크리스퍼는 유전자의 특정한 장소에 있는 DNA를 더하거나 없애거나 바꿈으로써 게놈을 재코딩하는 기술로서, 박테리아에 바이러스가 침입했을 때 박테리아 안에서 일어나는 방어 기제를 응용한 것이다. 과학자들은 목표로 삼는 DNA 부위와 DNA를 자르는 캐스9 효소 모두에 달라붙는 RNA 조각을 실험실에서 만들어낸 다음 맞춤형 DNA 염기서열을 DNA 복원 메커니즘을 이용해 잘려 나간 게놈에 삽입하는 식으로 작업한다.

지금까지는 유전자 편집기술을 혈우병, 낭포성 섬유증, 뇌전증 같은 특정한 유전자의 돌연변이가 원인이라고 알려진 질병을 예방하거나 치료하는 데 주로 이용해왔다. 그리고 암이나 심장병, 정신질환 같은-이런 질병에는 많은 유전자가 관여하며 환경적인 위험인자들도 유전자에 영향을 미친다-유전적으로 더욱 복잡한 조건에서도 사용될 수 있는지를 검토하고 있다.

크리스퍼를 비롯한 유전자 기술은 대부분 체세포, 즉 유전 물질을 다음 세대로 넘겨주지 않는 세포에 집중한다. 정자나 난자(우리의 생식 세포들), 배아를 바꾸게 되면 생식 계통이 영구적으로 바뀌기 때문에 굉장히 위험한 일이다. 이론적으로 보자면, 크리스퍼 같은 기술은 특별한 능력을 진작시킨다거나 몸을 더 강하게 만든다거나 지능을 높이는 수단으로 사용될 수 있다. 그래서 정신 나간 과학자나 우생학을 신봉하는 독재자가 이 기술을 이용해, 은밀하게 슈퍼 배아를 키운 뒤 군대와 사회 기간 조직에 복무하도록 할 수도 있다고 생각하는 건 결코 상상력의 비약만은 아닐 수 있다.

생식 계통을 편집하는 것은 많은 나라에서 불법이다. 그런데도 이 책을 쓰는 시점에, 러시아에서 유명하지 않은 연구원으로부터 적어도 한번 그런 일이 일어난 것으로 알려졌다. 그는 허젠쿠이(賀建奎)라는 이름을 가진 중국 출신의 과학자로, 2018년에 크리스퍼를 이용해 유전적으로 편집된 여자 쌍둥이(나나와 룰루)를 출산했다고 발표했다. 그는 아이들이 에이즈 바이러스에 걸린 아버지로부터 병을 옮지 않도록 CCR5라는 유전자를 편집했다고 주장했다. 그 이전에는 인간의 배아가 유전적으로 편집돼 엄마에게 착상되고 분만된 사례는 한 번도 없었다.

허젠쿠이는 자신의 실험을 처음으로 홍콩 유전자 편집 정상회담에서 소개했다. 정상회담의 의장이며 노벨상 수상자인 생물학자 데이비드 볼티모어(David Baltimore)는 이 작업을 "무책임한 행위로 간주해야 하며 과학계가 자기 통제에 실패한 경우"라고 강조했다. 미국국립보건원 원장인 프랜시스 콜린스도 이 발표를 "심대한 충격"이라고 표현했다. 심지어 크리스퍼의 개척자들도 섬뜩한 일로 받아들였다. 그들은 과학계가 아직 준비가 안 돼 있다고 느꼈다. 유전자 편집기술에 대해 도덕적인 합의에 이르지 못했다는 것이다. 허젠쿠이는 다른 과학자들로부터 윤리적인 조언을 받았으나 이를 무시했다. 그를 향해 "괴물과 같다"는 강한 표현으로 비난이 쇄도했다. 결국 그는 2019년 12월에 '불법적인 의료행위'를 시행한 혐의로 징역 3년형을 선고받았다. 하지만 나는 20년 후에 그와 같은 실험들이 다반사가 안 된다면 그게 오히려 나를 놀라게 할 것이라고 느낀다.

한층 발전된 줄기세포 기술 덕분에 크리스퍼는 현재 뇌의 영역으로 들어섰다. DNA를 고침으로써 정신을 조작할 수 있는 단계에 한 걸음 더 다가선 것이다. 줄기세포는 아직 특정한 세포형으로 발달하지 않은 세포를 말한다. 그런데 2006년에 일본 교토대학의 줄기세포 연구자인 야마나카 신야(山中伸弥)가 어른의 피부나 혈구 세포를 줄기세포로 재설정하는 방법을 발견했다. 유전자의 발현을 조절하는 전사인자(transcription factors)라는 화학물질을 이용하면 인간 몸의 모든 세포형-근육세포, 간세포, 면역세포, 뇌세포 등 모든 것-으로 형성되도록 할 수 있다는 걸 보여주었다. 그는 이 업적으로 노벨상을 받았다.

이 유도만능줄기세포(induced pluripotent stemcell)-약자로 iPSC-덕분에 이제 과학자들은 인간의 배아에서 줄기세포를 취하는, 윤리적으로 논란이 많은 작업을 피하고서도 모든 세포형을 무한정 공급받을 수 있게 되었다. 야마나카의 연구 이전에는 뇌 조직을 연구하는데 어려움이 많았다. 왜냐하면 신경외과적인 샘플 조직을 이용할 수밖에 없었는데, 수명이 며칠에 불과했기 때문이다. 하지만 iPSC 덕분에 이제는 신경세포에 손쉽게 접근할 수 있게 되었다.

처음에는 줄기세포로 만들어 낸 뇌세포에는 크리스퍼가 제대로 작동하지 않았다. 줄기세포는 손상된 DNA를 재빨리 복원했기 때문에, 이것에 손상을 내는 기술을 쓰는 것을 방해했다. 그러던 중 2019년에 캘리포니아대학 샌프란시스코 연구팀이 캐스9의 작동을 차단하는 또 다른 크리스퍼 기술을 개발했다. 연구팀은 이를 이용해 뇌 기능과 뇌 구조에 관여하는 유전자를 찾아내 그들의 발현을 증가시키거나 감소시킬 수 있었다. 이 새로운 기술은 앞으로 뇌 질병을 이해하고 치료하는 데 큰 도움이 될 것이다. 더불어 유전자 편집을 인간의 사고와 인지력에 응용하는데도 한 걸음 더 다가갈 수 있게 되었다(Tian).

만약 크리스퍼에 대해 별로 걱정이 안 된다면, 캘리포니아대학 샌프란시스코에서 남쪽으로 500마일 떨어진 캘리포니아대학 샌디에이고대학에서 유도만능줄기세포를 이용해 뇌를 배양하는 작업을 소개해 보겠다. 과학자들은 지난 수십 년 동안 인간의 장기-피부나 내장. 작은 신장이나 간 같은 것들-을 배양하려고 시도해왔다. 연구소에 보관된 이 장기들은 생물학적으로는 실제 장기와 거의 비슷하게 기능하지만, 단지 그것들을 유지할 수 있는 신체가 없을 뿐이다. 이 '오르가노이드'는 완전한 형태를 갖추고 기능하는 장기는 아니다. 과학자들이 다양한 질병을 연구하고 치료법을 테스트하기 위해 모델로 만든 것으로, 실제 장기를 대체하는 축소판이다. 그런데 2019년에 캘리포니아 샌디에이고대학 연구팀은 '초소형 뇌(mini-brains)'

를 배양하는 데 성공했다고 발표하면서, 이것이 미숙아의 뇌와 비슷한 수준의 신경망을 가지고 있다고 밝혔다. 이전에도 줄기세포를 뇌와 비슷한 뉴런의 모임으로 발달시키려는 시도가 있었지만, 실제 뇌와 같은 활동을 보여주는 데는 실패했다. 하지만 이번에는 배양한 지 두 달 후 미숙한 인간의 뇌에서 볼 수 있는 것과 같은 뇌파 활동-물론 주파수는 하나에 불과했지만-을 산발적으로 감지하는 데 성공했다. 그리고 10개월이 지나 완두콩 크기만큼 자랐을 때는 서로 다른 주파수를 가진 뇌파가 일정한 패턴으로 작동하는 게 감지됐으며, 그것은 성숙한 인간의 뇌에서 볼 수 있는 모습과 비슷했다.

크리스퍼와 마찬가지로 이 기술에는 엄청난 가능성이 잠재돼 있다. 특히 조현병, 자폐증, 발작과 같은 질환을 치료하는데 이 초소형 뇌를 모델로 삼아 연구할 수가 있다. 또한 새로운 약제를 테스트하는 데도 이상적인 모델이 되므로 이제 연구소의 쥐들에게도 충분한 휴식이 주어질 것이다. 이 초소형 뇌가 할 수 있는 가장 분명한 역할은, 트라우마나 뇌졸중으로 인해 뇌 일부가 손상되었을 때 이를 대체할 수 있다는 점이다. 인체 가운데 가장 정교한 기관-우리의 사고와 성격, 행동이 만들어지는 곳-을 작은 플라스틱 접시에서 배양한다는 사실이 싸구려 잡지에서나 읽을 수 있는 악몽처럼 여겨진다면, 나도 같은 생각이다!

하지만 코흐는 그렇게 흥분할 필요는 없다고 말한다. "분명히 말하지만, 그 누구도 이것을 실제 뇌와 혼동하지 않을 겁니다. 이 초소형 뇌가 아무것도 느끼지 못하리라는 건 거의 확실합니다." 이 유사 뇌에는 통증을 느끼는 뉴런도 없고 통증을 처리하는 신경회로망도 없다. 또 혈액이 공급되지 않기 때문에 콩알 크기 이상으로 더 자랄 수도 없다.

하지만 그는 '거의 확실하다'고 했다. 100% 확신은 없는 것이다.

페트리 접시에 배양된 뇌의 오르가노이드. 배양된 지 1년이 지났으며, 각각의 크기는 렌즈콩 크기 정도이다.

크기나 감각적인 한계는 줄기세포 기술자들이 다른 형태의 신경을 배양하는 법을 발견하거나, 오르가노이드에 혈관으로 산소를 공급하는 법을 발견하게 되면 달라질 수 있다. 모세혈관이 생기면 연구소에서 배양된 뇌에 생명을 불어넣게 될까? 만약 그 오르가노이드가 무언가를 느끼기 시작하면 어떻게 되는 걸까? 고통스러워할까? 아니면 심각한 번뇌에 빠질까? 그리고 우리는 그것이 이런 상태에 있다는 걸 어떻게 파악할 수 있을까?

좀비의 문제

지금 인공지능 기술은 우리 대신 운동복 바지와 큐리그[Keurig, 미국의 커피메이커 브랜드] 커피 캡슐을 주문하도록 할 수 있는 정도까지 발전했다. 컴퓨터가 언젠가는 우리처럼 느끼거나 의식을 갖게 될지 묻는 것은 터무니없는 일이 아니다. 오히려 가치 있는 질문이다.

독일 철학자 토마스 메칭거(Thomas Metzinger)는 신경학자 샘 해리스(Sam Harris)의 팟캐스트에 출연해 이렇게 말했다. "나는 오랫동안 기계가 가진 탁월한 점에 대해서 말하는 것조차도 반대해 왔습니다. 우리는 결코 의식을 가진 기계를 만드는 시도를 해서는 안 됩니다. 그런 기계에 가까이 다가가서도 안 됩니다. 그렇게 하는 순간 고통의 문을 열어젖히는 것과 마찬가지이기 때문입니다."

의식은 규정하기가 까다로운 개념이다. 우리가 의식을 가진다는 건 누구나 느끼고 있다. 하지만 의식이란 정확히 무엇인가, 그리고 의식은 어디에서 오는가?

'의식을 가진 존재란 어떤 것인가'라는 질문은 여러 시대에 걸쳐 철학자와 과학자들을 당혹스럽게 만들어왔다. 사상가들은 의식이 우리가 주관적으로 경험하는 모든 것의 중심에 놓여 있다는 점에는 대부분 동의한다. 방금 우리 머리에 떠오른 노래, 파트너를 향해서 느끼는 사랑의 감정, 지금 맛있게 먹고 있는 나폴리피자 한 조각 등등. 해리스는 이렇게 말한다. "의식이란 당신 자신이 된다는 것과 비슷하다는 사실 자체도, 의식이 만들어낸 사실이다."

우리가 살면서 경험하는 것의 본질을 퀄리아(qualia, 감각질(感覺質))라고 한다. 퀄리아란 자신이 느끼는 기분이나 심상 등으로, 다른 사람에게는 결코 전달할 수 없는 자기만의 주관적인 특질을 말한다. 빨간색을 보면서 느끼는 빨강의 정도, 피자에서 나는 냄새, 노래를 들으면서 느끼는 자기만의 감정. 이런 것들은 다른 누구에게도 정확히 전할 수가 없다. 퀄리아는 대학생들을 혹하게 만드는 종류의 개념이기도 하다("친구야, 네가 보는 파랑이 내가 보는 파랑이랑 다르다면 어떻게 될까? 한번 생각해봐." *그러고는 마리화나를 한 대 피운다*). 그런데 우리가 주관적으로는 서로 다르게 경험하더라도, 객관적인 세계는 분명히 존재하며 그것이 존재한다는 걸 우리 모두 동의한다.

이것은 이원론으로 이어진다. 이원론이란 세상이 물질적(신체적) 세계와 정신적인 세계로 분리돼 있다고 보는 개념이다. 이원론이라고 하면 가장 먼저 철학자 르네 데카르트를 떠올리게 된다. 그의 '나는 생각한다. 고로 존재한다'는 아마도 서양철학에서 가장 익숙한 문장일 것이다. 유일한 함정이라면 데카르트의 견해에서 '우리'-우리의 생각, 우리의 성격, 우리의 정신-는 육체로부터 단절되었다는 점이다. 그 박식한 프랑스 철학자인 데카르트를 비롯해 이원론을 지지하는 철학자들은 육체와 정신 사이에는 분명한 차이가 있으며, 육체는 우리의 영혼이 일시적으로 머무는 곳에 불과하다고 보았다. 또한 정신은 우리의 신체가 세계와 상호작용하는 것을 통제한다고 믿었다. 하지만 수 세기에 걸친 과학의 발전은 육체는 단지 정신이 머무는 장소에 불과하다는 주장이 틀렸다고 반박한다. 육체와 정신은 뗄 수 없이 연결된 것처럼 보인다.

그렇다면 도대체 어떻게 해서, 세포들이 모여 만들어진 3파운드 무게의 갈색 젤리처럼 생긴 신체 기관이 주관적인 경험과 퀄리아 같은 놀라운 현상을 만들어낼 수 있는 것일까? 1990년대에 호주 출신의 철학자 데이비드 찰머스(David Chalmers)는 이런 의문을 '굉장히 난해한 문제'라고 지칭했다. 이에 비하면 지각이나 주의력, 기억 등을 이해하고자 하는 신경심리학적인 질문은 '훨씬 쉬운 문제'라는 것이다. 이와 관련해 현대 철학자들 사이에서 거론된 사고실험이 하나 있는데, 바로 '좀비의 문제(the zombie problem)'라는 것이다. 만약 어떤 존재(개체, 실체)가 우리 인간처럼 움직이고 말하고 행동할 수 있다면, 그 존재가 의식을 가진다고 보아야 하는가? 아니면 감정과 의식이 없는 물리적인 시스템에 의존하면서도 그렇게 될 수 있는가?

영화 〈그녀(Her)〉에서 호아킨 피닉스가 연기한 주인공은 스칼렛 요한슨이 목소리 연기를 한 컴퓨터 운영시스템과 사랑에 빠진다. 스탠리 큐브릭 감독의 〈2001: 스페이스 오디세이〉에 등장하는 할(HAL)은 독자적으로 생각하는, 지각이 있는 컴퓨터이다. '좀비의 문제'는 이들 컴퓨터 시스템은 단지 의식이 있는 것처럼 보일 뿐이라고 주장할 것이다.

한편 과학자들 사이에서는 물질주의 철학이 인기가 높다. 개략적으로 말하자면, 물질주의는 의식과 퀄리아, 감정은 인간의 뇌와 같은 구체적인(물질적인) 시스템으로부터 나온다고 믿는다. 그들은 인간의 뇌에 존재하는 특정한 구조와 구성, 신경회로망이 결합해 우리를 의식을 가진 존재로 만든다고 주장한다.

"이것은 실리콘밸리의 보편적인 생각입니다. 그들은 만약 알렉사[아마존에서 만든 인공지능 스피커를 충분히 업그레이드시키게 된다면 그녀(알렉사)도 결국엔 의식을 가지게 될 것이라고 믿습니다"라고 코흐가 말했다. 이것은 튜링 테스트의 현대판이라고 할 수 있다. 튜링 테스트란 컴퓨터 과학의 개척자인 앨런 튜링이 제기한 것으로, 기계가 생각을 할 수 있는지 없는지 확인하는 데 이용된다. 물질주의자들은 우리가 결국에는 컴퓨터에서 실행되는 고성능의 뇌를 갖게 되리라고 믿는다. 그럴 경우, 컴퓨터를 켜면 '안녕하세요' 인사를 하고, 감정을 느끼고 우리처럼 행동도 하게 될 것이다.

또 다른 것으로 세상 만물-산이든 나무든, 쥐든-에는 어느 정도의 인식이 있다고 보는 관점이 있다. 범심론(panpsychism)이라 불리는 것으로, 통합정보이론(integrated information theory, IIT)의 토대가 되고 있다. 코흐는 범심론을 받아들일 준비가 돼 있다. 뇌 컴퓨터 인터페이스를 포함한 신경과학의 최첨단 연구에 관여하고 있어 자기가 심은 식물이 어느 정도의 인식을 가진다는 걸 믿지 않을 것 같은데도 말이다. "의식이 인간 너머로까지 확장되지 않는다고 누가 단정할 수 있겠습니까?"라고 그는 되물었다. 만약 의식을 무언가를 느끼는 능력으로 정의한다면 단세포 생물에게 의식이 없다는 걸 우리는 어떻게 알 수 있을까? 분자가 적절히 결합해 박테리아를 형성할 때-즉 적절하게 정보가 통합될 때-이 미생물은 새로운 존재 상태로 들어가는 셈이다. 존 뮤어가 지적했듯이 어쩌면 이 미생물은 즐거움과 비슷한 감각을 느낄 수도 있다. 심지어 단세포 생물이나 우리 신체를 이루는 세포들도 그 자체로 보면 엄청나게 복잡하므로, 현대과학의 기술로도 아직 세포 하나를 합성해내지 못하고 있다. 코흐는 "세포는 온전한 상태에 있을 때는 뭔가를 느끼지만, 그 상태가 파괴되면 더는 아무것도 느끼지 못하는 것 같습니다"라고 말했다.

나는 의식은 점진적으로 생겨났으며, 진화가 어느 날 갑자기 인간의 의식에 불이 들어오도록(on) 한 게 아니라는 주장에 동의한다. 의식을 구성하는 요소들은 동물의 진화 초기부터 나타났을 것이며, 어쩌면 동물에 앞서 이미 나타나 있었을지도 모른다. 나는 의식이 점진적인 다윈식 진화를 따르지 않았다고는 상상할 수가 없다. 여기저기에 나타난 돌연변이들이 동물의 경험을 드높이면서 결국엔 우리가 세계를 바라보는 방식과 세계 속에서 존재하는 방식을 바꾸어왔을 것이다. 주관적인 경험은 객관적인 물질로부터 서서히 생겨났을 것이다. 그래서 원숭이와 침팬지는 예컨대 쥐보다 세계를 더 깊이 경험했을 것이고, 그리고 아우스트랄로피테쿠스와 호모 에렉투스는 이들보다 삶을 더 많이 흡수했을 것이다.

데카르트는 말을 하는 기계를 상상할 수 있지만, 그 기계가 쓸 수 있는 단어는 기계 자체의 '구체적인 동작'에 해당하는 것으로 한정되리라고 보았다. '이런 기계가 가장 우둔한 인간도 할 수 있는 일, 즉 단어를 적절히 조합해 의미 있는 대답을 한다는 건 상상할 수가 없다'고 했다. 인공지능 음성서비스인 시리(Siri)나 알렉사는 데카르트의 이런 예상이 틀렸음을 보여준다. 하지만 데카르트의 이어지는 주장에는 무게가 실려 있다. '기계들이 어떤 일에서는 인간만큼 능숙하게 혹은 인간보다 더 잘할 수 있겠지만, 다른 일에서는 실패할 수밖에 없을 것이다. 왜냐하면 기계는 이해를 통해 작동하는 것이 아니라, 기계를 이루는 장치(organ)의 배치로부터 작동되기 때문이다.' 오늘날 이런 장치는 반도체 회로판과 컴퓨터 프로세서(중앙처리장치)이다.

통합정보이론은 의식이 물리적인 시스템으로부터 나올 수 있는지, 혹은 하나의 시스템이 시스템을 이루는 부분들의 합보다 더 클 수 있는지에 대해서 질문한다. 이런 발상은 '창발(emergence)'이라는 철학적인 개념과 가깝다. '창발'이란 하나의 실재(entity)가-도시든 물이든, 하늘을 나는 새들의 조직적인 움직임이든-실재를 이루는 구성 요소들과는 구별되는 고유한 특질을 갖는 것을 말한다. 과학자들은 의식이란 뇌의 신경회로망에 의해서 만들어지는 창발적 특성(emergent property)이라고 본다.

하지만 과학자라고 모두 한배를 탄 건 아니다. 샘 해리스는 '의식이 생명의 진화과정에서 어떤 시점에 발생했다고 말하면, 의식이 무의식의 과정으로부터 떠오르는 것에 대해서는 전혀 설명을 못한다'고 썼다. 그는 의식이 스팬드럴(spandrel)일 수 있다고 생각한다. 스팬드럴이란 진화생물학자들이 쓰는 용어로서 자연선택에 의해 채택되지는 않지만, 진화과정에서 부수적으로 생기는 것을 가리킨다. 예컨대 가축화된 동물에서 나타나는 반점과 늘어진 귀를 들 수 있다. 이들은 생물학적으로 아무런 용도가 없고 목적도 없다. 해리스는 자신이 운영하는 팟캐스트에서 리처드 도킨스와 대담하면서 이렇게 말했다. "나는 의식은 아무 일도 하지 않는다고 생각합니다.…우리가 의식하는 모든 것-생각, 의도, 감정 등-은 전부 무의식적으로 만들어지고 있기 때문입니다."

반면 도킨스는 의식은 뇌가 정보를 처리하는 과정에서 생겨나는 것이 틀림없다고 믿는다. 하지만 그는 이렇게 덧붙였다. "몬티 파이선(Monty Python)[영국의 전설적인 코미디 그룹] 식으로 말하자면, 이런 종류의 대화는 뇌를 상처받게 합니다[뇌가 처리하는 일에 대해서 뇌 스스로가 왈가왈부해야 하기 때문]. 그렇다고 뇌를 통하지 않고서는 생각할 수 있는 다른 방법이 없지요. 아마 다른 사람들도 모두 마찬가지일 겁니다. 그렇다고 위안이 되지는 않지만 말입니다."

앞으로도 철학자, 심리학자, 신경학자들은 '의식'에 관한 문제로 계속 씨름을 할 것이다. 이런 와중에 주목받는 목소리가 있으니 터프츠대학 철학자 대니얼 데닛(Daniel Dennett)의 '인식이란 뇌가 생각해낸 환상'이라는 주장이다-인식이란 아예 존재하지 않는다는 말이다! 코흐의 경우에는, 온전히 기계로부터 인간이 나올 수 있다는 걸 상상할 수가 없다. 그는 아무리 기술이 발달하더라도 의식을 설계하거나, 아리조나주에 있는 서버에 우리의 디지털 내세(afterlife)를 업로드하는 것은 불가능하다고 믿는다. "이런 아이디어들은 정말 근사하긴 하지만, 단지 멋지게 모방하는 데 지나지 않습니다. 그저 진짜처럼 보일 뿐, 모두 가짜고 거짓입니다. 알렉사는 아무리 시간이 흘러도 진정한 의식을 가질 수가 없습니다."

인공지능 기술의 발달을 지켜보면서 흥미로운 점은, 생물학적으로는 가장 기본적인 것에 해당하는 기능을 인공지능은 너무 어려워한다는 점이다. 복잡한 수학을 척척 해내는 컴퓨터는 수십 년 전부터 우리 곁에 존재해 왔지만, 강아지 문(doggie door)을 자유롭게 드나들고, 넘어지려고 할 때 스스로 몸의 균형을 잡을 수 있는 로봇 강아지가 등장하려면 아직도 한참

멀었다. 이런 것들은 뇌와 신경계의 타고난 기능들로서, 디지털 형식으로 코드화하기에는 너무나 복잡해서 쉽게 할 수가 없다.

코흐는 앞으로 뇌가 어디를 향할지 예측하기는 굉장히 어렵다고 인정한다. 이런 주제를 다루는 사상가들은 기술이 우리의 정신에 미치는 영향에 대해서는 별로 관심을 두지 않는 경향이 있다. 과학자들은 뇌 장애나 뇌의 기능과 관계된 유전자를 기꺼이 손볼 것이다. 하지만 인격이나 지능, 우울감이나 불안과 같은 복잡한 감정 상태와 관련이 있는 유전자는 수천 개는 아닐지라도 수백 개가 있으며, 이 유전자들을 손보게 되면 생활방식과 환경과 상호작용하는 방식에도 영향을 미치게 될 것이다.

태터솔은 가까운 미래에 인간의 뇌에 급격한 변화가 일어나리라고는 보지 않는다. 그러기에는 우리의 인구가 너무 많고 유전자의 관성이 너무 크다는 것이다. "더 중요한 건 문화적인 변화입니다. 그게 핵심입니다. 우리가 가까운 미래에 가장 커다란 변화를 볼 수 있는 곳은 바로 문화입니다." 스티븐 핑커도 동의하는 편이다. "앞으로는 여피족 부모들이 지능이나 음악적인 재능을 위해, 아직 태어나지 않은 아이들에게 유전자를 심게 될 것이라던 1990년대의 예측은 유전학적인 발견들이 넘쳐났던 이후 10년간은 그럴듯해 보였습니다. 하지만 현재 우리는 유전적으로 물려받는 기술이나 기능은 수천 개의 유전자가 모인 결과물로서 개별 유전자는 아주 미세한 역할밖에 하지 못한다는 사실을 알고 있습니다…나는 우리가 머지않은 장래에 우리 뇌의 진화 방향을 결정할 수 있으리라고 보지 않습니다. 설사 그렇게 할 수 있다고 하더라도 말입니다." 그는 요즘 부모들이 유전적으로 조작된 사과 소스 같은 것에 결벽증이라고 할 수 있을 정도로 예민하게 반응하는 걸 보면, 유전적으로 조작된 아이를 가지려는 부모는 많지 않으리라고 보았다.

정보과잉과 뇌의 임계점

인간이 나타나기만 하면 모든 것을 망친다는 건 부인할 수 없는 사실이다.

호모 사피엔스가 아프리카로부터 전 세계로 퍼져나갔을 때 우리는 다른 종들을, 특히 거대동물들을 사정없이 파괴했다. 유럽과 아시아에서 거대동물의 절반 이상을, 호주에서는 70% 이상 멸종시켰다. 아메리카대륙에서도 거대동물 종의 80% 이상을 죽임으로써 엄청난 피해를 입혔다. 매머드와 마스토돈이여, 안녕. 땅나무늘보, 미국 낙타, 300파운드 무게의 비버, 몸무게가 2,000파운드인 폭스바겐 크기의 아르마딜로도 안녕. 호모 사피엔스는 더 먼 곳으로 나아갈수록 더 많은 손상을 입혔다. 하지만 아프리카에서는 거대동물의 약 16%만이 인간에 의해 멸종되었다. 아프리카의 동물은 수백만 년 동안 인간과 공진화했다. 이들과 우리는 서로 배우고 서로에게 적응하고 서로의 속임수를 알아챘다. 하지만 아프리카를 제외한 나머지 세계는 급속한 인간의 이주와 사냥, 인간의 지능, 인간이 만든 문화와 보조를 맞추지 못했다.

호모 사피엔스는 자신이 어떤 일을 저지르고 있는지를 거의 의식하지 못했다. 자신의 생물학과 본능, 문화적인 창의성으로 무장하고서 할 수 있는 한 최고의 삶을 누렸다. 눈앞에 고기가 있으면 앞뒤 가리지 않고 먹었다. 우리는 우리가 가진 재주를 이용해 자연을 가차 없이 이용함으로써 세계를 정복했다.

우리의 뇌는 이 행성을 착취하는 데 능숙해 결국 엉망으로 만들어버렸다. 해수면은 상승하고 기온도 상승하고 있으며, 한때 번창했던 수천이 넘는 종들이 지구에서 사라졌다. 존스홉킨스대학의 유전학자 벤틀리 글래스(H. Bentley Glass)는 1962년 〈뉴욕타임스〉와의 인터뷰에서 만약 세계적인 핵전쟁이 발발한다면 박테리아와 바퀴벌레만이 살아남을 것이며, 결국 이들이 끝까지 싸워서 '멍청한 인간들의 거주지'를 접수하게 될 것이라고 말했다. 미래에 우리의 행성을 미생물과 곤충들에게 넘겨주느냐 아니냐는, 우리가 우리의 본능을 얼마나 잘 다스리느냐에 달려 있다.

인간 뇌의 진화는 단 하나의 영향이나 단 하나의 유전적인 특질로 결정되지 않았다. 수백만 년에 걸쳐 일어난 자연선택과 문화가 결합한 합작품이다. 우리의 식단, 우리의 창의성, 우리의 친구들, 우리의 도구들, 우리가 다스린 불 등 이 모든 것들의 조합이다. 에드워드 윌슨은 인간이 처한 현재 조건은, '진화과정에서 주요한 단계마다 우리의 DNA에 새겨진' 복잡한 감정과 사고, 행동들이 서로 얽혀 만들어낸 특이한 역사의 결과물이라고 했다.

우리는 지금 그 어느 때 보다 정보들로부터 폭격을 당하고 있다. 이런 현상이 뇌의 미래에 어떤 영향을 줄지는 알 수 없지만, 이 새로운 감각의 쇄도를 수천 년 이상 지녀왔던 오래된 신경의 메커니즘으로 처리하고 있다는 것은 알고 있다. 어마어마하게 증가한 정보들과 사이버 공간에서의 행동들이 우리의 신경생물학에 지속적인 영향을 미치리라는 건 알 수 있다.

폴 사이먼(Paul Simon)은 1986년에 나온 〈거품 속의 소년(The Boy in the Bubble)〉에서 '끊임없는 정보의 스타카토 신호'를 노래하면서, 새로운 디지털 세계의 도래를 다소 비꼬았다. 하지만 레이건 시대에 나온 그런 신호들은 이제 고풍스러운 것이 돼 버렸다. 짧고 날카로운 스타카토 신호 대신 **꽥꽥** 소리를 질러대는 소음만이 계속해서 이어진다-새로운 감각 정보들이 끝도 없이 들이치면서 우리의 낡고 오래된 감각기관을 쿵쾅거리며 때리고 있다. 정보를 공유하는 것은 우리의 진화에 필수적인 요소였다. 감히 말하자면, 우리를 인간으로 만든 가장 결정적인 요소였다고도 할 수 있다.

하지만 지금은 정보의 과잉이다. 이제 우리의 뇌는 인간을 여기까지 이끌어온 사회적인 정보들과 상호작용으로 인해 과부하에 걸리거나, 과부하로 집중력을 잃고 산만해질 지경이다. 과연 뇌가 과부하에 걸리는 임계점은 있을까?

프랑스 작가 미셸 우엘벡(Michel Houellebecq)의 1998년 소설 ≪소립자(The Elementary Particles)≫에는 알코올에 의존해 살아가는 외롭고 쓸쓸한 생물학자 미셸 제르진스키(Michel Djerzinski)라는 인물이 나온다. 제르진스키의 복제 연구 결과로, 인간은 남녀의 성관계가 없이도 번식을 할 수 있게 되었고, 결과적으로 더 새롭고 더 똑똑하고, 더 동정심도 많고, 잔인함과 분노, 이기심 없는 인간형이 나타나 기존의 인간들을 대체하게 된다. '2029년 3월 27일에, 인간이 자신의 이미지에 따라 만든 최초의 존재, 새로운 지적인 종의 최초의 구성원이 창조되었다.…오늘, 그로부터 50년이 지난 뒤, 과거 인간종에 속하는 사람들이 아직도 일부 남아있긴 하다. 특히 오랜 기간 종교적인 교리에 지배되었던 지역에 많다. 하지만 그들의 번식 수준은 매년 떨어지고 있어 현재로서는 그들이 멸종하는 것은 불가피해 보인다.'

당연히 우엘벡의 예는 풍자적으로 묘사한 극단적인 유토피아의 세계다. 바라건대, 우리의 큰 뇌가 이 행성에서 우리가 책임감 있게 살아가는 새로운 방법을 생각해내기를. 또한 그동안 우리가 일으킨 손실과 폐해들을 회복하고 보상하는 방법을 찾아낼 수 있기를. 신경과학은 앞으로도 계속 발전해 나갈 것이다. 게놈도 계속 진화해 갈 것이다. 문화도 매 순간 변화해 갈 것이다. 15만 년 전 우리의 조상들이 바위투성이의 해안가 동굴에서 옹송그리며 모여 밀물이 들어오기 전에 서둘러 굴을 따서 껍질을 까기 위해 분투했던 것처럼, 우리도 결국은 길을 찾아내게 될 것이다.

감사의 말

미주

참고문헌

사진 및 삽화 저작권자

찾아보기

감사의 말

먼저 이 책을 쓰는 동안 돌아가신 아버지 댄 스텟카(Dan Stetka)에게 감사를 전한다. 과학과 의학에 대한 나의 관심은 전적으로 아버지에게 빚지고 있다. 내가 여덟 살 때 아버지는 나에게 광합성을 다룬 책을 건네주었고 나는 한동안 그 책을 옆에 끼고 다니며 니코틴아미드 아데닌 디뉴클레오티드 인산이 무엇인지 이해하는 척했다. 유전학자였던 당신께서는 내가 이 책을 써보겠다고 준비할 때 인간의 진화에 대해 말할 수 없이 값진 조언과 아이디어를 주셨다(먼지가 잔뜩 쌓인 1970년대에 나온 유전학 교과서들을 다시 끄집어냈을 때는 별로 도움이 되지 않았다).

어머니 메리 루 스텟카(Mary Lou Stetka)는 책을 계약했다는 얘기를 듣자마자 곧바로 내가 어린 시절에 가장 좋아했던 시나몬 롤을 구워서 페덱스로 나의 브루클린 집으로 보내주셨다-고마워요, 엄마!

내가 감사를 표해야 할 생물학자, 인류학자, 심리학자, 생리학자의 목록은 매우 길다. 그들은 귀한 시간을 내서 자신들의 지식과 경험을 초보 작가에게 기꺼이 나눠주었다. 데틀레프 아렌트, 조르디 팝스 몬트세라트, 제이콥 빈터, 닐 슈빈, 알렉산드라 드카시엔, 마이클 토마셀로, 프란스 드 발, 리처드 랭엄, 브라이언 헤어, 마틴 서벡, 스티븐 핑커, 카테리나 세멘데페리, 바바라 킹(윌리엄과 메리!), 딘 포크, 커티스 마린, 마이클 크로퍼드, 스티븐 컨네인, 드루 램지, 펠리스 잭카, 조엘 더들리, 그리고 크리스토프 코흐.

미국자연사박물관의 무대 뒤 모습을 구경하게 해 준 아이언 태터솔에게도 감사드린다. 정말 흥미로운 경험이었다. 그리고 플로리다주 와우쿨라에 있는 '대형 유인원 보호센터'의 모든 관계자 여러분에게도 고마움을 전한다. 이들은 서커스단이나 연구실에서 구출되거나 은퇴한 침팬지와 오랑우탄들에게 거처를 마련해주는 일을 하고 있다. 장인인 존(John)과 장모인 린다 페트루시히(Linda Petrusich)에게도. 그들의 지원과 열정, 와우쿨라 유인원 보호센터의 세 시간짜리 투어를 함께해 준 것에 감사드린다.

동료이자 친구이며 존경하는 생태학자인 존 그라디에게는 지난 몇 년간 셀 수 없는 시간 동안 진화와 생태계의 이론을 토론하고 농담을 나눈 것에 대해 고마움을 표하지 않을 수가 없다.

무엇보다 이 책의 많은 부분을 가능하게 한 찰스 다윈에게 감사해야 할 것 같다.

또 나를 이 프로젝트로 안내해 준 헤드워터 리터러리 메니지먼트의 에이전트인 에릭 헤인과, 팀버 프레스의 편집자인 윌 맥케이와 자코바 로슨에게 이 책을 현실로 만들어 준 데 대해 감사를 전하고 싶다. 당신들 셋과 함께 일할 수 있어서 영광이었고, 엄청난 도움이 되었음을 밝히고 싶다.

내가 14년간 일해 온 Medscape.com과 WebMD.com의 오랜 동료들. 그리고 NPR과 〈사이언티픽 아메리칸〉의 수년간에 걸친 지원에 대해서 감사드린다(이 책에 실린 몇몇 구절은 〈사이언티픽 아메리칸〉에 실린 나의 이전 글을 일부 수정한 것이다.)

내 고양이 카를도 빼놓을 수가 없다. 이 책을 끝내 갈 무렵 키보드 위로 반복해서 지나다닌 것에 대해 고맙다고 말하고 싶다. 그건 분명 문학적인 방해행위였지만 말이다.

마지막으로, 아내 아만다 페트루시히(Amanda Petrusich)에게 이 모든 과정을 지켜보며 날 지지해주고, 글쓰기와 내러티브에 대해 그 누구보다 많은 가르침을 주고, 때때로 책을 세상을 내놓는 것에 대한 두려움이 몰려올 때마다 이겨내는 방법을 가르쳐준 데 대해 애정과 감사를 보낸다. 그녀는 모든 면에서 나의 파트너이다. 그녀는 내가 거의 1년간 ≪침팬지 정치학(Chimpanzee Politics)≫이라는 책을 들고 우리의 커피 테이블에 앉아도 대부분 눈 감고 잘 참아주었다.

미주

1) 제인 구달은 침팬지가 벌레를 '낚시'하는 모습을 보고한 첫 인류학자이다. 그녀는 1960년 10월 데이비드 그레이비어드라는 이름의 침팬지가 풀잎을 흰개미 구멍에 넣고 기다렸다가 흰개미가 풀잎을 따라 나오자 이를 먹는 모습을 목격했다. 구달은 침팬지가 흰개미가 풀잎을 물기를 기다리고 있었다는 걸 알게 되었다. 침팬지는 자기식으로 흰개미 팝시클을 만들어 먹었던 것이다.

2) 한(Hahn)과 그의 동료들은 게놈 분석과, 지난 수백만 년간 획득된 유전자와 상실된 유전자를 분석한 결과, 유전자 중복과 삭제 현상을 알아낼 수 있었다. 그들은 인간과 침팬지 사이에서 다른 종에게는 없는 1,418개의 중복을 찾아냈으며, 이를 통해 특정한 유전자의 복제 수의 변화가 포유류와 영장류 진화의 주요한 추동력이었다고 추측했다(Demuth, 2006). 인간이 침팬지로부터 갈라져 나올 시점에 영장류 계통에서 유전자 중복이 폭발적으로 일어났던 것처럼 보인다. 인간과 침팬지는 또 다른 우리의 사촌인 오랑우탄이나 짧은 꼬리 원숭이보다 훨씬 더 많은 중복된 유전자를 갖고 있다(Marcques-Bonet, 2009). 유전자 중복은 대부분 중립적이지만, 해를 끼치는 경우도 많으며 유전체의 새로움과 진화적인 변화를 이끄는 중요한 기제로 여겨지고 있다(Magadum, 2013).

3) 지금은 다윈이 더 많은 인정을 받고 있지만, 영국 출신의 자연학자이자 다윈과 동시대인이었던 알프레드 월리스는 자연도태를 통한 진화이론을 독자적으로 제안했다. 이를 보고 다윈도 용기를 얻어, 20년 가까이 비밀로 해두었던 자신의 발상과 글들을 모아서 월리스와 공동으로 1858년도에 발표하게 되었다.

4) 한 생물체가 다른 생물체 안에 사는 세포내공생(endosymbiosis)은 대개 서로의 이익을 위한 것으로, 이 이론은 1900년대에 러시아 식물학자 콘스탄틴 메레스코브스키(Konstantin Mereschkowski)가 처음 주장했고, 1960년대에 진화생물학자 린 마굴리스(Lynn Margulis)에 의해 구체적으로 입증되었다.

5) 이온 통로는 심장 활동, 근육 수축, 인슐린 분비, 세포의 크기를 유지하는 일 등에도 관여한다. 한마디로 신체 기관이 급격히 커지거나 쭈그러드는 것을 막는다.

6) 신경전달물질 가운데 세로토닌과 도파민은 우울증과 도박중독과 관계가 있다. (세로토닌은 우리의 기분에 영향을 미치고 도파민은 보상심리에 영향을 준다). 지금까지 발견된 신경전달물질은 200가지가 넘으며, 이들은 뇌와 신경계에서 다양하게 작용한다. 신경전달물질은 신경세포들 사이에서, 혹은 신경세포와 근육세포 사이에 정보를 전달하는 화학적인 메신저라고 할 수 있다. 글루탐산염, 아세틸콜린, 노르에피네프린 같은 것은 흥분성 신경전달물질로서 이웃한 뉴런들을 활성화하는 역할을 한다. 또 세로토닌과 감마아미노낙산과 같은 것은 시냅스에서 이루어지는 뉴런과 뉴런 사이의 교신 속도를 감소시키기도 한다. 일종의 신경 브레이크인 것이다. 뇌 질환은 신경전달물질의 양이 달라짐으로써, 즉 '화학물질의 불균형'으로 초래된다는 주장은 지나치게 단순한 관점이긴 하지만, 신경전달물질을 이루는 분자들이 뇌의 기능에 중요한 역할을 맡는 건 분명하다.

7) 모든 좌우대칭동물이 같은 조상으로부터 중추 신경계를 발달시켜왔고 이후 오늘날의 뇌에서 볼 수 있듯이 무수한 기능을 가지는 다양한 신경들로 분화되었다고 보는 관점도 설득력이 있고, 반대로 뇌를 가짐으로써 얻게 되는 진화적인 이점을 고려해볼 때 신경계가 여러 번에 걸쳐 독립적으로 나타났다고 보는 관점도 설득력이 있다. 둘 중 어떤 관점이 옳은지는 오늘날 진화생물학이 풀어야 할 중요한 질문 중 하나이다.

8) 뉴런들은 여러 세포 형태로부터 발달했을 수 있다. 대개의 좌우대칭동물은 세 개의 세포층(내배엽, 중배엽, 외배엽)으로 이뤄진 배아로부터 자라난다. 어떤 연구자들은 뉴런이 상피세포에서 발달했다고 주장하기도 한다. 상피세포는 우리의 피부, 내장, 혈관 소화관, 혈관을 형성하는 외배엽의 세포층으로서, 대개의 좌우대칭동물의 뉴런들이 외배엽에서 비롯된다. 2019년에 데틀레프 아렌트는 뉴런의 선행 세포로 다른 두 후보를 제시했다. 그는 뉴런이 중배엽 세포층-이 중 몇몇은 근대적인 뉴런과 비슷하다-이나 깃세포 같은 것에서 발달했을 것이라고 주장했다.

9) 어떤 과학자들은 갯나리(sea lilies)도 척추동물과 무척추동물 사이의 '잃어버린 고리'를 나타낸다고 본다. 갯나리는 불가사리, 성게, 해삼이 포함된 문인 극피동물이다. 척삭동물 문인 멍게도 후보 중 하나이다. 멍게는 다 자라면 고착을 하지만, 유충 때는 올챙이를 닮았으며 몸을 지지하는 척삭을 갖는다.

10) 산소화로 지구에 석회석이 크게 늘기 이전에는, 천천히 결정체를 이루는 백운석이라는 광물이 훨씬 더 풍부했다. 산소의 과다는 아라고나이트와 방해석을 함유하는 석회석이 형성되도록 부

채질했다. 탄산칼슘으로 이뤄진 방해석은 뼈를 만드는 칼슘의 원천이다. 그래서 아라고나이트와 방해석은 백운석보다 훨씬 빠르면서도 적은 에너지로 뼈가 형성되는 데 일조했을 것이다.

11) 2017년 〈디벨롭먼트(Development)〉에 실린 고피넷(Goffinet)의 글은, 단궁류가 이궁류(조류와 파충류)와의 공통 조상으로부터 갈라져 나온 이후 뇌의 구조에 어떤 변화가 일어났는지를 매우 멋지게 정리한 리뷰다. 조류와 파충류와는 달리 초기의 단궁류는 포유류 뇌의 본질적인 특성인, 더 많은 층을 가진 뇌피질, 표면적을 더 넓게 만들 수 있도록 주름과 안으로 접히는 곡선 형태를 띠는 방향으로 진화하고 있었다.

12) 1965년 '진화하는 유전자와 단백질'이라는 심포지엄에서 추커칸들과 폴링은 단백질이 종들 사이의 진화적인 다양성을 결정하는 데 도움이 된다는 자신들의 이론을 처음으로 제시했다.

13) 스페인의 세 동굴에서 발견된 벽화가 네안데르탈인의 것이라는 주장은 호모 사피엔스가 20만 년 전에 그리스로 이주했다는 화석 증거가 나오기 전에 제기된 것이었다. 이 글을 쓰는 현재 시점에서는, 호모 사피엔스가 벽화가 그려진 시점인 6만 년 전에 서유럽에 거주했다는 증거는 아직 나오지 않았다.

14) 이 책이 인쇄에 들어갈 즈음, 영장류의 뇌 진화에 관해 새로운 사실이 밝혀졌다. 2020년 6월 〈사이언스〉에 실린 논문에 따르면, ARHGAP11B라는 유전자가 배아의 발달 단계에서 우리의 뇌피질이 확대되는 데 관여한다는 것이다. 연구팀은 이 유전자를 마모셋원숭이들의 배아에 삽입했고 3개월이 지나자 원숭이들이 더 크고 주름이 많은 신피질을 가지게 된 사실을 확인했다. 뇌의 주름이 많은 것은 인간의 뇌를 다른 영장류의 뇌와 구별하는 중요한 요소이다. 당신이 이 책을 읽고 있는 지금쯤은 이와 비슷한 발견들이 더 많이 이루어져 있을지 모른다.

15) 어떤 새들-특히 앵무새와 큰까마귀, 까마귀 같은 새들-은 불균형적으로 큰 뇌(정확히는 뇌 영역이라고 해야겠지만)를 가지며, 상당히 높은 수준의 사회성을 보인다. 개중에는 사회적인 관계를 복잡하게 맺는 종도 있지만, 일생에 걸쳐 일부일처 관계를 유지하면서 자기들만의 고유한 사회형태를 갖는 종도 있다. 후자의 경우 단 한 마리의 파트너와 평생을 지내면서 파트너가 요구하는 사회적인 신호나 행동을 처리하고 반응한다. 이런 두 형태의 생활방식과 뇌 크기의 관계는 사회적 뇌 가설이 옳음을 보여준다. 물론 아무리 똑똑한 새라도 소설을 쓰지는 못하겠지만, 그들이 가진 모방하는 능력, 도구를 사용하는 능력은 언어와 지능을 이해하려는 과학자들의 관심을 사로잡아왔다.

16) 1978년에 펜실베이니아대학 심리학자 데이비드 프리맥(David Premack)과 가이 우드러프(Guy Woodruff)는 침팬지도 마음이론을 갖는지 질문을 던졌다. 이후 수십 년간 논쟁이 이어졌는데, 토마셀로, 헤어, 콜, 멜리스 등은 침팬지에게 타인의 의도를 추론하는 기본적인 능력이 있다고 주장했다(Hare, 2006. Melis, 2006. Tomasello, 2005). 2008년에 콜과 토마셀로는 '침팬지는 마음이론을 이해하는가'라는 중요한 논문을 다시 거론하면서 유인원의 마음이론에 대해 지금까지 나온 증거들을 잘 정리해 보여주었다.

17) 2007년에 진행된 연구는 어린 시절에 학대를 경험한 청소년일수록 범죄를 저질러 체포되는 비율이 높다는 결과를 보여주었다(Lansford). 또 2020년의 한 연구는, 어린 시절에 겪은 트라우마가 이후의 삶에서 육체적인 질병과 우울증 같은 정신적인 질환을 발생시키는 주요한 요인이라고 보고했다. 그리고 자살을 시도할 생각을 하는 경우도 훨씬 높은 것으로 조사됐다(Lippard).

18) 이 수치는 50마리가 훨씬 넘는 침팬지 집단이 존재한다는 보고가 나왔을 때 논쟁거리가 되었다. 존 미타니가 우간다에서 연구한 이 침팬지 집단은 한때 구성원이 200마리가 넘었다. 하지만 2020년 초 현재 그 집단은 점점 갈라지는 과정에 있다.

19) 270만 년 전에 진화한 파란트로푸스는 아마도 호모속이 등장했던 시기에 일어난 지구의 한랭화로 큰 영향을 받았을 것이다. 이후 계속된 기후 변화로 풀에 의존할 수밖에 없었던 그들은 결국 이로 인해 멸종하게 되었을 것이다(deMenocal, 2014).

20) 2014년에 번(Bunn)은 초기 인간의 먹이 선호도를 현생 사자 및 표범의 먹이 선호도와 비교했다. 그는 탄자니아의 올두바이 협곡에서 발견된 영양과 누(대형 영양), 가젤(소형 영양)의 시체들을 분석했다. 이 협곡의 사체들은 약 200만 년 전의 초기 인간, 특히 호모 하빌리스가 사냥해서 먹은 흔적으로 추정된다. 분석 결과, 초기 인간은 대형 영양에 대해서는 어린 것보다는 다 자란 영양을 사냥하기를 즐겼지만, 사자와 표범은 사냥감의 나이에 상관하지 않고 죽인다. 또 소형 영양에 관해서 사자는 한창 젊은 나이의 사냥감을 택하는 경향이 있다면, 초기 인간은 나이가 많이 든 영양들만 상냥했다. 이것은 창으로 사냥할 때 몸집이 작은 어린 영양보다는 움직임이 둔한 나이든 영양을 조준하기가 더 수월했기 때문일 것이다.

21) 동위원소는 양성자의 수는 같지는 중성자의 수가 달라, 화학적 성질은 같고 물리적 성질은 다른 원소를 가리킨다. 과학자들은 심해에 있는 지질학적 견본에 들어있는 산소 동위원소를 분

석함으로써 지구의 기온을 추적할 수 있다. 해양 동위원소 단계들은 지구가 주기적으로 온난화와 한랭화의 시기를 거쳤음을 보여준다. 지구 역사에서 다섯 차례의 주요한 빙하기(ice age)가 있었다. 그 가운데는 현재 우리가 속한 제4기 빙하기도 포함된다(현재의 지구 온난화 위기는 앞으로 우리 행성에 계속해서 영향을 미쳐 변화를 초래하겠지만, 엄밀하게 말하면 우리는 여전히 빙하기에 있다). 빙하기 동안 지구는 빙기(glacial period)와 간빙기(interglacial period)를 오가는데, 빙기에는 추운 날씨가 지속되고 간빙기에는 기온이 올라간다. MIS6 시기의 한랭화는 끝에서 두 번째에 해당하는 빙기에 일어났고, 가장 최근에 일어난 마지막 빙기(Last Glacial Period)는 홀로세(전신세)[지금으로부터 1만년 전까지의 극히 짧은 기간을 가리키는 지질학적 연대. 인류세라고도 한다]가 시작되던 무렵인 약 1만2,000년 전에 끝났다.

22) 2014년에 컨슈머리포트 국립연구센터는 1,000명의 미국인을 대상으로 글루텐[곡물에 들어 있는 단백질 종류]에 관한 태도와 행동을 알아보는 여론 조사를 했다. 그 결과 응답자의 3분의 1 이상이 글루텐을 피한다고 했고, 63%는 글루텐이 없는 식단을 유지하면 육체적, 정신적 건강에 이롭다고 믿었다. 이런 결과에 대해 컨슈머리포트는 글루텐을 피함으로써 생길 수 있는 잠재적인 부작용을 지적했다. 글루텐이 없는 음식은 대체로 영양소가 적고 독성 비소-밀 대체용으로 흔히 사용되는 쌀가루 때문에 발생한다-의 양이 높다. 한편 이듬해에 나온 컨슈머리포트는 전체 인구의 10% 이상이 글루텐에 대한 알레르기가 없는데도 불구하고, 글루텐에 대해 예민한 반응을 보인다고 보고했다. 왜 그런 반응이 나타나는지는 병리생리학적으로 아직 밝혀지지 않았다(Fasano).

23) 염색체는 단백질과 DNA로 이뤄져 있으며, 실처럼 생긴 구조를 하고 있다. 인간은 23개의 염색체 쌍을 가지며, 그 가운데 한 쌍의 염색체는 남성과 여성이 다르다. 즉 X와 Y라는 성염색체가 성을 결정하는데, 여성은 두 개의 X 염색체를, 남성은 X와 Y염색체를 갖는다. 자식은 어머니, 아버지가 가진 염색체의 복사본을 하나씩 물려받게 되는데, 유전자는 이 두 복사본 사이에 섞여 있다. 이 덕분에 유전적으로 다양해지고 종의 생존 가능성도 커지게 되는 것이다. 그런데 Y염색체는 섞일 쌍이 없어 돌연변이를 제외하면 남성 세대를 통해 거의 똑같이 유지된다. 2018년에 나온 논문에서 연구자들은, (가족 구성원이 아버지 혈통을 통해 결정되는) 부계 집단들 사이의 전투가 남자들의 유전적 다양성을 떨어뜨리는 결과를 초래했다는 걸 보여주었다. 전투에서 이긴 부계 집단에서는 Y염색체가 할아버지로부터 아버지, 아들 세대를 거치면서 거의 그대로 남았지만, 전투에서 패배한 집단에서는 Y염색체가 완전히 사라져 버린 것이다.

24) 두 보고서는 스웨덴의 작은 지방인 외베르칼릭스의 수확의 정도, 식품 가격, 지역에 보관된 기록 등 역사 자료를 통해, 할아버지가 아홉~열두 살 사이에 과다한 음식을 섭취했던 경우 그 손자들은 당뇨 등을 앓다가 일찍 생각을 떠났다는 사실을 밝혔다. 이것은 남성 계통을 통해서만 일어나는 후생 유전학적 효과라고 볼 수 있다. 같은 할아버지를 두고서도 손녀들의 사망률에는 변화가 없었기 때문이다(Bygren, 2001; Kaati, 2002). 2018년에는 외베르칼릭스와 비슷한 방법으로, 1874~1910년의 스웨덴 전체의 곡식 수확량 통계를 조사해 할아버지의 식량 접근 상태를 평가했다. 그 결과 먹을 것이 풍부했던 할아버지의 손자들이 그러지 않은 할아버지의 손자들보다 암으로 사망한 경우가 더 많다는 사실이 밝혀졌다(Vågerö).

참고문헌

Aiello LC, Wheeler P. The Expensive-tissue hypothesis: the brain and the digestive system in human and primate evolution. Curr Anthropol. 1995 Apr; 36(2):199–221.

Allman JM, Tetreault NA, Hakeem AY, Manaye KF, Semendeferi K, et al. The von Economo neurons in the frontoinsular and anterior cingulate cortex. Ann N Y Acad Sci. 2011 Apr;1225:59–71.

Almeling L, Hammerschmidt K, Sennhenn-Reulen H, Freund AM, Fischer J. Motivational shifts in aging monkeys and the origins of social selectivity. Curr Biol. 2016 Jul 11;26(13):1744–49.

Al-Shawaf L, Conroy-Beam D, Asao K, Buss DM. Human emotions: an evolutionary psychological perspective. Emot Rev. 2016 Feb 11;8(2):173–86.

Amen DG, Harris WS, Kidd PM, Meysami S, Raji CA. Quantitative erythrocyte omega-3 EPA plus DHA levels are related to higher regional cerebral blood flow on brain SPECT. J Alzheimers Dis. 2017;58:1189–99.

Ardila A. The evolutionary concept of "preadaptation" applied to cognitive neurosciences. Front Neurosci. 2016;10:103.

Arendt D, Bertucci PY, Achim K, Musser JM. Evolution of neuronal types and families. Curr Opin Neurobiol. 2019;56:144–52.

Arsuaga JL, Martínez I, Arnold LJ, Aranburu A, Gracia-Téllez A, et al. Neandertal roots: cranial and chronological evidence from Sima de los Huesos. Science. 2014 Jun 20;344(6190):1358–63.

Atkinson EG, Audesse AJ, Palacios JA, Bobo DM, Webb AE, et al. No evidence for recent selection at FOXP2 among diverse human populations. Cell. 2018 Sep 6; 174(6):1424–35.

Barger N, Hanson KL, Teffer K, Schenker-Ahmed NM, Semendeferi K. Evidence for evolutionary specialization in human limbic structures. Front Hum Neurosci. 2014;8(277):1–17.

Barger N, Stefanacci L, Schumann C, Sherwood C, Annese J, et al. Neuronal populations in the basolateral nuclei of the amygdala are differentially increased in humans compared to apes: a stereological study. J Comp Neurol. 2012 Sep 1; 520(13):3035–54.

Baron-Cohen S. The hyper-systemizing, assortative mating theory of autism. Prog Neuropsychopharmacol Biol Psychiatry. 2006 Jul;30(5):865–72.

Begley S. Amid uproar, Chinese scientist defends creating gene-edited babies. STAT. 2018 Nov 28. Accessed 29 February 2020.

Bennett MR, Harris JW, Richmond BG, Braun DR, Mbua E, et al. Early hominin foot morphology based on 1.5-million-year-old footprints from Ileret, Kenya. Science. 2009 Feb 27;323(5918):1197–201.

Benton MJ. Hyperthermal-driven mass extinctions: killing models during the Permian-Triassic mass extinction. Philos Trans A Math Phys Eng Sci. 2018 Oct 13;376(2130).

Benton MJ. Vertebrate Palaeontology. 4th ed. Hoboken, NJ: Wiley-Blackwell; 2014.

Bering JM. A critical review of the "enculturation hypothesis": the effects of human rearing on great ape social cognition. Anim Cogn. 2004 Oct;7(4):201–12.

Berna F, Goldberg P, Horwitz LK, Brink J, Holt S, et al. Microstratigraphic evidence of in situ fire in the Acheulean strata of Wonderwerk Cave, Northern Cape province, South Africa. Proc Natl Acad Sci U S A. 2012 May 15;109(20):1215–20.

Berwick RC, Chomsky N. Why only us: Language and evolution. Cambridge, MA: The MIT Press; 2017.

Bianchi S, Stimpson CD, Bauernfeind AL, Schapiro SJ, Baze WB, et al. Dendritic morphology of pyramidal neurons in the chimpanzee neocortex: regional specializations and comparison to humans. Cereb Cortex. 2013 Oct 23; 23(10):2429–36.

Boesch C. Cooperative hunting roles among Taï chimpanzees. Hum Nat. 2002 Mar; 13(1):27–46.

Bond M, Tejedor MF, Campbell KE Jr, Chornogubsky L, Novo N, Goin F. Eocene primates of South America and the African origins of New World monkeys. Nature. 2015 Apr 23;520(7548):538–41.

Bot M, Brouwer IA, Roca M, Kohls E, Penninx BWJH, et al; MooDFOOD Prevention Trial Investigators. Effect of multinutrient supplementation and food-related behavioral activation therapy on prevention of major depressive disorder among overweight or obese adults with subsyndromal depressive symptoms: the MooDFOOD randomized clinical trial. JAMA. 2019 Mar 5; 321:858-68.

Brain CKB, Prave AR, Hoffmann KH, Fallick AE, Botha AJ, et al. The first animals: ca. 760-million-year-old sponge-like fossils from Namibia. S Afr J Sci. 2012 Jan; 108(1):658.

Braun DR, Pobiner BL, Thompson JC. An experimental investigation of cut mark production and stone tool attrition. J Arch Sci. 2008;35:1216-23.

Brown P, Sutikna T, Morwood MJ, Soejono RP, Jatmiko, et al. A new small-bodied hominin from the late Pleistocene of Flores, Indonesia. Nature. 2004 Oct 28; 431(7012):1055-61.

Brunet M, Guy F, Pilbeam D, Mackaye HT, Likius A, et al. A new hominid from the Upper Miocene of Chad, Central Africa. Nature. 2002 Jul 11;418(6894):145-51.

Bryson V, Vogel HJ, eds. Evolving Genes and Proteins. Cambridge, MA: Academic Press; 1965.

Bunn HT, Gurtov AN. Prey mortality profiles indicate that Early Pleistocene Homo at Olduvai was an ambush predator. Quat Int. 2014 Feb;322-323:44-53.

Bygren LO, Kaati G, Edvinsson, S. Longevity determined by paternal ancestors' nutrition during their slow growth period. Acta Biotheor. 2001 Mar;49(1):53-9.

Cacioppo S, Bianchi-Demicheli F, Frum C, Pfaus JG, Lewis JW. The common neural bases between sexual desire and love: a multilevel kernel density fMRI analysis. J Sex Med. 2012 Apr;9(4):1048-54.

Call J, Tomasello M. Does the chimpanzee have a theory of mind? 30 years later. Trends Cogn Sci. 2008 May;12(5):187-92.

Calvin CM, Batty GD, Der G, Brett CE, Taylor A, et al. Childhood intelligence in relation to major causes of death in 68 year follow-up: prospective population study. BMJ. 2017 Jun 28;357:j2708.

Chan EKF, Timmermann A, Baldi BF, Moore AE, Lyons RJ, et al. Human origins in a southern African palaeo-wetland and first migrations. Nature. 2019 Nov; 575(7781):185–9.

Chang JP, Su KP, Mondelli V, Satyanarayanan SK, Yang HT, et al. High-dose eicosapentaenoic acid (EPA) improves attention and vigilance in children and adolescents with attention deficit hyperactivity disorder (ADHD) and low endogenous EPA levels. Transl Psychiatry. 2019;9(1):303.

Chen F, Du M, Blumberg JB, Ho Chui KK, Ruan M, et al. Association among dietary supplement use, nutrient intake, and mortality among U.S. adults: a cohort study. Ann Intern Med. 2019;170(9):604–13.

Chester SG, Bloch JI, Boyer DM, Clemens WA. Oldest known euarchontan tarsals and affinities of Paleocene Purgatorius to Primates. Proc Natl Acad Sci U S A. 2015 Feb 3;112(5):1487–92.

Consumer Reports. 6 Truths about a gluten free diet. 2014 Nov; Available at: https://www.consumerreports.org/cro/magazine/2015/01 will-a-gluten-free-diet-really-make-you-healthier/index.htm.

Crawford MA, Sinclair AJ. The accumulation of arachidonate and docosahexaenoate in the developing rat brain. J Neurochem. 1972 Jul;19(7):1753–8.

D'Anastasio R, Wroe S, Tuniz C, Mancini L, Cesana DT, et al. Micro-Biomechanics of the Kebara 2 Hyoid and Its Implications for Speech in Neanderthals. PLoS One. 2013 Dec 18; 8(12).

Dart R. Australopithecus africanus: the Man-Ape of South Africa. Nature. 1925 Feb; 115(2884):195–9.

Darwin C. The Descent of Man, and Selection in Relation to Sex. London, England; John Murray: 1871.

Darwin C. The Expression of the Emotions in Man and Animals. London, England; John Murray: 1872.

DeCasien AR, Williams SA, Higham JP. Primate brain size is predicted by diet but not sociality. Nat Ecol Evol. 2017 Mar 27;1(5):112.

Degioanni A, Bonenfant C, Cabut S, Condemi S. Living on the edge: was demographic weakness the cause of Neanderthal demise? PLoS One. 2019;14(5):e0216742.

deMenocal PB. New evidence shows how human evolution was shaped by climate. Sci Am. 2014 Sep; Available at: https://www.scientificamerican.com/article/new-evidence-shows-how-human-evolution-was-shaped-by-climate/. Accessed 25 February 2020.

Demuth JP, De Bie T, Stajich JE, Cristianini N, Hahn MW. The evolution of mammalian gene families. PLoS One. 2006 Dec 20;1:e85.

Dennis MY, Nuttle X, Sudmant PH, Antonacci F, Graves TA, et al. Evolution of human-specific neural SRGAP2 genes by incomplete segmental duplication. Cell. 2012 May 11;149(4):912–22.

Derbyshire E. Brain health across the lifespan: a systematic review on the role of omega-3 fatty acid supplements. Nutrients. 2018 Aug 15;10(8):1094.

Détroit F, Mijares AS, Corny J, Daver G, Zanolli C, et al. A new species of Homo from the late Pleistocene of the Philippines. Nature. 2019 Apr;568(7751):181–6.

De Vynck JC, Anderson R, Atwater C, Cowling RM, Fisher EC, et al. Return rates from intertidal foraging from Blombos Cave to Pinnacle Point: understanding early human economies. J Hum Evol. 2016 Mar;92:101–15.

de Waal F. Bonobo: The forgotten ape. University of California Press: Berkeley, CA; 1997.

de Waal F. The Bonobo and the Atheist. W.W. Norton and Company: New York, NY; 2013.

di Pellegrino G, Fadiga L, Fogassi L, Gallese V, Rizzolatti G. Understanding motor events: a neurophysiological study. Exp Brain Res. 1992;91:176–80.

Dodd MS, Papineau D, Grenne T, Slack JF, Rittner M, et al. Evidence for early life in Earth's oldest hydrothermal vent precipitates. Nature. 2017 Mar 1;543(7643):60–4.

Dunbar RI. Co-evolution of neocortex size, group size and language in humans. Behav Brain Sci. 1993;16(4):681–735.

Dunbar RI. Group size, vocal grooming and the origins of language. Psychon Bull Rev. 2017 Feb;24(1):209–12.

Dunbar RI. How conversations around campfires came to be. Proc Natl Acad Sci U S A. 2014 Sep 30;111(39):14013–4.

Dunbar RI. The social brain hypothesis. Evol Anthro. 1998;6(5):178–90.

Dunbar RI, Baron R, Frangou A, Pearce E, van Leeuwen EJ, et al. Social laughter is correlated with an elevated pain threshold. Proc Biol Sci. 2012 Mar 22; 279(1731):1161–7.

Dyall SC. Long-chain omega-3 fatty acids and the brain: a review of the independent and shared effects of EPA, DPA and DHA. Front Aging Neurosci. 2015 Apr 21; 7:52.

Dyerberg J, Bang HO, Stoffersen E, Moncada S, Vane JR. Eicosapentaenoic acid and prevention of thrombosis and atherosclerosis? Lancet. 1978 Jul 15; 2(8081):117–9.

Ekman P, Friesen WV. Measuring facial movement with the facial action coding system. In: Ekman P, editor. Emotion in the Human Face. 2nd ed. Cambridge, UK: Cambridge University Press; 2015;178–211.

Ekman P, Friesen WV, Ellsworth P. What emotion categories or dimensions can observers judge from facial behavior? In: Ekman P, editor. Emotion in the Human Face. 2nd ed. Cambridge, UK: Cambridge University Press; 2015;39–55.

Elston GN. Cortex, cognition and the cell: new insights into the pyramidal neuron and prefrontal function. Cereb Cortex. 2003;13(11):1124–38.

Enard W, Przeworski M, Fisher SE, Lai CS, Wiebe V, et al. Molecular evolution of FOXP2, a gene involved in speech and language. Nature. 2002 Aug 22; 418:869–72.

Everett D. Did Homo erectus speak? Aoen.co. 2018; Available at: https://aeon.co/essays/tools-and-voyages-suggest-that-homo-erectus-invented-language.

Falk D, Zollikofer CP, Morimoto N, Ponce de León MS. Metopic suture of Taung (Australopithecus africanus) and its implications for hominin brain evolution. PNAS. 2012 May 29;109(22):8467–70.

Falk D, Zollikofer CPE, Ponce de León M, Smendeferi K, Alatorre Warren JL, Hopkins WD. Identification of in vivo Sulci on the External Surface of Eight Adult Chimpanzee Brains: implications for Interpreting Early Hominin Endocasts. Brain Behav Evol. 2018;91(1):45–58.

Fasano A, Sapone A, Zevallos V, Schuppan D. Nonceliac gluten sensitivity. Gastroenterology. 2015 May;148(6):1195–204.

Ferraro JV, Plummer TW, Pobiner BL, Oliver JS, Bishop LC, et al. Earliest Archaeological Evidence of Persistent Hominin Carnivory. PLoS One. 2013; 8(4).

Fiddes IT, Lodewijk GA, Mooring M, Bosworth CM, Ewing AD, et al. Human-Specific NOTCH2NL Genes Affect Notch Signaling and Cortical Neurogenesis. Cell. 2018 May 31;173(6):1356-69.

Forsyth A, Deane FP, Williams P. A lifestyle intervention for primary care patients with depression and anxiety: a randomised controlled trial. Psychiatry Res. 2015 Dec 15;230:537-44.

Frängsmyr T. Linnaeus: The man and his work. Berkeley, CA: University of California Press; 1983.

Fitch WT, de Boer B, Mathur N, Ghazanfar AA. Monkey vocal tracts are speech-ready. Sci Adv. 2016 Dec 9;2(12).

Fox D. What sparked the cambrian explosion? Nature mag. 2016 Feb 16; Available at: https://www.scientificamerican.com/article/what-sparked-the-cambrian-explosion1/. Accessed 31 January 2020.

Furuichi T. Female contributions to the peaceful nature of bonobo society. Evol Anthropol. 2011 Jul-Aug;20(4):131-42.

Gabbatiss J. The Monkeys That Sailed Across the Atlantic to South America. BBC.com. 2016 Jan 26; Available at: http://www.bbc.com/earth/story/20160126-the-monkeys-that-sailed-across-the-atlantic-to-south-america. Accessed 11 February 2020.

Galbete C, Kröger J, Jannasch F, Igbal K, Schwingshackl L, et al. Nordic diet, Mediterranean diet, and the risk of chronic diseases: the EPIC-Potsdam study. BMC Med. 2018 Jun 27;16(1):99.

Gazzaniga M. Human: The science behind what makes us unique. New York, NY: Ecco; 2008.

Genty E, Zuberbühler K. Spatial reference in a bonobo gesture. Curr Biol. 2014 Jul 21;24(14):1601-05.

Ghaemi N. A first-rate madness: Uncovering the links between leadership and mental illness. London, UK: Penguin Books; 2012.

Gilbert SL, Dobyns WB, Lahn BT. Genetic links between brain development and brain evolution. Nat Rev Genet. 2005 Jul;6(7):581-90.

Goffinet AM. The evolution of cortical development: the synapsid–diapsid divergence. Development. 2017 Nov 15;144(22):4061–77.

Goodall H. In the shadow of man. New York, NY: Collins; 1971.

Goodall J. My friends, the wild chimpanzees. Washington, DC: National Geographic Society; 1967.

Gómez JM, Verdú M, González-Megías A, Méndez M. The phylogenetic roots of human lethal violence. Nature. 2016 Oct 13;538(7624):233–7.

Gómez-Robles A, Hopkins WD, Schapiro SJ, Sherwood C. The heritability of chimpanzee and human brain asymmetry. Proc Biol Sci. 2016 Dec 28;283(1845).

Gonçalves B, Perra N, Vespignani A. Modeling users' activity on twitter networks: validation of dunbar's number. PLoS One. 2011;6(8).

Gorman J. Lab chimps are moving to sanctuaries—slowly. The New York Times. 2017 Nov 7; Available at: https://www.nytimes.com/2017/11/07/science/chimps-sanctuaries-research.html. Accessed 18 February 2020.

Gould SJ, Vrba ES. Exaptation–A missing term in the science of form. Paleobiology. 1982;8(1):4–15.

Guu TW, Mischoulon D, Sarris J, Hibbein J, McNamara RK, et al. International society for nutritional psychiatry research practice guidelines for omega-3 fatty acids in the treatment of major depressive disorder. Psychother Psychosom. 2019;88(5):263–73.

Haines AN, Flajnik MF, Rumfelt LL, Wourms JP. Immunoglobulins in the eggs of the nurse shark, Ginglymostoma cirratum. Dev Comp Immunol. 2005; 29(5):417–30.

Hambrick DZ, Tucker-Drob EM. The genetics of music accomplishment: evidence for gene-environment correlation and interaction. Psychon Bull Rev. 2015 Feb; 22(1):112–20.

Hamilton WD. Geometry for the selfish herd. J Theor Biol. 1971 May;31(2):295–311.

Hare B, Brown M, Williamson C, Tomasello M. The domestication of social cognition in dogs. Science. 2002 Nov 22;298(5598):1634–6.

Hare B, Call J, Tomasello M. Chimpanzees deceive a human by hiding. Cognition. 2006 Oct;101:495–514.

Hare B, Melis AP, Woods V, Hastings S, Wrangham R. Tolerance allows bonobos to outperform chimpanzees on a cooperative task. Curr Biol. 2007 Apr 3; 17(7):619-23.

Harmand S, Lewis JE, Feibel CS, Lepre CJ, Prat S, et al. 3.3-million-year-old stone tools from Lomekwi 3, West Turkana, Kenya. Nature. 2015 May 21; 521(7552):310-5.

Harris S. The mystery of consciousness. SamHarris.org. 2011.

Hatala KG, Roach NT, Ostrofsky KR. Footprints reveal direct evidence of group behavior and locomotion in Homo erectus. Sci Rep. 2016 Jul 12;6.

Hattori Y, Tomonaga M. Rhythmic swaying induced by sound in chimpanzees (Pan troglodytes). PNAS. 2019 Dec 23.

Hawks J, Wang ET, Cochran GM, Harpending HC, Moyzis RK. Recent acceleration of human adaptive evolution. PNAS. 2007 Dec 26;104(52):20753-8.

Hecht EE, Gutman DA, Bradley BA, Preuss TM, Stout D. Virtual dissection and comparative connectivity of the superior longitudinal fasciculus in chimpanzees and humans. Neuroimage. 2015 Mar;108:124-37.

Hecht EE, Gutman DA, Khreisheh N, Taylor SV, Kilner J, et al. Acquisition of Paleolithic toolmaking abilities involves structural remodeling to inferior frontoparietal regions. Brain Struct Funct. 2013 Sep 27;220:2315-31.

Heide M, Haffner C, Murayama A, Kurotaki Y, Shinohara H, et al. Human-specific ARHGAP11B increases size and folding of primate neocortex in the fetal marmoset. Science. 2020 July 30;369(6503):546-50.

Henshilwood CS, d'Errico F, van Niekerk KL, Dayet L, Queffelec A, Pollarolo L. An abstract drawing from the 73,000-year-old levels at Blombos Cave, South Africa. Nature. 2018 Oct;562(7725):115-8.

Herrmann E, Call J, Hernàndez-Lloreda MV, Hare B, Tomasello M. Humans have evolved specialized skills of social cognition: the cultural intelligence hypothesis. Science. 2007 Sep 7;317(5843):1360-6.

Herschy B, Whicher A, Camprubi E, Watson C, Dartnell L, et al. An origin-of-life reactor to simulate alkaline hydrothermal vents. J Mol Evol. 2014 Dec; 79(5-6):213-27.

Hill RA, Dunbar RI. Social network size in humans. Hum Nat. 2003 Mar; 14(1):53–72.

Hobaiter C, Byrne RW. The meanings of chimpanzee gestures. Curr Biol. 2014 Jul 21;24(14):1596–600.

Hoffmann DL, Standish CD, García-Diez M, Pettitt PB, Milton JA, et al. U-Th dating of carbonate crusts reveals Neandertal origin of Iberian cave art. Science. 2018 Feb 23;359(6378):912–5.

Hoffman HJ. The Permian extinction—when life nearly came to an end. Nat Geo. https://www.nationalgeographic.com/science/prehistoric-world/permian-extinction/. Accessed 20 January 2020.

Holden C. Paul MacLean and the triune brain. Science. 1979 Jun 8; 204(4397):1066–8.

Holloway RL, Hurst SD, Garvin HM, Schoenemann PT, Vanti WB, et al. Endocast morphology of Homo naledi from the Dinaledi Chamber, South Africa. Proc Natl Acad Sci U S A. 2018 May 29;115(22):5738–43.

Homer. The Iliad. London, UK: Penguin Classics; 1998.

Homer. The Odyssey. London, UK: Penguin Classics; 1999.

Houle A. Floating islands: a mode of long-distance dispersal for small and medium-sized terrestrial vertebrates. Divers Distrib. 1998 Jan;4(5):201–16.

Hrvoj-Mihic B, Bienvenu T, Stefanacci L, Muotri AR, Semendeferi K. Evolution, development, and plasticity of the human brain: from molecules to bones. Front Hum Neurosci. 2013 Oct 30;7:707.

Hublin JJ, Neubauer S, Gunz P. Brain ontogeny and life history in Pleistocene hominins. Philos Trans R Soc Lond B Biol Sci. 2015 Mar 5;370(1663).

Huff CD, Xing J, Rogers AR, Witherspoon D, Jorde LB. Mobile elements reveal small population size in the ancient ancestors of Homo sapiens. Proc Natl Acad Sci U S A. 2010 Feb 2;107(5):2147–52.

Izard CE. Emotion theory and research: highlights, unanswered questions, and emerging issues. Annu Rev Psychol. 2009;60:1–25.

Jacka FN. Lifestyle factors in preventing mental health disorders: an interview with Felice Jacka. BMC Med. 2015;13:264.

Jacka FN, O'Neil A, Opie R, Itsiopoulos C, Cotton S, et al. A randomised controlled trial of dietary improvement for adults with major depression (the 'SMILES' Trial). BMC Med. 2017 Jan 30;15:23.

the Jane Goodall Institute UK. Toolmaking. Available at: https://www.janegoodall.org.uk/chimpanzees/chimpanzee-central/15-chimpanzees/chimpanzee-central/19-toolmaking. Accessed 15 February 2020.

Kaas JH. Why is brain size so important: design problems and solutions as neocortex gets bigger or smaller. Brain and Mind. 2000;1:7–23.

Kaas JH, Balaram P. Current research on the organization and function of the visual system in primates. Eye Brain. 2014;6(1):1–4.

Kaati G, Bygren LO, Edvinsson S. Cardiovascular and diabetes mortality determined by nutrition during parents' and grandparents' slow growth period. Eur. J. Hum. Genet. 2002 Nov;10(11):682–8.

Kaati G, Bygren LO, Pembrey M, Sjöström M. Transgenerational response to nutrition, early life circumstances and longevity. Eur. J. Hum. Genet. 2007 Jul; 15,784–90.

Kaminski J, Bräuer J, Call J, Tomasello, M. Domestic dogs are sensitive to a human's perspective. Behaviour. 2009 Jul;146(7):979–98.

Kappeler PM, Watts DP. Long-term field studies of primates. New York, NY: Springer Publishing; 2012.

Karmin M, Saag L, Vicente M, Wilson Sayres MA, Järve M, et al. A recent bottleneck of Y chromosome diversity coincides with a global change in culture. Genome Res. 2015 Apr;25(4):459–66.

Kendler KS, Larsson Lönn S, Morris NA, Sundquist J, Långström N, Sundquist K. A Swedish national adoption study of criminality. Psychol Med. 2014 Jul; 44(9):1913–25.

Khan SU, Khan MU, Riaz H, Valavoor S, et al. Effects of nutritional supplements and dietary interventions on cardiovascular outcomes: an umbrella review and evidence map. Ann Intern Med. 2019 Aug 6;171(3):190–8.

King B. How Animals Grieve. Chicago, IL: University of Chicago Press; 2013.

King B. The Orca's Sorrow. Sci Am. 2019 Mar; Available at: https://www.scientificamerican.com/article/the-orcas-sorrow/.

Kniffin KM, Wilson DS. Utilities of gossip across organizational levels: multilevel selection, free-riders, and teams. Hum Nat. 2005 Sep;16(3):278–92.

Knoll AH, Walter MR, Narbonne GM, Christie-Blick N. The Ediacaran period: a new addition to the geologic time scale. Lethaia. 2007 Jan 2;39:13–30.

Koch C. Will Machines Ever Become Conscious? Sci Am. 2019 Dec 1. https://www.scientificamerican.com/article/will-machines-ever-become-conscious/. Accessed 20 January 2020.

Kromhout D, Bosschieter EB, de Lezenne Coulander C. The inverse relation between fish consumption and 20-year mortality from coronary heart disease. N Engl J Med. 1985 May 9;312(19):1205–9.

Krupenye C, Kano F, Hirata S, Call J, Tomasello M. Great apes anticipate that other individuals will act according to false beliefs. Science. 2016 Oct 7; 354(6308):110–4.

Kruska D. Comparative quantitative investigations on brains of wild cavies and guinea pigs: a contribution to size changes of CNS structures due to domestication. Mammalian Biology. 2014;79:230–9.

Külzow N, Witte AV, Kerti L, Grittner U, Schuchardt JP, et al. Impact of Omega-3 Fatty Acid Supplementation on Memory Functions in Healthy Older Adults. J Alzheimers Dis. 2016;51(3):713–25.

Laland K. These amazing creative animals show why humans are the most innovative species of all. TheConversation.com. 2017; Available at: https://theconversation.com/these-amazing-creative-animals-show-why-humans-are-the-most-innovative-species-of-all-75515. Accessed 20 January 2020.

Lane N. The Vital Question. New York, NY: W. W. Norton & Company; 2015.

Lansford JE, Miller-Johnson S, Berlin LJ, Dodge KA, Bates JE, Pettit GS. Early physical abuse and later violent delinquency: a prospective longitudinal study. Child Maltreat. 2007 Aug;12(3):233–45.

Lee TH, Hoover RL, Williams JD, Sperling RI, Ravalese J, et al. Effect of dietary enrichment with eicosapentaenoic and docosahexaenoic acids on in vitro neutrophil and monocyte leukotriene generation and neutrophil function. N Engl J Med. 1985 May 9;9;312(19):1217–24.

Lippard ET, Nemeroff CB. The devastating clinical consequences of child abuse and neglect: increased disease vulnerability and poor treatment response in mood disorders. Am J Psychiatry. 2020 Jan 1;177(1):20-36.

Liu X, Somel M, Tang L, Yen Z, Jiang X, et al. Extension of cortical synaptic development distinguishes humans from chimpanzees and macaques. Genome Res. 2012 Apr; 22(4):611-22.

Lu ZX, Huang Q, Su B. Functional characterization of the human-specific (type II) form of kallikrein 8, a gene involved in learning and memory. Cell Res. 2009 Feb;19(2):259-67.

Lu ZX, Peng J, Su B. A human-specific mutation leads to the origin of a novel splice form of neuropsin (KLK8), a gene involved in learning and memory. Hum Mutat. 2007 Oct; 28(10):978-84.

Magadum S, Banerjee V, Murvgan P, Gangapur D, Ravikesavan R. Gene duplication as a major force in evolution. J Genet. 2013 Apr;92(1):155-61.

Manninen S, Tuominen L, Dunbar RI. Social laughter triggers endogenous opioid release in humans. J Neurosci. 2017 Jun 21;37(25):6125-31.

Maor R, Dayan T, Ferguson-Gow H, Jones KE. Temporal niche expansion in mammals from a nocturnal ancestor after dinosaur extinction. Nat Ecol Evol. 2017 Dec;1(12):1889-95.

Marean CW. The transition to foraging for dense and predictable resources and its impact on the evolution of modern humans. Philos Trans R Soc Lond B Biol Sci. 2016 Jul 5;37.

Marean CW. When the Sea Saved Humanity. Scientific American. 2016 Oct; Available at: https://www.scientificamerican.com/article/when-the-sea-saved-humanity1/.

Marean CW, Bar-Matthews M, Bernatchez J, Fisher E, Goldberg P, et al. Early human use of marine resources and pigment in South Africa during the Middle Pleistocene. Nature. 2007 Oct 18;449:905-9.

Martin D. H. Bentley Glass, Provocative Science Theorist, Dies at 98. The New York Times. 2005 Jan 20; Available at: https://www.nytimes.com/2005/01/20/science/h-bentley-glass-provocative-science-theorist-dies-at-98.html. Accessed 29 January 2020.

Martinac B, Saimi Y, Kung C. Ion channels in microbes. Physiol Rev. 2008 Oct; 88(4):1449–90.

Marques-Bonet T, Kidd JM, Ventura M, Graves TA, Cheng Z, et al. A burst of segmental duplications in the genome of the African great ape ancestor. Nature. 2009 Feb 12;457(7231):877–81.

Matacic C, Erard M. Can these birds explain how language first evolved? Science. 2018 Aug 2; Available at: https://www.sciencemag.org/news/2018/08/can-these-birds-explain-how-language-first-evolved. Accessed 20 January 2020.

McGrew WC. Savanna chimpanzees dig for food. PNAS. 2007 Dec 4;104(49): 19167–8.

Melis AP, Call J, Tomasello M. Chimpanzees conceal visual and auditory information from others. J Comp. Psychol. 2006 May;120:154–62.

Mittnik A, Massy K, Knipper C, Wittenborn F, Friedrich R, et al. Kinship-based social inequality in Bronze Age Europe. Science. 2019 Nov 8;366(6466):731–4.

Miyagawa S, Berwick RC, Okanoya K. The emergence of hierarchical structure in human language. Front Psychol. 2013 Feb 20;4:71.

Møller AP, Erritzøe J. Brain size in birds is related to traffic accidents. R Soc Open Sci. 2017 Mar 29;4(3):161040.

Mozzi A, Forni D, Clerici M, Pozzoli U, Mascheretti S, et al. The evolutionary history of genes involved in spoken and written language: beyond FOXP2. Sci Rep. 2016 Feb 25; 6:22157.

Muir J. The Story of My Boyhood and Youth. Boston, MA: Houghton Mifflin Company; 1913.

Natalia KG, Roach NT, Ostrofsky KR, Wunderlich RE, et al. Footprints reveal direct evidence of group behavior and locomotion in Homo erectus. Sci Rep. 2016;6:28766.

Nature Education. "Ion Channel." Scitable. 2014; Available at: https://www.nature.com/scitable/topicpage/ion-channel-14047658/. Accessed 31 January 2020.

Opie RS, O'Neil A, Jacka FN, Pizzinga J, Itsiopoulos C. A modified Mediterranean dietary intervention for adults with major depression: dietary protocol and feasibility data from the SMILES trial. Nutr Neurosci. 2018 Sep;21:487–501.

Palomero-Gallagher N, Zilles K. Differences in cytoarchitecture of Broca's region between human, ape and macaque brains. Cortex. 2019 Sep;118:132–53.

Pardo JD, Szostakiwsky M, Ahlberg PE, Anderson JS. Hidden morphological diversity among early tetrapods. Nature. 2017 Jun 29;546(7660):642–5.

Pargeter J, Khreisheh N, Stout D. Understanding stone tool-making skill acquisition: experimental methods and evolutionary implications. J Hum Evol. 2019 Aug;133:146–66.

Pascal R, Pross A, Sutherland JD. Towards an evolutionary theory of the origin of life based on kinetics and thermodynamics. Open Biol. 2013 Nov 6;3(11):130156.

Patel BH, Percivalle C, Ritson DJ, Duffy CD, Sutherland JD. Common origins of RNA, protein and lipid precursors in a cyanosulfidic protometabolism. Nat Chem. 2015 Apr 7;7(4):301–7.

Pearce E, Stringer C, Dunbar R. New insights into differences in brain organization between Neanderthals and anatomically modern humans. Proc Biol Sci. 2013 Mar;280(1758).

Penn JL, Deutsch C, Payne JL, Sperling EA. Temperature-dependent hypoxia explains biogeography and severity of end-Permian marine mass extinction. Science. 2018 Dec 7;362(6419).

Phillipson BE, Rothrock DW, Connor WE, Harris WS, Illingworth DR. Reduction of plasma lipids, lipoproteins, and apoproteins by dietary fish oils in patients with hypertriglyceridemia. N Engl J Med. 1985 May 9;312(19):1210–6.

Pinker S. The better angels of our nature: Why violence has declined. London, UK: Penguin Books; 2012.

Pinker S. The language instinct: How the mind creates language. New York, NY: William Morrow & Co; 1994.

Pobiner B. New actualistic data on the ecology and energetics of hominin scavenging opportunities. J Hum Evol. 2015 Mar;80:1–16.

Pobiner BL, Rogers MJ, Monahan CM, Harris WJK. New evidence for hominin carcass processing strategies at 1.5 Ma, Koobi Fora, Kenya. J Hum Evol. 2008 Jul;55:103–30.

Portavella M, Torres B, Salas C. Avoidance response in goldfish: emotional and temporal involvement of medial and lateral telencephalic pallium. J Neurosci. 2004 Mar 4;24(9):2335–42.

Progovac L. Untitled review of the book Why only us? Language and evolution. Language. 2016;92(4):992–6.

Raghanti MA, Edler MK, Stephenson AR, Munger EL, Jacobs B, et al. A neurochemical hypothesis for the origin of hominids. Proc Natl Acad Sci U S A. 2018 Feb 6;115(6):E1108–E1116.

Redman LM, Smith SR, Burton JH, Martin CK, Il'yasova D, Ravussin E. Metabolic slowing and reduced oxidative damage with sustained caloric restriction support the rate of living and oxidative damage theories of aging. Cell Metab. 2018 Apr 3;3;27(4):805–5.e4.

Roach NT, Venkadesan M, Rainbow MJ, Lieberman DE. Elastic energy storage in the shoulder and the evolution of high-speed throwing in Homo. Nature. 2013 Jun 27;498(7455):483–6.

Rodríguez-Hidalgo A, Morales JI, Cebrià A, Courtenay LA, Fernández-Marchena JL, et al. The Châtelperronian Neanderthals of Cova Foradada (Calafell, Spain) used imperial eagle phalanges for symbolic purposes. Sci Adv. 2019 Nov 1;5(11).

Sekar A, Bialas AR, de Rivera H, Davis A, Hammond TR, et al. Schizophrenia risk from complex variation of complement component 4. Nature. 2016 Feb 11; 530(7589):177–83.

Seymour RS, Bosiocic V, Snelling EP, Chikezie PC, Hu Q, et al. Cerebral blood flow rates in recent great apes are greater than in Australopithecus species that had equal or larger brains. Proc Biol Sci. 2019 Nov 20;286(1915):20192208.

Rothman J. Daniel Dennett's Science of the Soul. The New Yorker. 2017 Mar 20; Available at: https://www.newyorker.com/magazine/2017/03/27/daniel-dennetts-science-of-the-soul. Accessed 20 January 2020.

Sarich VM, Wilson AC. Immunological time scale for hominid evolution. Science. 1967 Dec 1;158(3805):1200–3.

Sayol F, Maspons J, Lapiedra O, Iwaniuk AN, Székely T, Sol D. Environmental variation and the evolution of large brains in birds. Nature Commun. 2016 Dec 22;7(13971).

Schirrmeister BE, Gugger M, Donoghue PC. Cyanobacteria and the great oxidation event: evidence from genes and fossils. Palaeontology. 2015 Sep;58(5):769–85.

Schmelz M, Grueneisen S, Kabalak A, Jost J, Tomasello M. Chimpanzees return favors at a personal cost. Proc Natl Acad Sci U S A. 2017 Jul 11;114(28):7462–67.

Semendeferi K, Armstrong E, Schleicher A, Zilles K, Van Hoesen GW. Limbic frontal cortex in hominoids: a comparative study of area 13. Am J Phys Anthropol. 1998 Jun;106:129–55.

Semendeferi K., Damasio H, Frank R, Van Hoesen GW. The evolution of the frontal lobes: a volumetric analysis based on three-dimensional reconstructions of magnetic resonance scans of human and ape brains. Journal of Human Evolution. 1997 Apr;32(4):375–88.

Semendeferi K, Lu A, Schenker N, Damasio H. Humans and great apes share a large frontal cortex. Nat Neurosci. 2002 Mar;5(3):272–6.

Semendeferi K, Schleicher A, Zilles K, Armstrong E, Van Hoesen, GW. Prefrontal cortex in humans and apes: a comparative study of area 10. American Journal of Physical Anthropology. 2001;114(3):224–41.

Semendeferi K, Teffer K, Buxhoeveden DP, Park MS, Bludau S, et al. Spatial organization of neurons in the prefrontal cortex sets humans apart from great apes. Cereb Cortex. 2011 Jul;21:1485—97.

Schenker NM, Buxhoeveden DP, Blackmon WL, Amunts K, Zilles K, Semendeferi K. A comparative quantitative analysis of cytoarchitecture and minicolumnar organization in Broca's area in humans and great apes. J Comp Neurol. 2008 Sep 1;510(1):117–28.

Shen J, Chen J, Algeo TJ, Yuan S, Feng Q, et al. Evidence for a prolonged Permian-Triassic extinction interval from global marine mercury records. Nat Commun. 2019 Apr 5;10(1):1563.

Shennan S, Downey S, Timpson A, Edinborough K, Colledge S, et al. Regional population collapse followed initial agriculture booms in mid-Holocene Europe. Nat Commun. 2013 Oct 1;4(2486).

Shubin N. Your inner fish: A journey into the 3.5-billion-year history of the human body. New York, NY: Pantheon; 2008.

Shultz S, Nelson E, Dunbar RIM. Hominin cognitive evolution: identifying patterns and processes in the fossil and archaeological record. Philos Trans R Soc Lond B Biol Sci. 2012 Aug 5;367(1599):2130–40.

Sliwa J, Freiwald WA. A dedicated network for social interaction processing in the primate brain. Science. 2017 May 19:356(6339):745–9.

Smith EI, Jacobs Z, Johnsen R, Ren M, Fisher EC, et al. Humans thrived in South Africa through the Toba eruption about 74,000 years ago. Nature. 2018 Mar 22; 555(7697):511–5.

Sniekers S, Stringer S, Watanabe K, Jansen PR, Coleman JRI, et al. Genome-wide association meta-analysis of 78,308 individuals identifies new loci and genes influencing human intelligence. Nat Genet. 2017 Jul;49(7):1107–12.

Steele EJ, Al-Mufti S, Augustyn KA, Chandrajith R, Coghlan SG, et al. Cause of Cambrian Explosion—Terrestrial or Cosmic? Prog Biophys Mol Biol. 2018 Aug; 136:3–23.

Stephenson-Jones M, Samuelsson E, Ericsson J, Robertson B, Grillner S. Evolutionary conservation of the basal ganglia as a common vertebrate mechanism for action selection. Curr Biol. 2011 Jul 12;21(13):1081–91.

Stetka B. The Best Diet for Your Brain. Sci Am. 2016 Mar; Available at: https://www.scientificamerican.com/article/the-best-diet-for-your-brain/.

Stetka B. Cocktail of brain chemicals may be a key to what makes us human. Sci Am. 2018 Jan 24; Available at: https://www.scientificamerican.com/article/cocktail-of-brain-chemicals-may-be-a-key-to-what-makes-us-human/. Accessed 20 January 2020.

Stetka B. Food for thought: do we owe our large primate brains to a passion for fruit? Sci Am. 2017 Mar 27; Available at: https://www.scientificamerican.com/article/food-for-thought-do-we-owe-our-large-primate-brains-to-a-passion-for-fruit/. Accessed 20 January 2020.

Stetka B. Lab-grown "mini brains" can now mimic the neural activity of a preterm infant. Sci Am. 2019 Jan 24; Available at: https://www.scientificamerican.com/article/lab-grown-mini-brains-can-now-mimic-the-neural-activity-of-a-preterm-infant/. Accessed 20 January 2020.

Stetka B. Monkeys have a specialized brain network for sizing up others' actions. Sci Am. 2017 May 18; Available at: https://www.scientificamerican.com/article/monkeys-have-a-specialized-brain-network-for-sizing-up-others-rsquo-actions/. Accessed 20 January 2020.

Stetka B. Steven Pinker: This is history's most peaceful time—New study: "Not so fast." Sci Am. 2017 Nov 9; Available at: https://www.scientificamerican.com/article/steven-pinker-this-is-historys-most-peaceful-time-new-study-not-so-fast/. Accessed 20 January 2020.

Stevens NJ, Seiffert ER, O'Connor PM, Roberts EM, Schmitz MD, et al. Palaeontological evidence for an Oligocene divergence between Old World monkeys and apes. Nature. 2013 May 15;497:611-4.

Stout D, Hecht EE. Evolutionary neuroscience of cumulative culture. PNAS. 2017 Jul 25;114(30):7861-8.

Stout D, Hecht EE, Khreisheh N, Bradley B, Chaminade T. Cognitive demands of lower Paleolithic toolmaking. Plos One. 2015 Apr 15; 10:e0121804.

Surbeck M, Boesch C, Crockford C, Thompson ME, Furuichi T, et al. Males with a mother living in their group have higher paternity success in bonobos but not chimpanzees. Curr Biol. 2019 May 20;29(10).

Suzuki IK, Gacquer D, Van Heurck R, Kumar D, Wojno M, et al. Human-specific NOTCH2NL genes expand cortical neurogenesis through delta/notch regulation. Cell. 2018 May 31;31;173(6):1370-84.

Takahashi K, Yamanaka S. Induction of pluripotent stem cells from mouse embryonic and adult fibroblast cultures by defined factors. Cell. 2006 Aug 25; 126(4):663-76.

Tan J, Hare B. Bonobos share with strangers. PLoS One. 2013;8(1):e51922.

Teffer D, Buxhoeveden D, Stimpson CD, Fobbs AJ, Schapiro SJ, et al. Developmental changes in the spatial organization of neurons in the neocortex of humans and chimpanzees. J Comp Neurol. 2013;521:4249-59.

Tian R, Gachechiladze MA, Ludwig CH, Laurie MT, Hong JY, et al. CRISPR interference-based platform for multimodal genetic screens in human iPSC-derived neurons. Neuron. 2019 Oct 23;104(2):239-55.e12.

Tiihonen J, Rautiainen MR, Ollila HM, Repo-Tilhonen E, Virkkunen M, et al. Genetic background of extreme violent behavior. Mol Psychiatry. 2015 Jun; 20(6):786-92.

Tomasello M. The ontogeny of cultural learning. Curr Opin Psychol. 2016 Apr;8:1-4.

Tomasello M, Call J. The role of humans in the cognitive development of apes revisited. Anim Cogn. 2004 Oct;7(4):213–5.

Tomasello M, Carpenter M, Call J, Behne T, Mall H. Understanding and sharing intentions: the origins of cultural cognition. Behav Brain Sci. 2005 Oct;28:675–91.

Tomer R, Denes A, Tessmar-Raible K, Arendt D. Profiling by image registration reveals common origin of annelid mushroom bodies and vertebrate pallium. Cell. 2010 Sep 3;142(5):800–9.

Trinkaus E, Samsel M, Villotte S. External auditory exostoses among western Eurasian late Middle and late Pleistocene humans. PLoS ONE. 2019 Aug 14;14(8).

Trujillo CA, Gao R, Negraes PD, Gu J, Buchanan J, et al. Complex oscillatory waves emerging from cortical organoids model early human brain network development. Cell Stem Cell. 2019 Oct 3;25(4):558–69.e7.

Turkheimer E. Three laws of behavior genetics and what they mean. Curr Dir Psychol Sci. 2000;9:160–4.

Vågerö D, Pinger PR, Aronsson V, van den Berg GJ. Paternal grandfather's access to food predicts all-cause and cancer mortality in grandsons. Nat Commun. 2018;11;9(1):5124.

Vaidyanathan G. How have hominids adapted to past climate change? Sci Am. 2010 Apr 13; Available at: https://www.scientificamerican.com/article/hominids-adapt-to-past-climate-change/.

Wang ET, Kodama G, Baldi P, Moyzis RK. Global landscape of recent inferred Darwinian selection for Homo sapiens. PNAS. 2006 Jan 3;103(1):135–40.

Warneken F, Rosati AG. Cognitive capacities for cooking in chimpanzees. Proc Biol Sci. 2015 Jun 22;282(1809).

Washburn S. Ape Into Man; A Study of Human Evolution. Boston, MA: Little, Brown; 1973.

Wicht H, Northcutt RG. Telencephalic connections in the Pacific hagfish (Eptatretus stouti), with special reference to the thalamopallial system. J Comp Neurol. 1998 Jun 1;395(2):245–60.

Wiessner PW. Embers of society: firelight talk among the Ju/'hoansi Bushmen. Proc Natl Acad Sci U S A. 2014 Sep 30;111(39):14027–35.

Wilfred J. Integrative action of the autonomic nervous system: Neurobiology of homeostasis. Cambridge, UK: Cambridge University Press; 2008.

Wilson ML, Boesch C, Fruth B, Furuichi T, Gilby IC, et al. Lethal aggression in Pan is better explained by adaptive strategies than human impacts. Nature. 2014 Sep 18;513:414–7.

Winslow JT, Insel TR. The social deficits of the oxytocin knockout mouse. Neuropeptides. 2002;36(2–3):221–9.

Wobber V, Hare B, Wrangham R. Great apes prefer cooked food. J Hum Evol. 2008 Aug;55(2):340–8.

Wong E, Mölter J, Anggono V, Degnan SM, Degnan BM. Co-expression of synaptic genes in the sponge Amphimedon queenslandica uncovers ancient neural submodules. Sci Rep. 2019 Oct 31;9(1):15781.

Wong, K. Ancient Cave Paintings Clinch the Case for Neandertal Symbolism. Sci Am. 2018 Feb 23; Available at: https://www.scientificamerican.com/article/ancient-cave-paintings-clinch-the-case-for-neandertal-symbolism1/.

Wrangham RW. Catching fire: how cooking made us human. New York, NY: Basic Books; 2009.

Wrangham RW. The goodness paradox: the strange relationship between virtue and violence in human evolution. New York, NY: Pantheon; 2019.

Wrangham RW, Peterson D. Demonic males: apes and the origins of human violence. Boston, MA: Houghton Mifflin Harcourt; 1996.

Xu K, Schadt EE, Pollard KS, Roussos P, Dudley JT. Genomic and network patterns of schizophrenia genetic variation in human evolutionary accelerated regions. Mol Biol Evol. 2015 May;32(5):1148–60.

Yang X, Dunham Y. Minimal but meaningful: probing the limits of randomly assigned social identities. J Exp Child Psychol. 2019 Sep;185:19–34.

Yerkes R. Almost Human. New York, NY: The Century Co; 1925.

Zanella M, Vitriolo A, Andirko A, Martins PT, Sturm S, et al. Dosage analysis of the 7q11.23 Williams region identifies BAZ1B as a major human gene patterning the modern human face and underlying self-domestication. Sci Adv. 2019 Dec 04;5(12).

Zeng TC, Aw AJ, Feldman MW. Cultural hitchhiking and competition between patrilineal kin groups explain the post-Neolithic Y-chromosome bottleneck. Nat Commun. 2018 May 25;9(1):2077.

Zhou CF, Wu S, Martin T, Luo ZX. A Jurassic mammaliaform and the earliest mammalian evolutionary adaptation. Nature. 2013 Aug 8;500(7461):163–7.

Zimmer C. The Planet Has Seen Sudden Warming Before. It Wiped Out Almost Everything. The New York Times. 2018 Dec 7; Available at: https://www.nytimes.com/2018/12/07/science/climate-change-mass-extinction.html. Accessed 11 February 2020.

사진 및 삽화 저작권자

* 아래에 표시되지 않은 모든 삽화의 저작권자는 팀 펠프스(Tim Phelps)이다.

p20 간식 먹는 폴 돈: courtesy of the San Diego Zoo

p32 바다수세미: Nick Hobgood, used under Creative Commons Attribution–Share Alike 3.0 Unported

p42 에디아카라기의 바다 생물: Ryan Somma, Flickr

p55 틱타알릭의 상상도: Nobu Tamura

p88 할로웨이 교수의 연구실: courtesy of Dr. Ralph L. Holloway, Dept. Anthropology Colombia University

p91 미국자연사박물관의 디오라마: American Museum of Natural History

p148, 149 그루밍하는 침팬지와 정찰 중인 침팬지: John Mitani

p160 '침'과 '팬지' 그리고 노엘 루이스: courtesy of the Biodiversity Heritage Library, Chimpanzee Intelligence and its Vocal Expressions, by Yerkes, Robert Mearns & Learned, Blanche W., Page 17

p200 드미트리 벨랴예프와 그의 여우들: SPUTNIK, Alamy Stock Photo

p290 뇌의 오르가노이드: Muotri Lab/UC San Diego

찾아보기

(ㄱ)

가에미, 나시르… 272
가차니가, 마이클… 137, 139
가축화 신드롬… 199, 201, 202
개체군 병목현상… 225
거대 산화 사건(산소 혁명 사건)… 39
거울 뉴런… 141~143, 179
≪거의 인간≫… 159
게놈… 13, 14, 27, 36, 39, 41, 111, 133, 156, 246, 275, 276, 281, 285, 300
견치류… 64
고세균… 37~39
고제3기… 70, 71
고메즈, 조세 마리아… 154, 155
곡비원류… 72
골턴, 프랜시스… 268
곰베 국립공원… 24, 147, 151, 152
교감 신경계… 52, 187
교세포… 45
구달, 제인… 24~25, 146, 147, 242, 248
구세계원숭이… 72, 78, 83, 140
굴절적응… 177
글래드웰, 말콤… 268
그래디, 존… 73~76
그레이엄, 커스티… 173
그루밍… 77, 125~129, 148, 181, 182, 205

글래스, 벤틀리… 298
깃편모충류… 41, 42

(ㄴ)

네안데르탈인… 30, 103~111, 113, 116, 120, 121, 164, 175, 177, 178, 201, 202, 254, 258
농업혁명… 152, 262~263, 266, 267, 270, 275
뉴런… 13, 32, 33, 44~48, 51, 113, 116~119, 141~143, 179, 267, 289
뉴그레인지… 259

(ㄷ)

다윈 어워즈… 277
다윈, 찰스… 14, 26, 31, 35, 36, 82, 146, 175, 183, 187, 188, 193, 198, 214, 219, 280
다이아몬드, 제레드… 264
≪다정한 것이 살아남는다≫… 199
다트, 레이먼드… 91, 92, 99, 100
단공류… 64
단궁류… 58, 64~66

≪당신 내면의 물고기≫… 54, 67
대뇌 기저핵… 52, 62
대뇌피질… 58, 60, 76, 80, 113, 270
대뇌화 지수… 65, 79, 106
대멸종… 68~69
대후두공… 92
더들리, 조엘… 273
던바, 로빈… 128~131, 181~183, 248, 257
데니소바인… 30, 103, 104, 110, 111, 113, 120, 164, 177, 178, 202
데닛, 대니얼… 296
데본기… 53, 54
데카르트, 르네… 292, 294, 295
≪도구 제작자로서의 인간≫… 247
도파민… 46, 156, 191, 203, 204, 257
도킨스, 리처드… 133, 295, 296
돌연변이… 26, 27, 35, 36, 39, 43, 49, 63, 81, 174~176, 178, 203, 230, 245, 253, 266~268, 270, 271, 281, 286, 294
동굴 라스코… 256
    라이징스타… 104
    본데르베르크… 219
    블롬보스… 254
    쇼베… 256
    알타미라… 93, 256
    에스 스쿨… 258
    카프제… 258
    포라다다… 121
    홀레페스… 256
두정엽… 59~60, 79, 246, 247
두화… 50

드리오피테쿠스… 84, 85
드메노칼, 피터… 210
드 발, 프란스… 127, 162~164, 170, 276
드 빈크, 얀… 225
드카시엔, 알렉산드라… 77, 82~84, 130
DNA… 15, 19, 20, 26, 27, 33, 34, 36, 37, 39, 50, 80, 82, 83, 111, 112, 132, 133, 135, 155, 170, 202, 265, 270, 280~282, 285~288
DNA 메틸화… 281
DNA 회복… 39
딘스, 에밀리… 11

(ㄹ)

라마르크, 장 바티스트… 280, 281
라마찬드란, 빌라야누르… 142
라이언, 크리스토퍼… 152, 153
라간티, 메리 안… 203, 204
란, 브루스… 270
랠런드, 케빈… 249, 250
램지, 드루… 10, 11
랭엄, 리처드… 130, 151, 152, 155, 164~166, 171, 196~200, 218, 220~222, 232, 256, 275, 277
러브조이, 오웬… 203, 204
레인지오모프… 41, 42
로사티, 알렉산드라… 218
퀴블러 로스, 엘리자베스… 194
루시… 93, 95, 209, 244
루오, 체시… 64~67

루카스, 피터… 219
루크와피테쿠스… 83
리, 제임스… 176
리키, 루이스… 244
리촐라티, 자코모… 141, 279

(ㅁ)

마린, 커티스… 224~226, 253
마음이론… 137, 140, 141
마이오세… 25, 84, 85
마타마, 힐라리… 147, 148
망막추상체… 252
맥너니, 제니스… 22
맥린, 폴… 59~62
멍크, 텔로니어스… 269
메칭거, 토마스… 291
명왕누대… 33~35
모서리 위 이랑… 246, 247
몬트세라트, 조르디 팝스… 48, 49
몽키 트레일… 19, 21
≪문명의 역습≫… 152, 265
문화 학습… 263
뮤어, 존… 38, 294
미국자연사박물관… 91, 93
미세아교세포… 271
미야가와 시게루… 175
미자레스, 아먼드… 103
미타니, 존… 150, 163, 212
미토콘드리아… 39, 82, 104
미토콘드리아 이브… 81, 104

(ㅂ)

바기니, 줄리안… 183
바다수세미… 31~33, 40~43, 46, 47
바론~코헨, 사이먼… 279
바르네켄, 펠릭스… 218
박테리아… 14, 37~39, 46, 285, 294, 299
방추 뉴런… 118, 141
배측면 전두피질… 118
백악기~팔레오기 멸종… 70
버거, 리… 104
버웍, 로버트… 174
번, 헨리… 217
범심론… 293
베르니케 영역… 179~181, 184
벨랴예프, 드미트리… 199, 200
변연계… 60, 61, 186
≪보노보와 무신론자≫… 127
보쉬, 크리스토프… 242, 266
볼티모어, 데이비드… 287
뾰족뒤쥐… 64, 67, 73
부교감 신경계… 52, 187
부스, 데이비드… 195
분자시계… 80, 81
불, 마르셀랭… 107
뷔트너, 댄 … 235
브로드만 영역 10… 119
브로카 영역… 179~181, 184, 185
브뤼네, 미셸… 89
블루멘바흐, 요한 프리드리히… 198
비건, 데이비드… 83, 84, 88, 89, 98
비싼 조직 가설… 217

빈터, 제이콥… 53, 54

(ㅅ)

사이먼, 폴… 299
사이안화수소… 34
사회적 뇌 가설… 128, 130, 131, 181, 248
사헬란트로푸스 차덴시스… 89
사회적 상호작용 신경망… 140, 142
삼엽충… 50, 68
삼위일체 모델… 59, 61
새비지, 토머스 스토턴… 146
생태학적 가설… 130, 131
서덜랜드, 존… 34, 35, 37
서벡, 마틴… 166~170
선조체… 191, 192, 203, 204
섬 피질… 118
성적 이형… 92, 109
세멘데페리, 카테리나… 119, 181
≪세속적 쾌락의 동산≫… 266
세이모어, 로저… 98
≪소립자≫… 300
송곳니… 67, 90, 109, 204, 213, 214, 216
수상돌기… 44, 45, 78
수초… 45~46, 80
수형류… 58, 59, 63, 64
숫구멍… 115
슈빈, 닐… 54, 55, 57, 62, 67
스타우트, 디트리히… 245~248
스톤헨지… 259
스팬드럴… 259

시개… 52
시냅스… 45~47, 49, 78, 98, 113, 271
시냅스 가지치기… 271, 272
시상… 52, 117
시상하부… 60, 187, 191
신경능선세포… 201, 202
신경전달물질… 45, 46, 156, 203, 204, 273, 275
신세계원숭이… 72, 73
신피질… 76, 113, 117, 129, 205
실리콘밸리… 279, 293
심령주의… 258~259

(ㅇ)

아노말로카리스… 50
아렌트, 틀레프… 47
아르디피테쿠스… 90, 213
아슐리안 석기(도구)… 246, 247
아우스트랄로피테쿠스
    아프리카누스… 92, 95, 106
    아나멘시스… 95
    아파렌시스… 95, 106, 209
아이엘로, 레슬리… 217
≪악령의 수컷들: 유인원과 인간 폭력의 근원≫… 151
RNA… 33~37, 286
애니미즘… 259
애트킨스 다이어트… 236
야마나카 신야… 287, 288
어금니… 67, 109, 213, 219

어윈, 덕… 68
에디아카라기… 41~43
에릭슨, 앤더스… 268
에버렛, 대니엘… 251
에켐보… 83
에크만, 폴… 189
FOXP2… 177, 178
아드레날린(에피네프린)… 187, 201
엔도르핀… 126, 182, 183, 257
엔도캐스트… 78, 86, 100, 101, 109, 112, 115, 117
여과 섭식자… 32, 51, 53
≪여섯 번째 대멸종≫… 121
여키스, 로버트… 159, 162
열구… 78
염색체… 14, 113, 276, 277
오로린 투게넨시스… 90, 213
오르가노이드… 288, 290
오메가3… 227~232, 234, 237
오커… 252~254, 256, 258
오클리, 케네스 페이지… 247
오타비아 안티쿠아… 41
옥시토신… 142, 156, 192
온혈동물… 63
올두바이… 98, 244~247, 250
외베르칼릭스… 281
≪왜 결혼과 섹스는 충돌할까≫… 266
≪왜 우리만이 언어를 사용하는가≫… 174
≪요리 본능≫… 218, 222
우루크기… 259
우엘벡, 미셸… 300
월상구… 99, 100

위스너, 폴리… 184
워시번, 셔우드… 24
월리스, 알프레드 러셀… 14, 36
윌리엄스 증후군… 202
윌슨, 앨런… 81, 82, 128
윌슨, 에드워드… 87, 89, 131~135, 138, 184, 267, 299
유대류… 64, 65
유도만능줄기세포… 287, 288
유전자 부동… 36
 빈도… 275, 277
 중복… 27
 마이크로세팔린… 270
 ASPM… 270
 BAZ1B… 202
 CDH 13… 156
 C4… 271
 CCR5… 286
 L0… 104
 MAOA… 156
 NOTCH2NL… 113
 SRGAP2… 113
유제류 … 71
≪이기적 유전자≫… 133
이온 통로… 38, 45, 46
이원론… 292
이자드, 캐럴… 189
이족보행… 87, 89, 90, 92, 96, 97
〈2001: 스페이스 오디세이〉… 293
≪인간과 동물의 감정표현≫… 187
≪인간의 유래≫… 82, 125, 146, 175, 183
잃어버린 고리… 50, 90

(ㅈ)

자기 가축화… 196, 203, 204, 214, 221, 277
자연발생… 33~35
자연선택… 26, 36, 39, 48, 50, 51, 54, 57, 74, 76, 87, 89, 106, 111, 112, 130~132, 134, 139, 141, 155, 156, 176, 177, 188, 191, 199, 201, 202, 204, 210, 211, 227, 240, 243, 245, 256, 257, 270, 271, 275, 280, 295, 299
재럿, 크리스천… 142
잭카, 펠리스… 237, 239
적자생존… 36, 37, 199
전방 대상 피질… 118
전적응… 135, 177, 182, 214, 243, 253
전전두엽 피질… 100, 101, 246, 273
제리슨, 해리… 79
제4기… 209
제타, 카실다… 266
조현병… 271, 273, 289
좀비의 문제… 290, 292, 293
좌우대칭동물… 43, 44, 46, 51
주라기시대… 59, 64
중심구… 78, 79
지중해 식단… 237, 238
직립보행… 97
직비원류… 72, 73, 75, 78
진사회성… 131, 132
진핵생물… 38~40
집단적 선택… 132~134

(ㅊ)

찰머스, 데이비드… 292
창고기… 50~52
창발… 295
척삭… 50, 51
척추동물… 44, 50, 52~55, 57~59, 61, 62, 128, 201
촘스키, 노암… 174, 175, 177
총기 어류… 56, 57
축삭돌기… 44~46, 66, 78, 80
측두엽… 53, 59, 60, 179
측좌핵… 191

(ㅋ)

카노 다카요시… 161, 166
카할, 산티아고 라몬 이… 285
캄브리아기… 43, 50, 51, 68
컨네인, 스티븐… 230, 231, 282
코르티솔… 187, 195, 201
코스미데스, 레다… 185
코흐, 크리스토프… 277, 279, 282, 289, 293~294, 296, 297
콜린스, 프랜시스… 235, 287
콜버트, 스티븐… 56
콜버트, 엘리자베스… 121
쿨리지, 해롤드… 161
퀄리아… 291~293
크로퍼드, 마이클… 227~229
크루펜예, 크리스토퍼… 137, 138

크리스퍼… 14, 285~289
키토 다이어트… 236
킹, 바바라… 108, 194, 210, 214, 222, 242
킹, 윌리엄… 107

(ㅌ)

타웅의 아이… 91, 95, 100, 115, 216
태반류… 64, 65, 71
태터솔, 이언… 93~95, 97, 99, 108, 111, 117, 161, 174, 176, 177, 184, 185, 221, 225, 226, 250, 284, 297
터커~드롭, 엘리엇… 268
토마셀로, 마이클… 134, 137, 197, 263
통합정보이론… 293, 295
투비, 존… 185
튜링 테스트… 293
트라이아스기(삼첩기)… 59, 68
괴벨리키 테페… 259
틱타알릭… 55~57

(ㅍ)

파란트로푸스… 95, 211
팔레오 다이어트… 236, 238
　　　가) 페름기… 59, 68, 69
펠스 동굴의 비너스(홀레펠스 비너스)… 255
펠트만, 마르커스… 276, 277
편도체… 53, 60, 61, 118, 119, 156, 186,

187, 189, 191, 198
포비너, 브리아나… 216
포크, 딘… 101, 115, 119, 159, 174, 231, 232, 257, 282
푸엔테스, 아우구스틴… 244, 249, 258
프라이발트, 윈리히… 140~142
프로고바크, 릴야나… 177
프로콘술… 84
플라이스토세(홍적세)… 102, 109, 116, 120, 226, 252
피개… 191
피나클 포인트… 224, 225, 253, 254
피라미드세포… 118, 121
피터슨, 데일… 151
핑커, 스티븐… 153, 154, 156, 157, 175, 176, 185, 256, 257, 280, 297

(ㅎ)

하라리, 유발 노아… 254, 259, 260, 267
《한없이 사악하고 더없이 관대한》… 196
할로웨이, 랠프… 86, 88, 89, 93, 98~100, 109, 112, 114, 117, 119, 174
해리스, 샘… 291, 295
해마… 53, 60, 61, 76, 237
해밀턴, 윌리엄… 77
해양 동위원소 단계 6… 223
햄브릭, 데이비드… 268, 269
허젠쿠이… 286, 287
〈그녀(Her)〉… 293
헤어, 브라이언… 23, 137, 164~166, 168,

197~200
호모속(屬)… 13, 31, 95, 101, 106, 113, 115, 128, 213, 218, 244
호모 사피엔스… 11, 13, 23, 30, 98, 101~108, 116, 120, 174, 175, 182, 185, 198, 213, 221, 223~226, 250, 254, 262, 269, 298
    날레디… 104, 117
    네안데르탈렌시스… 103, 107
    데니소바… 103
    루소넨시스… 103
    에렉투스… 102, 103, 106, 109, 110, 116, 132, 138, 185, 210, 214, 216, 217, 221, 245, 251, 294
    에르가스테르… 103
    플로레시엔시스… 103, 106
    하빌리스… 102, 106, 184, 214, 216, 232, 254
    하이델베르겐시스… 103, 106
호미니드… 21, 80
호미닌… 80, 82, 86, 89, 90, 92, 97~100, 102~106, 109, 110, 112, 114, 116, 120, 129, 130, 139, 164, 174, 182, 183, 188, 196, 198, 204, 210~213, 216, 230~232, 240, 243, 245, 247~250, 258, 270
호바이터, 캐서린… 130, 172, 173
혹스, 존… 117
후두엽… 59, 60, 99, 100
후미히로 카노… 137
후생 유전학… 14, 280~282
히스톤… 281

휠러, 피터… 217
힐, 앤드류… 95

바다수세미에서 크리스퍼까지
뇌 진화의 역사

초   판   2022년 6월 30일 1판 1쇄 펴냄

지 은 이   브렛 스텟카
옮 긴 이   이채영
펴 낸 이   이영기
디 자 인   이은수

펴 낸 곳 | 리가서재 | 경기도 고양시 일산서구 대산로 263
등록번호   제2021-000123호
전   화   070-8289-2484
팩   스   0504-274-2484
이 메 일   ligabooks@naver.com

ISBN 979-11-976481-5-1 03470
값 20,000원

* 이 책의 판권은 지은이와 리가서재에 있습니다. 이 책 내용의 전부 또는 일부를 재사용하려면
  반드시 지은이와 리가서재 양측의 동의를 받아야 합니다.